日本朝日新闻出版 编　王厚钦 译

完全肉食指南

九州出版社
JIUZHOUPRESS

如艾尔斯岩耸立一般的质感、恰到好处的颜色、淅沥沥地滴落下来的汁水……没错，让人迫不及待想一口咬住的这个东西，正是牛排！它可谓肉中之肉！

吃了肉，人就会打起精神来，从头到脚都会沐浴在幸福感里，还会长出肌肉、体形变瘦。正因为肉类满是优点，我们才想要更彻底地品尝它的美味。为此，我们针对肉类的组织和其美味的定义做了解说，也从烹饪科学的观点出发，全盘探究了肉类的秘密。

比如名店的顶级肉类料理食谱会根据厚度调整煎烤方法等——我们向主厨们全面采访收集了许多烹饪秘诀，并配上海量图片为大家一一介绍。而且，书里还公开了使肉类家庭料理更上一层楼的食谱。此外，我们还编写了食用肉类图鉴，配以插图解说食用肉类的品种和部位，供大家参考。

通过这本书，我们希望大家体验到深不可测的肉食世界。也希望大家看完后，能从心底满足地喟叹：喜欢吃肉真是太好了！

目　录

1 将美味成分最大限度地激发出来！
食用肉的组织与烹饪科学

2 超人气店主厨全面解说！
食肉爱好者必读！肉类的烹饪大实验

3 了解食用肉的全部种类！食用肉的品种与部位百科全书

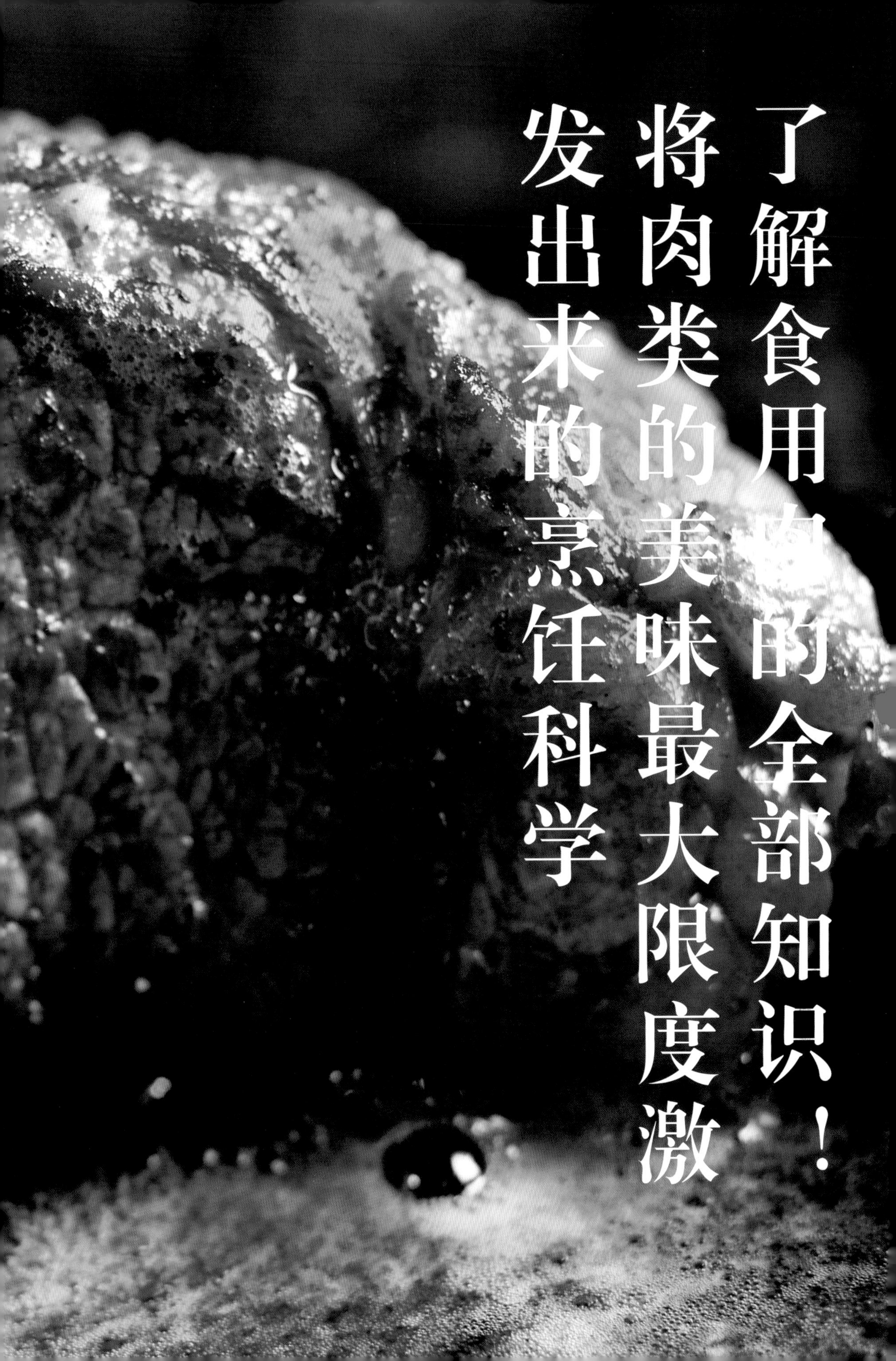

了解食用肉的全部知识！
将肉类的美味最大限度激
发出来的烹饪科学

本书特点

- 在本书中，我们将分“烹饪科学”“食谱”以及“品种与部位的百科全书”三个部分，介绍从购入食材到烹饪的过程中，与可食用肉类相关的有用知识。
- 肉类的烹饪大实验与羊肉料理的食谱，是采访了各位名店主厨后收集整理的。其中所用烤箱是商用型号，因此在家中烹饪时，请根据食谱中所记载的温度设定和加热时间进行估量，观察料理完成情况再酌情调整。
- 食谱的计量单位为，1大匙=15ml，1小匙=5ml。“适量”表示在标准量上下轻微调整，“酌情”表示根据喜好及必要性加入。
- 在肉类小菜的菜谱中记载的微波炉加热时间以600W为基准。如果你使用的是500W的机器，请将加热时间调整至原来的1.2倍。

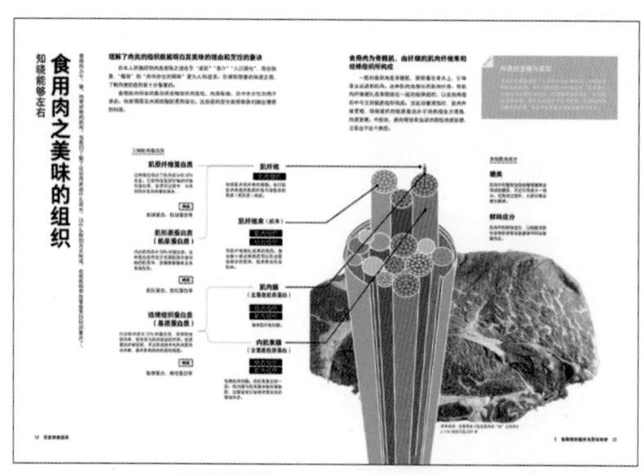

1 将美味成分最大限度地激发出来！食用肉的组织与烹饪科学

首先我们会解说关于食用肉组织的相关知识，接着再详细说明将肉菜烹制得更美味的方法，以及在使用炖煮、煎烤、烧煮、油炸等烹饪方法的过程中，肉类将会发生怎样的变化。我们将从烹饪科学的观点出发，为你介绍肉类的知识。

2 超人气名店主厨全面解说！食肉爱好者必读！肉类的烹饪大实验 & 能在家中制作的不同部位肉类料理 每天都想吃的十种肉类小菜

我们将在此介绍从肉食名店主厨那里收集的食谱，对比不同部位及烹饪方法等对美味造成的影响。此处列出的肉类小菜食谱，都是可以灵活运用部位特点来制作的家庭料理。

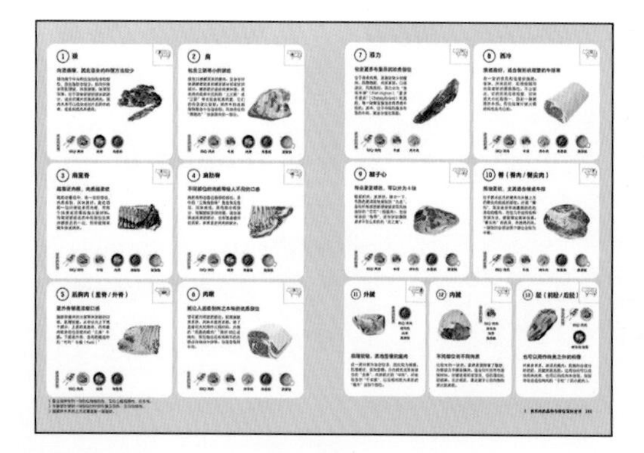

3 了解肉的全部种类！食用肉的品种与部位百科全书

我们会在此解说牛肉、猪肉等动物的种类、品牌、产地及进口肉的差异等信息。另外，我们还会以插图形式详细介绍作为精肉或副产物的各种部位分别在动物体的什么位置，更会涉及如野猪肉等的野味肉种。

食用肉的组织与烹饪科学

将美味成分最大限度地激发出来！

我们将会用科学的方式向你解说，肉类究竟是什么样的组织，以及运用什么样的方法可以提升肉类的口感。只要了解了烹饪过程中加热温度及时间对蛋白质造成的影响，就能最大程度激发出肉的美味。

食用肉的美

让我们从科学的视角出发，对肉类之味的来源一探究竟。肉类由哪些要素组成？经过烹饪又会发生怎样的变化呢？

烹饪前的肉什么样？

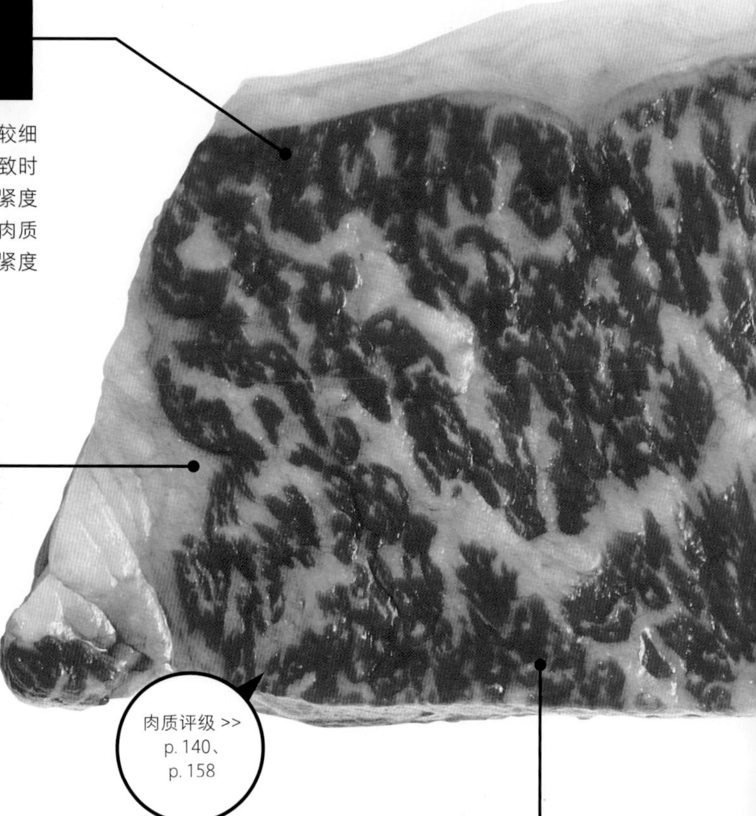

瘦肉的肌理 & 松紧度

食用肉的组织是一束束细长的肌肉纤维。纤维束较细时肌理也细腻，较粗时肌理也粗糙。肉的肌理细致时肉质柔软，肌理粗大则肉质坚硬。另外，肉的松紧度受到水分及脂肪的构成方式等因素影响，我们称肉质湿润有弹性为松紧度较好，肉质稀松软散的则松紧度较差。

瘦肉中脂肪（雪花）的纹理构成方式

在牛、猪肉等动物的瘦肉中，含有肌内脂肪的部分，我们称其中有雪花（脂肪交杂），整块瘦肉中都交杂有脂肪的则称为霜降肉或雪花肉。雪花的存在让肉质更柔软，也优化了口感，为肉类赋予脂肪特有的浓厚香味，提升整体味道。

肉质评级 >> p. 140、p. 158

瘦肉与脂肪的色泽

这是观察肉类品质时的要点之一。瘦肉的颜色，活动越频繁的部位红色越深，另外，短时间暴露在空气中也将变成鲜艳的红色。脂肪为乳白色，优质脂肪重在有光泽。不过，根据饲料的不同，色泽也会发生改变。

烹饪前须要关注的点是“形状”“颜色”“光泽”

肉类的美味受到多种多样的要素制约，其中根据观察生肉的状态即可判断一二的，有形状、颜色及光泽。这些特点也是在对肉类进行分级评价时受到关注的项目。

肉类将被用于什么样的料理？我们希望激发出它什么样的美味？根据这些问题答案的不同，选肉时的基准也会发生变化，不过我们可以首先掌握必须关注的要点，挑选出美味的食用肉。

味从何而来

了解个中奥秘后，一定能将多彩的肉类烹饪得更加美味。

烹饪后的肉什么样？

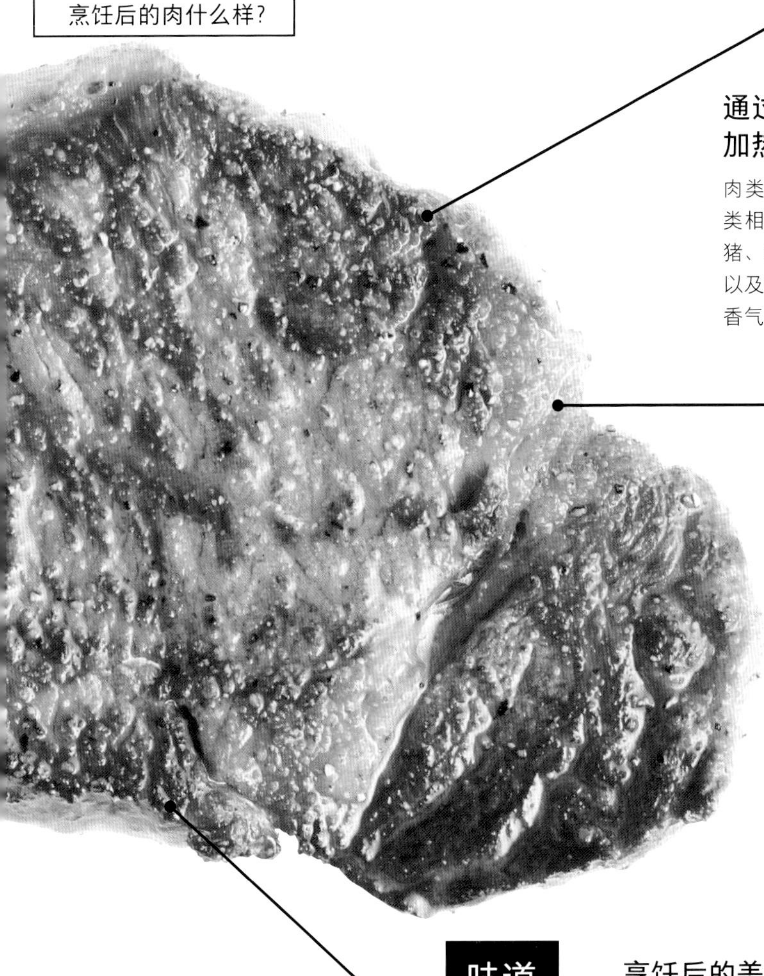

香气

通过烧煮、煎烤等加热操作形成

肉类经过加热散发出的芬芳，是烹饪中氨基酸与糖类相互作用导致的美拉德反应所形成的。此外，牛、猪、鸡等动物种类不同，它们的肉香气也各异，饲料以及宰杀后熟成的时长、方法等都会为肉赋予独特的香气。

口感

嚼劲

除了肉的肌理和松紧度，质地自然也会随烹饪产生变化。即使是同一块肉，切成薄片还是肉末、方块，嚼劲都会不同。另外，肉类加热后还会随蛋白质变性而凝固，长时间炖煮后又会再次软化。肉的表面能煎得松脆可口，也是烹饪带给肉类的美味之道。

舌感

肉的香滑程度会随着脂肪含量及脂肪熔化的温度（熔点）发生改变。肉类所含脂肪中，含不饱和脂肪酸较多的熔点较低，相对来说，低温烹调后舌头的触感也更好。

味道

鲜味、甜味、酸味、苦味、矿物风味、浓厚感

肉的味道，本质在于谷氨酸和肌苷酸带来的鲜味。此外，肉类中还含有能形成甜味、酸味、苦味及矿物风味的物质，而含脂肪较多的更能带来浓郁的口感。肉类在烹调后，组织遭到破坏，刺激味觉的物质从而渗出，发生化学变化，给肉更添一层风味。

烹饪后的美味要素是“香气”“口感”“味道”

品尝了经过烹调的肉类，我们首先能感知到的美味要素中，有香气、口感和味道等。

还未开口品尝时香气已至，而送进口中方能感受到的香气也同样重要。同样的一块肉，变换切法就能改变其口感，咀嚼时漫溢出来的充沛肉汁也是美味口感的一个要因。

无论哪个要素，都会随着蒸、烤、煮、炸等烹饪方法焕然一新，为食客带去多彩的美味体验。

食用肉之美味的组织

知晓能够左右

食用肉为牛、猪、鸡等动物的肌肉。当我们了解了这些肉类由什么成分、以什么样的方式构成，也就能科学地掌握烹饪时的要点了。

理解了肉类的组织就能明白其美味的理由和烹饪的要诀

日本人所偏好的肉类美味之道在于“柔软”“多汁”“入口即化”，而在欧美，“嚼劲”和“肉中渗出的鲜味”更为人所追求。在得到想要的味道之前，了解肉类的组织是十分重要的。

食用肉中所含的蛋白质会随加热而变性，肉质收缩，其中水分化为肉汁渗出。肉类周围及内部的脂肪受热熔化。这些组织变化能帮助我们做出理想的料理。

三种肌肉蛋白质

肌原纤维蛋白质

这种蛋白质占了肌肉成分的50%左右。它是构成肌原纤维的纤维状蛋白质，在烹饪过程中，与肉的保水性和结着性相关。

种类

肌球蛋白、肌动蛋白等

肌形质蛋白质（肌浆蛋白质）

约占肌肉成分30%的蛋白质。这种蛋白质存在于充满肌原纤维间隙的肌浆中，含糖酵解酶系及色素蛋白质。

种类

肌红蛋白、血红蛋白等

结缔组织蛋白质（基质蛋白质）

约占肌肉成分20%的蛋白质，承担联结肌肉束、使骨质与肌肉结合的作用。胶原蛋白纤维较韧，不过在液体中长时间受热会水解，最终影响到肉的柔软程度。

种类

胶原蛋白、弹性蛋白等

肌纤维

肌肉组织

构成肌肉的纤维状细胞。由引起肌肉收缩的肌原纤维与溶胶状的肌浆（肌形质）构成。

肌纤维束（肌束）

肌肉组织

结合组织

将肌纤维捆扎成束的物质。聚合数十根这种物质可以形成更加粗壮的肌束，肌束聚合形成肌肉。

肌内膜（主要是胶原蛋白）

结合组织

肌肉组织

卷束肌纤维的膜。

内肌束膜（主要是胶原蛋白）

结合组织

肌肉组织

包裹肌束的膜。将肌束整合到一起。肌内膜与肌束膜中散布着脂肪，这就是我们俗称的雪花状的微观形态。

食用肉为骨骼肌，由纤细的肌肉纤维束和结缔组织所构成

一般的食用肉是骨骼肌，即附着在骨头上、引导骨头运动的肌肉。这种肌肉由细长的肌肉纤维、将肌肉纤维捆扎成束联结在一起的结缔组织，以及结缔组织中可见的脂肪组织构成。当运动量增加时，肌肉纤维变粗，结缔组织的胶原蛋白分子间的结合力增强，肉质变硬。牛胫肉、肩肉等经常运动的部位肉质较硬，正是出于这个原因。

肉质的坚硬与柔软

肉质的坚硬程度除了与部位和运动量有关，还受到动物年龄的影响。年幼动物的肌肉纤维较软，胶原蛋白也能较快水解形成明胶，但随着年龄的增长，肉质就会逐渐发硬。柔软的肉适用于任何料理，坚硬的肉则须要预先炖煮，使其中胶原蛋白水解后再用于烹饪。

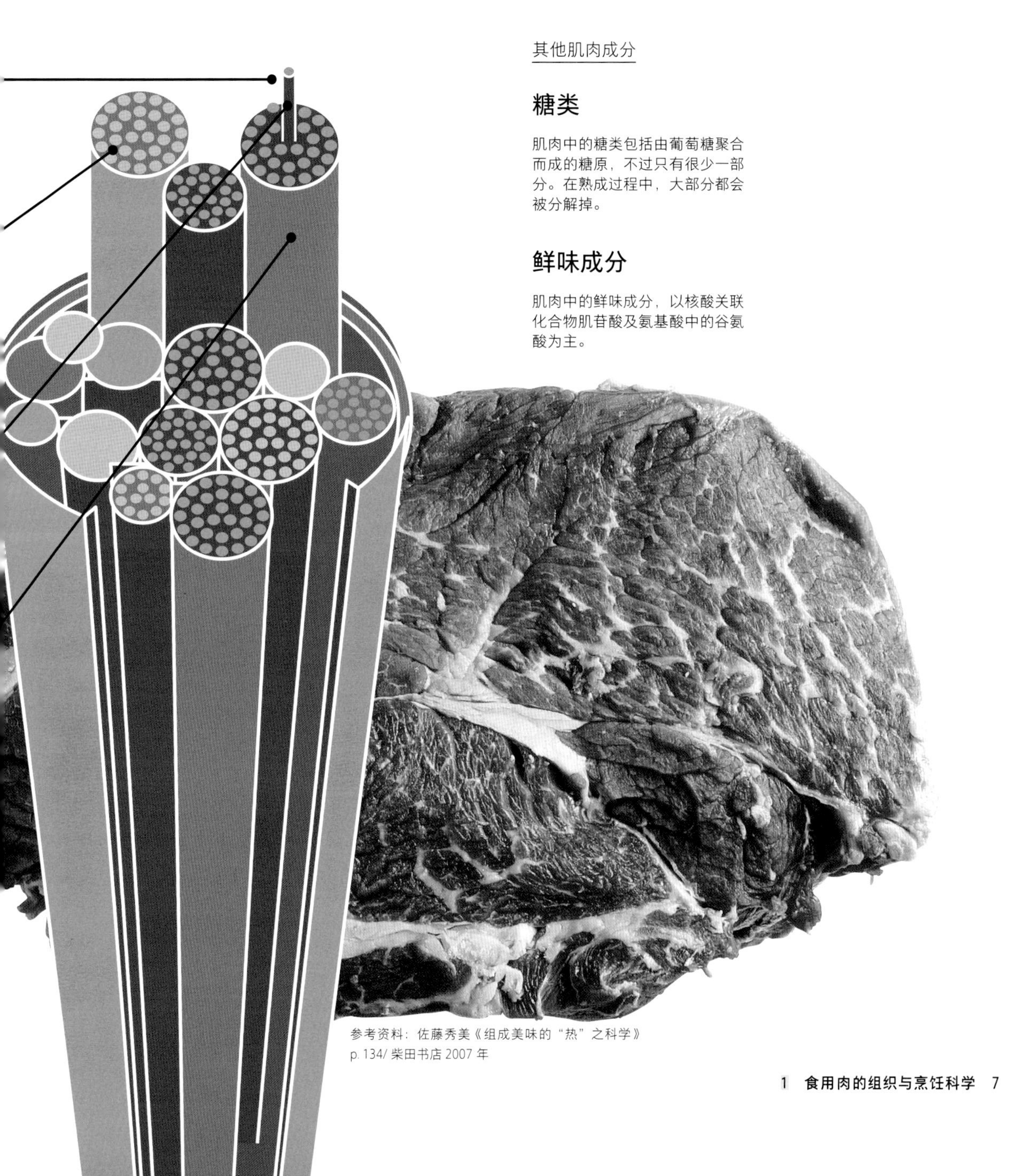

其他肌肉成分

糖类

肌肉中的糖类包括由葡萄糖聚合而成的糖原，不过只有很少一部分。在熟成过程中，大部分都会被分解掉。

鲜味成分

肌肉中的鲜味成分，以核酸关联化合物肌苷酸及氨基酸中的谷氨酸为主。

参考资料：佐藤秀美《组成美味的“热”之科学》p. 134/ 柴田书店 2007 年

食用肉的组织会随着温度发生怎样的变化

肉类基本是要经过加热烹调之后食用的食材。了解加热温度与时间会对肉类组织造成什么样的影响，能在一定程度上避免烹饪失败。

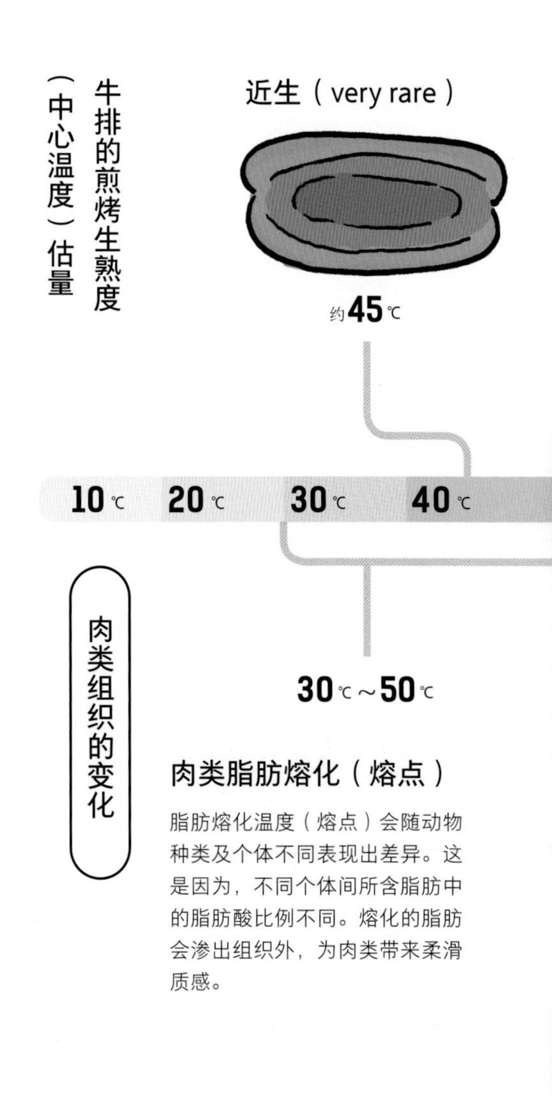

蛋白质随加热产生的变化以及保水性的变化

我们了解到，肌原纤维蛋白的组成成分中，肌球蛋白在50℃左右开始凝固，肌动蛋白在70℃～80℃凝固。另外，形成筋膜的结缔组织蛋白——胶原蛋白具有较强的弹性，而加热后它的长度会缩到原来的⅓左右。随着这些蛋白质的变性，肉类渐渐硬化，肉汁渗出。不过，在炖煮情况下，长时间连续加热会导致胶原蛋白水解成胶状，从而使肉的口感更加柔软。

脂肪的熔点

熔点	肉类
40℃～50℃	牛
33℃～46℃	猪
30℃～32℃	鸡

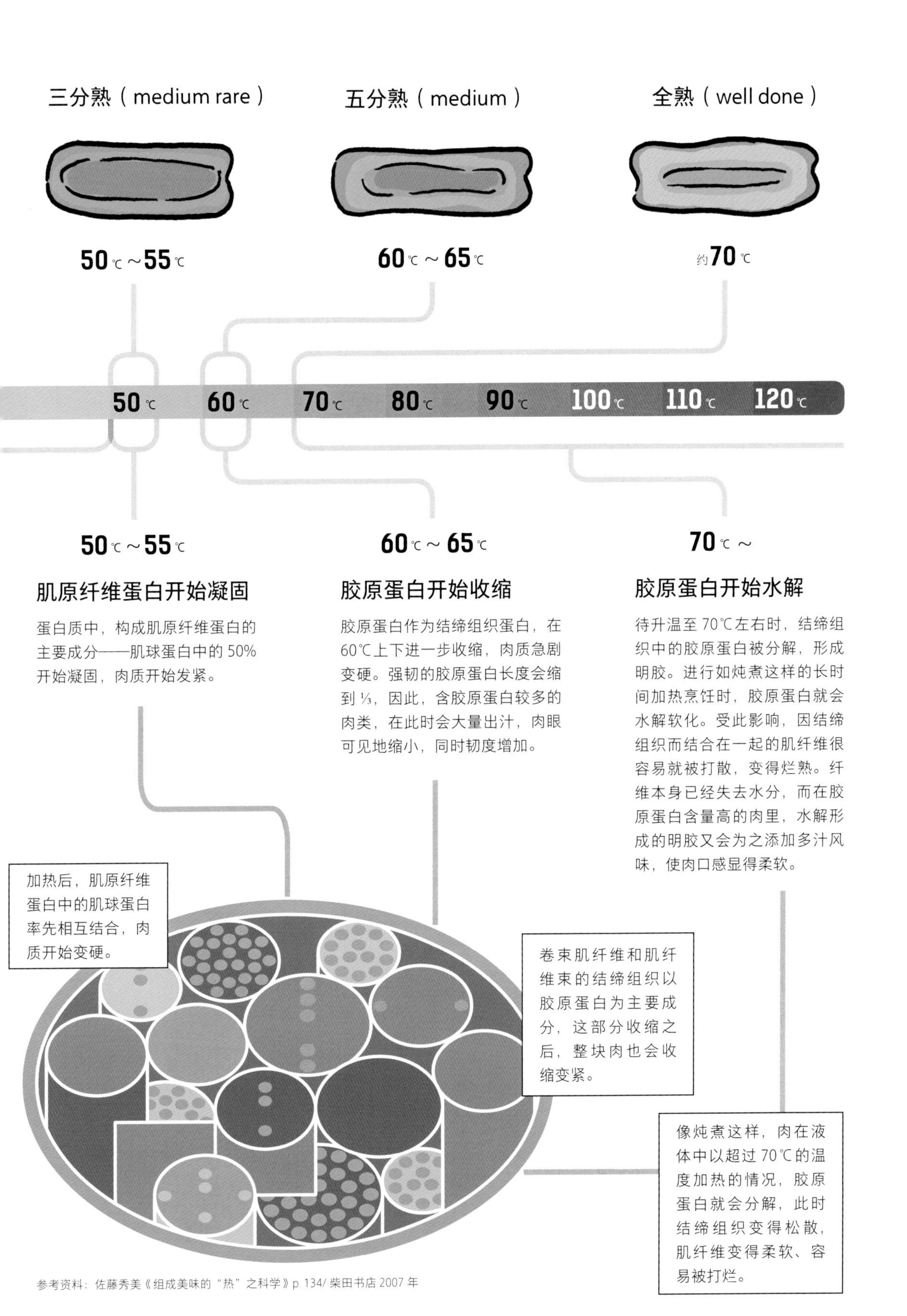

参考资料：佐藤秀美《组成美味的“热”之科学》p. 134/ 柴田书店 2007 年

美味的三大要素

我们所能感受到的

获得美味肉类的要诀，就从烹饪的第一阶段——切肉开始。来向专业的料理人学习切肉的要点吧。

柔软

多汁

油脂感

美味肉食料理方法①

切断食用肉的纤维

肉类的组织是由主成分为蛋白质的细长纤维形成的，然而，如果这些纤维始终保持原始形态，肉的口感就会受到影响。有说法称同一块肉顺着纤维切断和垂直切断相比，咀嚼要费劲 4 倍。

因此，我们在切肉时，可以先仔细观察纤维的方向，垂直于纤维下刀。纤维变短后，就会更易于咀嚼，也更能体现出肉质的柔软。牛肉和猪肉本身纤维较长，且方向比较一致，容易切断，而像鸡胸肉这样纤维方向散乱的肉类就需要额外注意了。

另外，先加热再切断纤维也是有效做法。制作大块的烤肉时，先烤制完成，再切断纤维进行摆盘为佳。

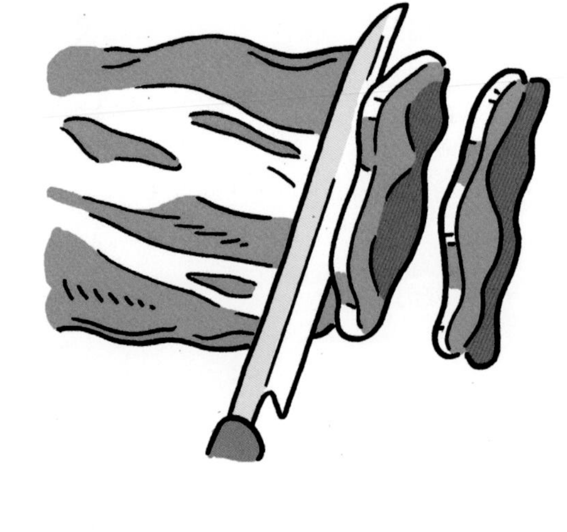

生肉要垂直于纤维下刀，将纤维切断

将肉平放在砧板上，确定纤维的方向。牛菲力或猪里脊等肉类可以看一看肉块表面的屠宰切口。鸡胸肉的纤维走向，是从中心向外侧发散的。不过，在切断肉类纤维后，经过加热虽然能变软，同时也容易锁不住肉汁，尤其是鸡胸肉会发柴，这点需要注意。

MEMO

切断筋膜能使肉菜成品更加柔软

比如，猪里脊肉的瘦肉和脂肪之间，就有白色半透明的膜状物，那就是筋膜。这部分是结缔组织蛋白，因此较为强韧，口感硬，如不切断进行加热则会收缩，肉块会翘曲。所以，我们在加热前，可以先在有筋膜的地方下几刀。此外，像鸡腿肉近鸡爪的部分筋膜分布较多，可以在整块肉上多切小口。这样做会让成品肉质更为柔软，也不容易翘曲。

切成薄片加热
就容易发老的肉类，
适合成块煎烤后再切薄

如野鸭的里脊肉、猪腱肉等，先切薄再加热则容易发硬发干，也会丧失鲜味。对于这样的肉类，我们可以先成块进行烤制或炖煮，部分烧熟之后，散去余热再切断纤维为宜。这样做就能使肉尝起来更为多汁，同时不损失柔软口感。

切法须考虑到活用肉材的特点

例如牛菲力，也有整块放到烤箱中烤熟后再切分的料理方法，不过更为常见的是先切成奖牌状的厚圆片再进行煎烤。直接将生肉切薄进行料理的话，肉质会因急速失水而发干，好好的菲力牛排可能就此浪费了。切成奖牌状进行煎烤，再用刀叉来切分，会使成品口感更加多汁且柔软。

厨刀是美味的决定因素

一把完美片肉的

即使拿出一块上好的肉材，如果用一把钝重的厨刀毫无章法地切开，风味也会大幅减损。为了最大程度地激发出肉的美味，专业人士对厨刀的选用和切法都有十二分的讲究。

厨刀的选择和切法会改变肉的味道

单单是改变切法，就能让肉的味道发生变化。首先，我们可以入手一把尺寸得当的快刀。如果刀锋不快，或是尺寸过小，无论用上怎样的技法都不可能把肉切好。拥有一把刃长足够、刃口较薄、经过研磨的厨刀，可以做到不费时、一口气轻松切断纤维，这一点是很重要的。用一把慢刀疙疙瘩瘩地如拉锯般反复横切不仅会消耗大量时间和力气，还会让断面看起来不平整，纤维被搓烂，肉汁飞溅。

此外，一项调查显示，用变钝的刀料理食材时，金枪鱼的鲜度会下降，而蔬菜的苦味涩味则会上升。还有说法称，厨刀较钝也是导致切洋葱时流泪的原因之一。

如何切肉

1 轻轻握住

如果将厨刀握得过紧，容易将力气带入，给予肉材过多压力。觉得不用力比较难的话，可以让小指不要贴紧刀柄，轻轻握住。

2 从前往后滑动

使用西式厨刀时，不能像切刺身那样削切，基本的切法是从前往后进行滑动。如果削切方便，也可选用削切。

万万不可！

用压刀的方式切肉

如果使力让刀刃承受过分的压力，肉的纤维就会被切烂。如刀口较钝，用刀时就会不经意地使力，因此在用前最好研磨过刀刃。

推荐的切肉刀是这款！

刀身较长

我们推荐西式厨刀中的“切筋刀”[1]和“牛刀”[2]。刀身长度在20cm左右即可轻松料理好肉类食材，不过选刀尺寸与砧板大小也有关系，购买前请仔细确认。

刀刃较薄为最佳

薄刃的特点是刀口较快。这样的刀刃可以做到在不破坏肉类纤维的前提下，漂亮地处理好肉材。

刃宽较窄的更适合

这部分较为窄小的厨刀可以在肉块中自由移动，切除多余的脂肪，剥去筋络，切断纤维等也十分容易。不过用这把刀来切蔬菜则会比较困难，因为是一把专用于切肉的厨刀。

1. 切筋刀（筋引き），一般是料理肉类时处理肉中筋膜纤维所用的刀具，刀身窄细。
2. 牛刀根据法式主厨刀改制而成，为切割牛肉而生，一般是双刃。

美味肉食料理方法②

充分利用蛋白质的变性温度

对肉类进行加热烹调时，肉的中心温度保持在 60℃～65℃为宜。蛋白质在 50℃～60℃时就会开始凝固，因此只要保持温度不超过这个范围，就能维持好肉质的柔软度。而且，这样的处理方式使肉汁也不太容易渗出，能品尝到丰富多汁的口感。

低温烹饪法正是运用了这一点。保持肉的温度较低，长时间进行加热，能够使成品兼具柔软肉质与多汁口感，调整温度和时间条件还能达到杀菌的效果。

另外，使用烤箱或平底锅煎烤时利用余热烘烤，炖煮胶原蛋白较少的肉类时注意把握火候一气呵成，类似的方法都是很有效的。

温度过高的话会产生怎样的影响呢？

蛋白质变性

肉汁渗出

温度升高带来的影响是，蛋白质逐渐变性收缩，大量肉汁将会渗出。不过，长时间炖煮的话，则可以利用胶原蛋白的水解性质。

肉用平底锅煎过后，以铝箔纸包裹，放在温暖的地方，一边保持温度一边以余热继续煨熟。烤整块牛肉或羔羊肉时，也可以把温度计插入肉中，便于调节温度。

将吸收了肉的鲜味的慕斯状黄油气泡不断浇淋在肉排上，可以使食材中心保持低温缓慢煎制。这样做，上面受到的热度也可以缓慢传导至中心，使成品柔软又具有充沛的肉汁。

美味肉食料理方法③

锁住肉中的水分（肉汁）

肉中的水分含量是决定料理多汁程度的重要因素。对肉类进行热烹会使肌原纤维蛋白和结缔组织蛋白凝固收缩，失去保水性。这样一来，肉中的水分就开始渗出，与此同时，与水分共存的鲜味成分也一同溶出，随着这一过程的过度持续，肉汁流失，肉质将变得干枯坚硬。

为了保持肉中一定量的水分，使肉质尝起来更滑润，重点在于改善刀法和加热的温度与时间。这些要点视煎烤和炖煮的不同做法，也分别须下不同的功夫。我们来学习一下如何将水分和鲜味锁在肉中，享受多汁口感吧。

高温煎至金黄，低温煎熟食材

请注意，加热到 60℃～65℃时肉汁会大量溢出，而中心温度超过 70℃时肉质更是会变得干硬。你可以选择用高火仅在肉材表面煎至金黄之后调成小火慢慢煨熟，或是先低温烹至熟透之后，再用高火煎制表面。

MEMO

用淋油法阻止水分蒸发，煎肉更加香气四溢

这种方法对于平底锅和烤箱煎烤都是有用的。煎肉时，舀起锅底积油，不断浇淋到肉块表面，这种手法即是淋油法。这样做，能在肉的表面形成涂层，从而防止水分蒸发。另外，混合了肉汁的油重新浇淋到肉块上，煎表面时也更为香气四溢，愈添风味。

涮涮锅
以 80℃迅速加热

薄肉片涮锅吃时，将锅体加热至 80℃左右并保持在汤汁烧滚的状态，迅速加热完成。在水分能够沸腾的高温下，蛋白质将收紧并硬化，肉质也会过老，肉中水分会随之流出。

炖煮时，选用大块的肉
也是方法之一

用大块的肉来炖煮，会比用切成小块的肉炖煮时合计表面积要小，因此，炖煮时肉汁更不易流出。炖一种一定大小的肉块，也能体会到品尝大块肉独有的享受，和肉质的鲜美。

美味肉食料理方法④

活用调味料与酶，软化肉质

烹饪时软化肉质的要点，并不仅仅在于加热的温度与时间。调料也承担了使肉质变得更柔软的重要责任。举个例子，即便用同一块肉，改变盐和糖的用法，肉质的软硬也会表现出差异。此外，包含有助于蛋白质分解的酶的食材，也有软化肉质的功效。

这些作用都是由肉蛋白进行的化学反应引起的。以下提到的方法，每种都是仅在肉的表面发挥作用的，料理较厚肉块时，你也可以预先用叉子在上面戳几个小洞。只不过需要注意的是，这样也有可能导致味道过浓、肉质过软，或是加热后变得松散软烂等情况。

1 使用食盐

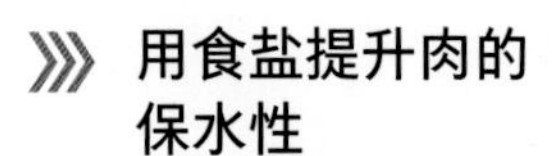

用食盐提升肉的保水性

给肉块撒上盐，静置片刻，溶解于盐水的蛋白质会析出，覆盖在肉块表面，从而提升保水性。此时即便是加热也很难让肉汁流失，料理口感更加柔软。

2 加醋炖煮

降低 pH 值，使之酸化，从而软化肉质

添加醋或柠檬汁等物提高肉的酸度也会同时提升保水性，从而使肉中存在的酸性激活蛋白质分解酶活化，软化肉质。用食醋或葡萄酒等制作腌泡汁也是有效的。但是，如腌制时间过短，肉质仍可能变硬。

3 加糖

延迟蛋白质的热凝固时间

糖可以延缓因加热引起的蛋白质凝固，从而使肉中所含水分与胶原蛋白紧密结合，有提升保水性的功效。作为预调味料揉进肉里，或是寿喜烧[1]等加热时撒到肉片上，这些方法都可以。

1. 经典日本料理，即日式牛肉火锅。

酒精饮料对肉类的作用

葡萄酒及日本酒等酒精饮料为酸性，有软化肉质的作用。软化作用以红酒、白葡萄酒、日本酒的顺序递减。另外，这些酒饮还可以有效消除部分肉类特有的腥味，并为之增添风味，对美味料理的诞生功不可没。只不过，需要注意的是，若腌制时间过短，肉质反而会变硬，引起反效果。

4

利用生姜、灰树花等食材的特性

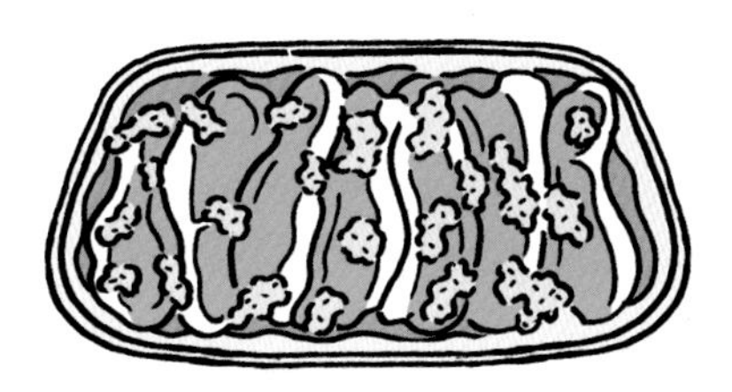

用蛋白质分解酶软化肉质

生姜、洋葱和灰树花等食材中所含的蛋白质分解酶能打散肉的组织，软化肉质。这些食材都要用生的，或切细或研磨成泥状抹在肉块表面。加热后，酶就开始发挥作用了。

5

涂上橄榄油

用油涂层抑制水分蒸发

煎肉之前，可以用橄榄油等油类涂在肉块表面形成涂层。这样一来，不与锅体接触的一面的水分蒸发也会被遏止，使肉类保持爽润口感。

6

用味噌或盐曲[1]腌渍

蛋白酶软化肉质，增加鲜味

味噌和盐曲等调料中，也含有与生姜等所含成分相同的蛋白质分解酶，在分解蛋白质软化肉质的同时，还会提升氨基酸含量，使肉的味道尝起来更加鲜美。

1. 日本料理中常用的天然发酵调味料，由米曲与盐结合而成。

美味肉食料理方法⑤

烹饪熟成肉

家畜在屠宰后，肌肉将收缩变硬，为此，可以对牛肉进行约 10 天，对猪肉进行 3～5 天的熟成。熟成之后，畜肉可以重新上市。在这里，我们所说的“熟成肉”是指比通常情况下历经熟成时间要长的肉类。日本受最近兴起的偏好红肉的风气鼓动，专做熟成肉的餐馆也变多了。

熟成肉的制造方法分为干式熟成（dry-aging）和湿式熟成 (wet-aging) 两种，前者为美国的高级店铺通用的熟成法，后者则是人们考虑到上市流通而发明的保存方法。肉经过熟成，蛋白质在酶的作用下分解，质地变得更为柔软，过程中形成的氨基酸也为肉赋予了更多鲜味。

干式熟成指的是?

在保持一定湿度和适度的贮藏库中通风，使肉熟成的方法。在所含的酶及微生物的作用下，牛肉将会变得更加柔软，产生独特风味。这种风味与黄油、坚果及焦糖颇为类似。红肉所含水分较多，熟成后，多余的水分将蒸发，凝缩风味，也使肉的鲜味变得尤为突出。

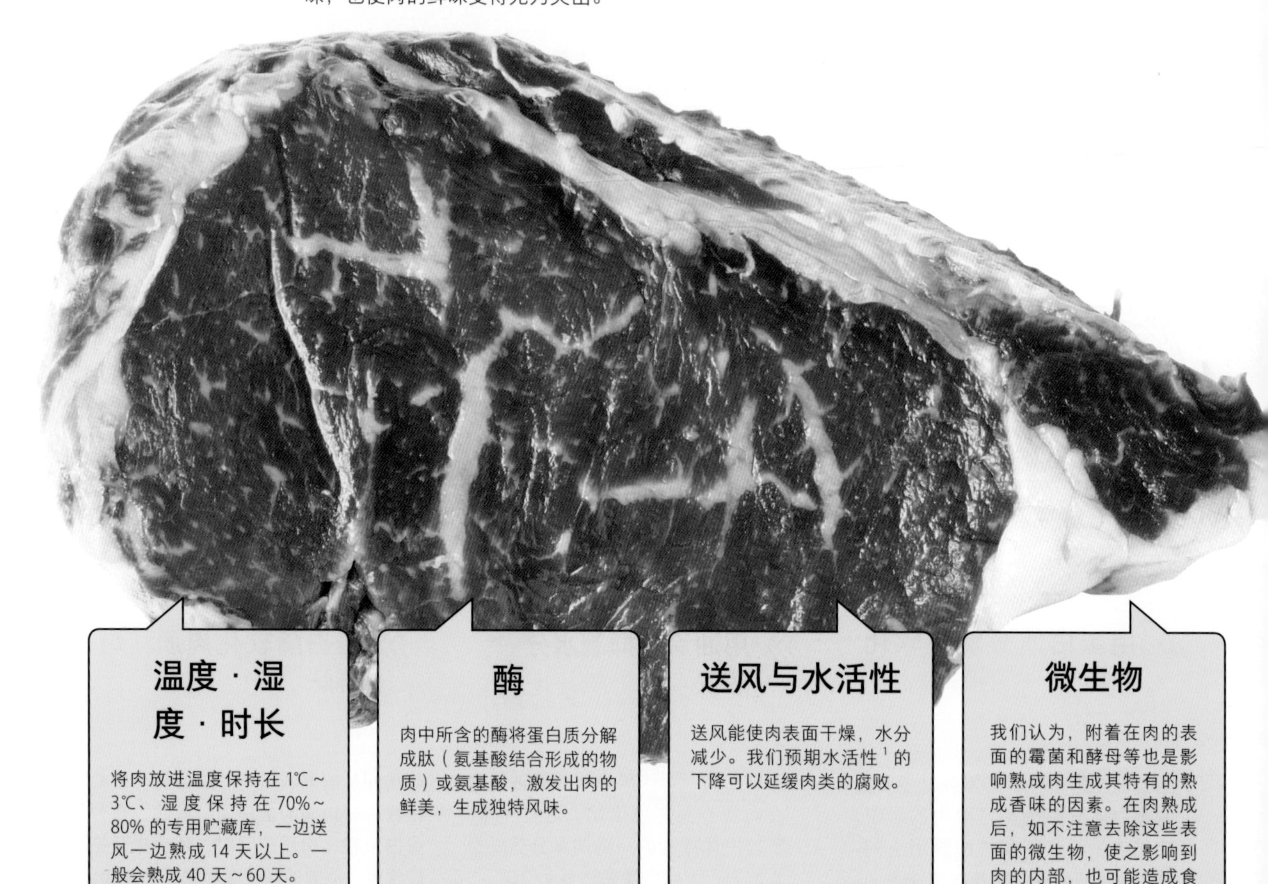

温度·湿度·时长

将肉放进温度保持在 1℃～3℃、湿度保持在 70%～80% 的专用贮藏库，一边送风一边熟成 14 天以上。一般会熟成 40 天～60 天。

酶

肉中所含的酶将蛋白质分解成肽（氨基酸结合形成的物质）或氨基酸，激发出肉的鲜美，生成独特风味。

送风与水活性

送风能使肉表面干燥，水分减少。我们预期水活性[1]的下降可以延缓肉类的腐败。

微生物

我们认为，附着在肉的表面的霉菌和酵母等也是影响熟成肉生成其特有的熟成香味的因素。在肉熟成后，如不注意去除这些表面的微生物，使之影响到肉的内部，也可能造成食用肉的污染。

1. 水活性主要为食品行业使用指标，指的是在密闭容器内与周围空间达到平衡时的相对湿度。一般来说，降低水活性能提高食品的稳定性。

INFO

Sa之万（さの萬）

作为食用肉加工、销售等业务之一，在日本进行干式熟成牛肉开发及销售，提供以日本酒为引子制成的日本最早的熟成烤牛肉。

请购买处于妥善管理下的熟成肉类，并充分加热食用！

与熟成肉相关的法律法规并不完善，因此，目前的熟成方法及卫生管理均视从业者操作。购买前请先确认店铺是否可信，食用前请充分加热。在东京都的调查中，也有过发现食物中毒菌种的先例，而生食是绝对要避免的。另外，也请不要自己制造熟成肉。

湿式熟成指的是？

将肉装在真空袋里，在一定温度的冰箱中熟成。这种方法被研究出来，原本是用于防止肉质劣化及产量过低，使其更易于流通的。经过有意识的熟成步骤，肉的风味将变得类似于奶酪、黄油等较为浓郁的乳制品。此外，口感也将更绵软浓稠。

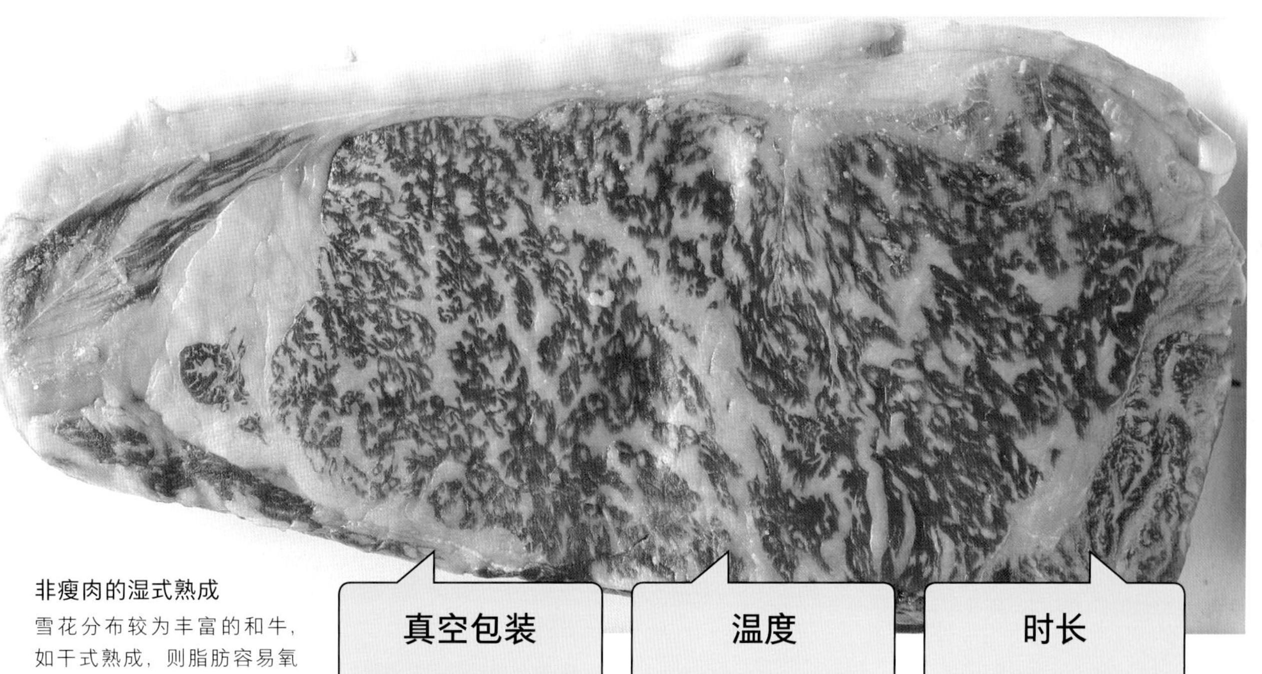

非瘦肉的湿式熟成

雪花分布较为丰富的和牛，如干式熟成，则脂肪容易氧化，特有的香味容易散失，因此一般认为较适合湿式熟成。不过，我们仍可以根据肉的性质调整熟成方法，适当地配合以干式熟成。

真空包装

将肉与空气隔绝开，防止氧化及杂菌附着，提升保存时间。不过，干式熟成所能酿出的那种独特风味，这时就很难产生了。

温度

肉不必经过冷冻，而且又能在微生物较难活动的温度下保存。一般会保存在0℃～3℃的环境中。

时长

根据湿式熟成专卖店的说法，须经过30天以上熟成来使多余水分蒸发，而鲜味成分随之凝缩在内。

更加柔软香浓

让炖肉料理变得

对炖肉料理来说，最重要的是入口即化的美妙口感。让我们来追踪不同的加热温度对肉中蛋白质的影响变化，同时学习一些使炖肉更加浓郁绵软的诀窍吧。

使用胶原蛋白较丰富的肉材，利用其加热后产生的水解胶化

长时间炖煮肉类，要点在于，选用能炖出浓郁绵软口感的肉材。可以考虑像鸡翅尖、牛胫肉、牛尾、排骨、猪蹄等胶原蛋白较多的部位。经过长时间的加热后，胶原蛋白水解胶化，可以帮助形成浓稠又顺滑的炖煮汤汁。

那么就让我们先从蛋白质遇热变化的机制开始理解。掌握了之后，就能做出顶级的炖煮料理了。

低于 **60** ℃

肌原纤维蛋白质中的肌球蛋白开始凝固

肉类在加热后，升温到 50℃左右，肌原纤维蛋白质中的肌球蛋白就会开始凝固。此外，肌质蛋白质会在 55℃左右开始凝固，变成豆腐状。在制作炖煮料理时，因肉块封存在汤汁中，热度由外向内逐渐传导，因此在炖煮的前期阶段，肉块会从外侧先开始收缩，而此时内部还没有变化。

胶原蛋白水解之后，形成的明胶会为汤汁增稠

炖肉时，升温到 50℃左右，肌原纤维蛋白就会开始凝固，到 60℃左右，肌质蛋白也开始凝固，肉开始变硬。胶原蛋白也是在 60℃左右开始收缩的，这样一来肉的硬度会更高，不过温度超过 75℃时，就会开始在锅中进行一定程度的水解，因此，我们可以保持锅中翻腾状态进行长时间炖煮。等到竹签可以轻易地穿过肉块，肉块整体变得较为绵软时，即代表胶原蛋白已经水解了。肉块软化很好下刀，在口中也能留下恰到好处的黏稠感，一份完美的炖肉料理就此诞生。

胶原蛋白的水解

胶原蛋白

加热

超过 75℃后……

即水解形成明胶

60℃～75℃

胶原蛋白开始收缩，肉质开始变硬

肉块的内部温度上升到 60℃左右时，肌原纤维蛋白和肌质蛋白已经收缩凝固成形了。此外，结缔组织蛋白质中的胶原蛋白也会在 60℃时开始收缩，温度超过 65℃后会开始进一步急剧收缩发硬。这样一来，肉汁会一下子溢出，而肉块整体收缩。

75℃～

胶原蛋白受热分解，水解胶化后软化肉质

温度上升到 70℃左右时，结缔组织蛋白中的胶原蛋白就会开始水解产生明胶。而后经过长时间的加热，结缔组织蛋白中的胶原蛋白会逐步胶化，肉质整体变成软烂松散的状态。在炖煮时，请注意保持锅中汤汁始终小滚，一边检查炖煮情况一边调整火力大小。

炖煮前，事先煎一下肉块表面

要想炖肉做得好吃，重要的是在炖煮之前先将肉块表面煎过一次。煎制表面使其凝固，激发出肉的色香与风味，还能为淋在成品上的酱汁[1]增添鲜味，更能防止肉块煮散。另外，炖肉之前，在肉块表面裹一层粉，煎制时会更加芳香四溢。而且，裹上的粉在炖煮时会溶于汤汁，还能起到增稠的作用。

适合炖煮的肉块大小

遇到要长时间炖煮肉块时，如果先大块入锅，煮好之后再细切，肉表面溢出肉汁的总面积也会减小，可以防止鲜味成分流出后肉质收缩。虽然这样做也会在预先煎制时减少了表面积，从而使焦香风味随之减弱，但对于大量制作的情况，这种做法是十分高效的。

如果一开始就先切成 3cm 见方的小块进行炖煮，则会产生煮散或者肉质收缩形状体积不一等问题，不过这样做的特点是，能较好地将煎制带来的风味保存在肉中。

肉块裹粉后先煎制各面，美拉德反应会更加活跃，成为肉料理色香味之源。这样做也能使酱汁更鲜美和浓稠。

1. 这里指的是在做炖肉时，肉块煮熟盛出后，一般会有继续煮沸汤汁使其浓缩成酱汁，并在最后浇淋于肉上的步骤。

肉块先煎制表面再炖煮，色香味皆是更佳

Q 把肉浸入葡萄酒里腌制过会变得更软吗？

A 腌制后肉确实会变软，不过一般使用葡萄酒，旨在为肉去腥。近年市场上卖的肉也不会太腥臭了，如果用葡萄酒腌泡汁腌制，则煎肉时不易煎出金黄的理想颜色，之后还须多做一项滤出杂质的步骤，因此并不推荐使用。另外，腌制时间过短，反而会使肉质变硬。

Q 用高压锅炖肉是不是最软烂？

A 高压锅以高温加压，对于希望胶原蛋白能较早水解的炖肉料理来说，是很合适的。用高压锅将肉炖软，再换别的锅具，加调味料与肉同煮，这种做法更佳。这样做不仅能节省时间，又能保证料理的美味。

调料会渗入肉中

除去多余脂肪和水分

炖肉入味的作用机制

炖肉时，脂肪溶出，肌肉纤维收缩，肉中所含的水分（肉汁）也被向外挤压出来，在肉中留出一定的空隙。这时加入调料同煮，味道就能更好地渗入肉中。

添加调味料，先从因分子较大而较难渗透的糖开始，再到分子较小的盐，然后是风味容易散失的醋、酱油、味噌等。这就是我们常说的调味“糖盐醋酱味”[1]的顺序。

1. 即糖、盐、醋、酱油、味噌的顺序，各取每个单词日语发音中的一个音节按照日语音顺排列成 sa（砂糖）、shi（盐）、su（醋）、se（酱油）、so（味噌）以方便记忆。关于调味料的添加顺序，也有研究实验表明，对于料理成品的色香味各项指标影响并不大。

炖煮料理使胶原蛋白水解，形成的明胶也为汤汁增加了浓稠度和美味

美味煎肉的秘密

表层松脆，内里多汁

你是否也想过自己在家豪爽地做一顿美味的煎牛排吃？通过了解煎肉的作用机制，你可以做出表层松脆，而内里绵软又充满肉汁的煎牛排。

肥肉、香味、火力应当怎样调整

牛排作为一种主要步骤只有煎肉的料理，可以让我们直接品尝到肉的本味。正因如此，我们才更想掌握使肉的美味被最大程度激发出来的煎烤方法。其要点在于，在煎烤带肥肉块时，先对肥肉部位进行充分煎烤，使脂肪释放出独特浓香，也为牛排本身增香提味。然后，再去煎熟瘦肉部分，让美拉德反应为牛排添上香气与色泽。这样做，可以一边蒸发肉中水分，一边将美味浓缩其中。接下来，重要的是要调整火力到何种程度。一分熟、五分熟、全熟等，根据你所偏好的成品熟度，煎烤方法也必然会发生变化。

蛋白质的变性、肉的保水性，以及脂肪熔点之间的关系

煎牛排时，控制火力使中心温度不过高是很重要的。尤其是在煎制厚切牛排时，中心部位较难熟，煎烤时需要一边浇油一边慢慢加热，调节火力使中心温度达到目标温度。随着温度的升高，蛋白质收缩，升温到 70℃左右时肉汁会大量溢出而肉质收缩变硬，因此，我们建议，可以把中心温度控制在 65℃以下。

猪肥肉及鸡皮等部位在较低温度时就会逐渐熟透，而升温到脂肪熔点以上时，这些部位就会释放出大量油脂，辅助煎烤。

菲力牛排煎至表面较为湿润时就可以翻面了

用预热过的平底锅煎制菲力牛排时，蛋白质发生变性，保水性降低，肉中水分渗出，使肉表面变得湿润。这时候翻面是正确的操作。翻面后继续加热，肉汁再次浮出表面时，五分熟牛排即完成了。静置一会儿，时长与煎烤过程相同。放置之后再切，断面颜色是偏粉的，也就是我们说的“玫瑰色”状态。

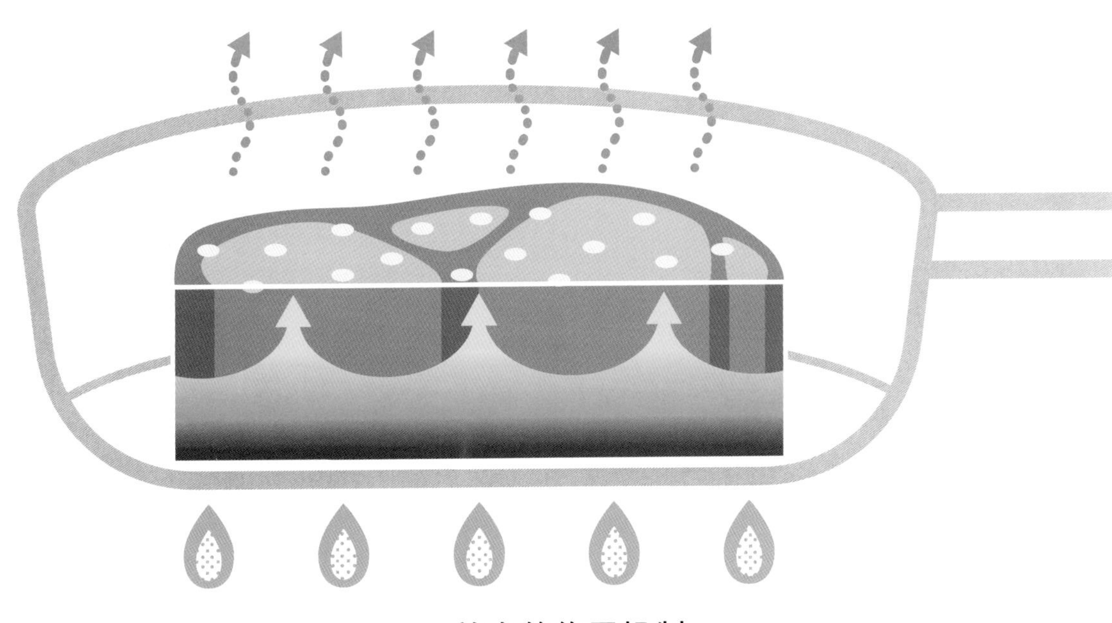

煎肉的作用机制

水分少量蒸发，美味浓缩其中

煎肉使部分水分蒸发，而肉的美味则变得更加浓厚。

《

肌原纤维、肌质蛋白凝固

胶原蛋白收缩

美拉德反应引起金黄色泽与焦脆香味

肌原纤维、肌质蛋白的凝固，胶原蛋白的收缩，以及美拉德反应是一同发生的。蛋白质变性进程急速展开，肉中水分就会溢出，使肉发柴，因此，我们需要调整火力大小，一边确认肉的煎烤状态一边将其煎至较为理想的程度。

《

加热

热油煎肉。带肥的肉先煎脂肪，然后一边淋油一边煎制整体。

美拉德反应

掌握美味煎肉之关键的

什么是美拉德反应?

糖与氨基酸发生反应

再产生各种各样的连锁化学反应

生成褐色物质与香气成分

煎烤肉块的表面会发生什么?

平底锅热油煎肉，肉块表面的蛋白质变性，肉汁溢出。继续加热，肉及肉汁中所含的氨基酸与糖就会发生化学反应。肉的表面将会附着茶褐色（褐色物质），还会散发出香气（香味物质），通过这些物质，煎肉拥有了鲜美风味。这就是美拉德反应。促进美拉德反应的发生，对料理美味牛排来说是最为重要的步骤。

通过反应形成的香气与色泽，煎烤的美味再升一级

通过美拉德反应对肉的上色和香气激发，煎肉也获得了其独有的美味来源。我们在加热至 200℃左右的平底锅中放入肉材，如果是较薄的牛排，可以直接用高火加热上色。如果肉材有一定的厚度，可以先煎表面上色提香，再将火力转小缓慢加热，这样可以做出味道鲜香浓厚内部丰润多汁的理想牛排。

先煎摆盘时朝上的一面也是要点

煎牛排时，注意最终摆盘时朝上的应是先煎的一面。先煎的一面颜色会更显金黄，这样能使牛排料理看起来成色更佳。

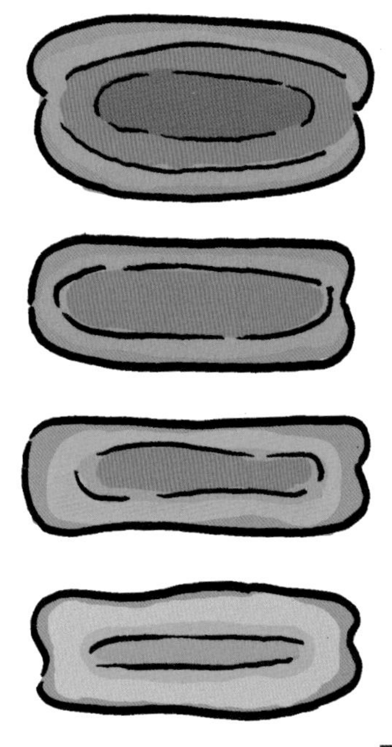

煎肉生熟程度与中心温度估值

近生
约**45**℃

一分熟
50℃～**55**℃

五分熟
60℃～**65**℃

全熟
约**70**℃

煎牛排的生熟程度，可以从各自的断面颜色及中心温度大约为多少来进行判断。请根据以上的估值来挑战一下吧。

还要注意煎肉时各种油的使用方法!

根据肉材厚度不同，我们必须对平底锅及油温加以控制。如果牛排较薄，我们需要事先热锅，然后再迅速煎香表面，注意不要加热过头。这种做法会让锅中油温升高，因此我们先放入橄榄油煎肉，而容易焦化的黄油要在最后放入，以增强风味。如果肉材较厚，升温不会特别迅速，可以一开始就用黄油包裹住从各个方向加热。黄油成分的 80% 以上都是乳脂，16%～17% 是水分。因为较容易焦化，请在用黄油时注意温度的管理。

黄油要保持起泡慕斯状

在进行温度管理时，可以通过保持黄油在起泡慕斯状来进行。温度过低或过高，气泡都会消失。

考虑食用时的食物温度

与煎烤时的温度一样，享用肉排时的温度也是十分重要的。根据肉的种类，油脂的凝固温度也会产生差异，一旦冷却，肉可能就会变得很难带来入口即化的美妙口感。高级和牛等肉，有的油脂熔点大约在 20℃左右，其特点就是容易在舌尖融化。

一边淋油一边煎烤，用你的感官体味肉的变化

想要把较厚的肉排煎出自己喜欢的生熟程度，你可以在煎肉时选用一边淋油一边慢慢加热的“淋油法”。浇上锅中滚烫的油之后，肉的表面会因水分蒸发迸溅而滋滋作响。你还可以一边感受着肉的弹性和温度变化，一边调整生熟程度。合格的料理人在烹饪时，通常不会放过声音、香气、外观、触感等任何一项指标的变化。你也可以学习他们，在煎肉排时始终保持对肉在锅中状态变化的关注，这个过程想必也会变得令人非常享受。请你一定要这样尝试一下哦。

湿润又浓厚

突显肉料理的质感

你有没有过这样的经历？肉块在焯煮后，变得既坚硬又干巴巴的，难以下咽。而让肉的质地变得湿润又香浓的秘诀，就在于温度、保水性和熔点之间的关系。

慢慢加热，让煮鸡块口感更湿润

鸡肉与其他种类的肉比起来，脂肪较少也较容易熟，因此，要想保持其中水分，最重要的一点是在温度管理下将脱水量减到最小。为了不让蛋白质一下子完全变性，我们要慢慢地进行加热。比如下面这种方法：焯煮整块鸡胸肉时，水烧开后即关火，放入鸡肉，盖上盖子，让余热煨熟鸡肉。此外，将整鸡放入烧开的水中，中火使水保持冒泡继续加热，5 分钟后即关火，保持盖子盖上的状态，用余热煨一段时间，鸡肉就会变得更加水润。

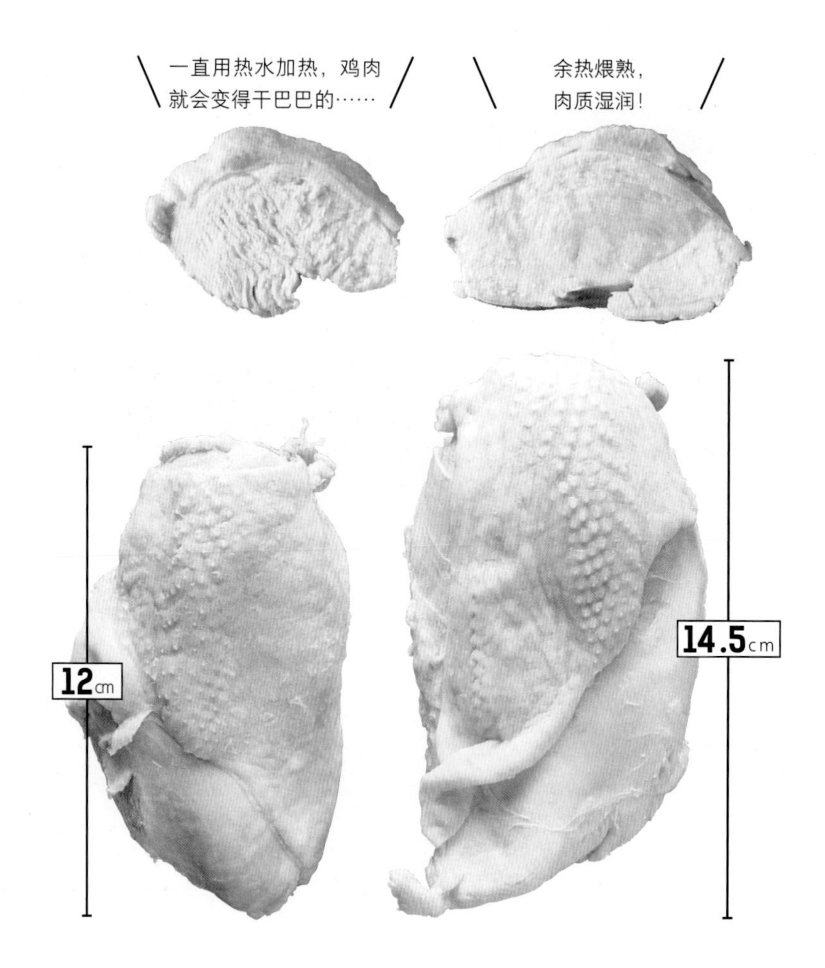

防止保水性降低，减少肉的收缩

升温到 60℃以上时，肌原纤维蛋白和肌质蛋白凝固，胶原蛋白纤维开始收缩。之后如继续高温加热，肉会迅速收缩发硬，并随之失去大量水分。为了避免出现这种情况，我们最好不要用滚水进行长时间的加热。在低温下缓慢加热，就能更好地防止保水性降低和肉的收缩。

MEMO

根据肉的种类不同，热传导的方式也会发生变化

就鸡肉而言，带皮或去皮、整鸡或小块等条件的改变都会让热传导的方式发生变化。去皮鸡块相对而言最容易熟，而脂肪较少的鸡胸肉则更容易变得干巴巴。

想让涮涮锅中的煮肉片口感更浓郁，选择 80℃加热

用于涮涮锅的薄切牛肉片极容易熟。要让这样的肉片口感更浓郁、柔软、多汁，其要点是在 80℃左右、温度相对较低的热水中，迅速涮 15 秒～30 秒。

我们之所以能尝到肉类的浓郁口感，是因为脂肪恰到好处地融化在口中，而同时肉质又还没有达到熟得过分的状态。牛肉的脂肪熔点在 40℃～50℃，因此用 80℃的热水来涮，脂肪会适度熔化。此时，肉的生熟程度也较为理想，能让肉保持较为柔软的状态。

保持水温 80℃，锅体冒着热气，和牛散发出独特肉香

和牛肉尝到嘴里，脂肪熔化较快，赋予肉片美妙的口感。80℃的水温，能使甘美又独特的和牛香最大程度散发出来。

肉质过老，是因为高温焯煮让肉中的蛋白质变性了

以超过 90℃的高温加热，会让蛋白质在瞬时变性，而使肉质收缩，因此请注意控制温度。

冷涮请不要用冰水冷却！

冷涮是迅速煮熟食材后，再在冷水里涮动的一种料理方法。如果用冰水涮，由于水温过低，脂肪可能凝结而使口感下降。你可以使用温度稍高些的冷水，或是在热水中煮熟后静置冷却。

涮涮锅是最能发挥和牛香味的料理

我们品尝涮涮锅时，能尝到其中特有的甘美香气，这就是所谓的和牛香。这种香气源自一种叫内酯的成分，而 80℃是最容易引出这种和牛香的温度。所以说，涮涮锅正是品尝和牛香再合适不过的料理了。

如果你要问，从进口牛肉中是否也能闻到这种和牛香，那么答案是否定的。这是因为进口牛肉中的内酯含量比和牛要低。和牛中不饱和脂肪酸的比例较高，熔点较低，口感较好，因此能让人清晰地品尝到其独特的香气和浓郁风味。

做汉堡肉的秘诀

煎出来的成品松软又多汁

汉堡肉口感松软有弹性，充满丰富的肉汁，是一道经典的肉类料理。我们将在此篇彻底为你解说，在家中就能做出美味汉堡肉的要诀。

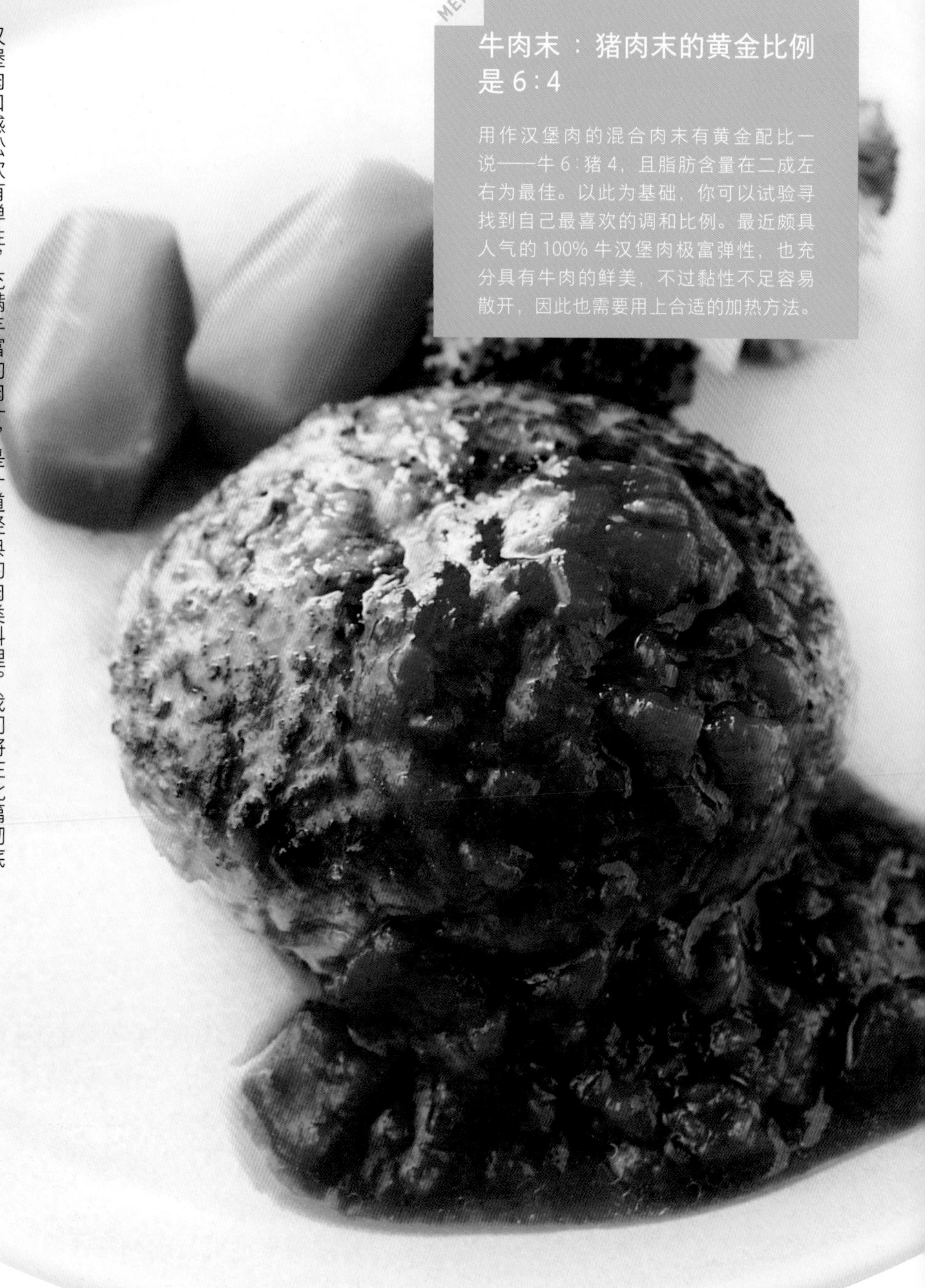

MEMO

牛肉末：猪肉末的黄金比例是6:4

用作汉堡肉的混合肉末有黄金配比一说——牛6:猪4，且脂肪含量在二成左右为最佳。以此为基础，你可以试验寻找到自己最喜欢的调和比例。最近颇具人气的100%牛汉堡肉极富弹性，也充分具有牛肉的鲜美，不过黏性不足容易散开，因此也需要用上合适的加热方法。

顶级的汉堡肉，能让你同时感受到“松软”和“多汁”

刚出锅的汉堡肉松松软软，用刀叉一划开，肉汁就大量涌出……你是否见过这样的景象？说不定有很多人都是以此作为鉴定美味汉堡肉的标准。不过，这仅仅是以画面美为最高追求的产物。请仔细想一想：品尝之前，浓缩了肉鲜的汁水就流了一盘子，这样恐怕是尝不到肉原本的美味的。

汉堡肉的美味在于，肉类特有的松软又有适度弹性的口感，以及在咬下去的一瞬间弥漫开来的肉汁带来的满足感。要想达到这种状态，重要的是充分掌握“肉末的调制方法”“整形方法”“加热方法”等一系列烹饪秘诀。

加盐之后

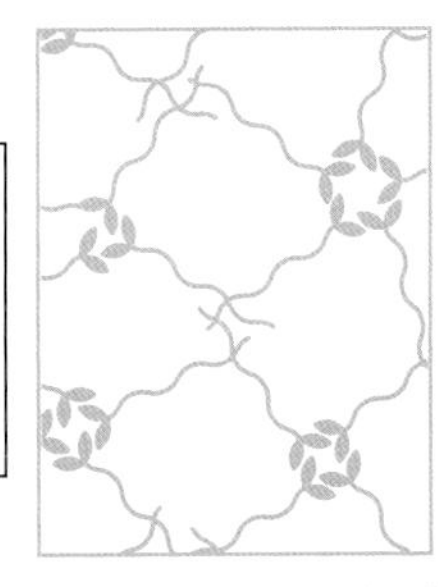

蛋白质逐渐溶出

在肉末中加盐后，肌原纤维蛋白中的肌球蛋白就会逐渐溶出。

搅拌调制之后

保水性与结着性增强

肌球蛋白溶出之后，充分调馅，蛋白质将形成网状结构，结着性增强，保水性也提高了。

参考文献：山内文男《食品蛋白质的科学：化学性质与食品特性》p.178/ 食品资材研究会 1986 年

秘诀①

肉末中加入盐再调制

加盐调制能带来的效果是

在往肉末中加入洋葱、面包粉、鸡蛋等辅料之前，最为重要的是，首先仅加入食盐。这时保证肉末处在温度较低的状态也是要点之一。

加盐之后，肌原纤维蛋白中的肌球蛋白开始溶出，继续搅拌就会使得肉馅结着性更强。而且，由于蛋白质变成网眼结构，能储存大量水分和脂肪，加热之后肉汁也不容易流失，而汉堡肉就会获得极为多汁的口感。

加盐之后，保持低温持续揉搓调制，可以更好地释放肌球蛋白的黏性

如温度升高，则难以乳化，也不容易发黏

保持肉末在冰冷状态

保持低温制馅，其操作的秘诀是，肉末从冰箱里拿出来后马上调馅，也可以放进装了冰块的大碗里，隔着碗搅拌调制。

MEMO

处理肉材，要注意勿超过脂肪的熔点

我们称肉类脂肪熔化的温度为熔点，如P14所示，牛、猪、鸡各自熔点不尽相同。在揉制肉馅时，我们须注意将肉保持在不超过其脂肪熔点的低温状态。最好的做法是，从冰箱中取出后直接开始调馅。

低温调馅容易形成结着性

肉末制馅时，要点在于，可以选择将肉末事先用冰箱冷藏过，或是揉馅时一边隔着碗冰镇等。如肉末温度上升，肌原纤维蛋白中的肌球蛋白很难互相联结，也因此不容易黏在一块。另外，如果搅拌过头，也可能导致肉的纤维被扯断而无法形成网状结构，一经加热，水分就会从中流出，肉质会变硬、不再多汁。肌球蛋白在低温下（大约低于 20℃）更容易经肉馅而释放出结着性，蛋白质之间更容易形成网状构造。

秘诀②

成形时排出空气

贴在手掌上轻拍，辅助肉饼成形

在肉末中加入盐并充分搅拌，待肉馅发黏，加入与牛奶充分混合的面包粉、鸡蛋、洋葱、肉豆蔻等辅料。这些辅料具有压制肉腥、吸收肉汁、提高肉馅黏性、增香提味等功效，一同充分搅拌均匀后，肉馅就调好了。

然后，一只手抓取肉馅，另一只手模仿抛接球的样子，两手来回轻拍，这一步与其说是在排出空气，更像是在辅助肉饼成形。仅仅是排出空气的话，更加高效的做法是将成块的肉馅往碗底轻摔几次。

一只手拿着肉馅，另一只手从上方轻拍数次。

重复这个动作，直到肉馅变成完美的椭圆形。为防止煎烤过程中肉饼裂开，将表面揉搓至平滑也是十分重要的。

一开始先在碗中轻摔以排出空气，这种做法也是十分高效的

如凹陷的一面朝上，把肉饼送进平底锅时有可能散开，因此将这一面朝下放来煎烤也是可以的。

肉饼放进锅中之后再按出凹陷也是可以的

在成形的肉饼中间做出凹陷的用意

肉饼成型后，我们要在中间做出凹陷，这一步的目的在于使煎烤后的成品形状更完美。由于蛋白质的收缩，肉饼会从四周开始缩紧，而中间则会膨胀出来。将中间有凹洞的肉饼摆在烘焙纸上，保持形状送进平底锅里，这样做会比较方便。此外，对于煎烤过程来说，凹陷的一面在上或在下，并不会产生影响。

秘诀③

调整火力，锁住肉汁

不用高火，而是缓慢均匀地加热

煎汉堡肉时，你也可以试着用高火加固肉饼边缘，不过请注意这样做是很容易烧焦的。最好先用中火煎出表面的颜色，再翻面，用烤箱烤熟，或者调小火盖上盖子慢慢焖熟。随着锅中的水蒸气循环，热量从四周渐渐传导向中部，这也能防止表面被煎焦。刺入竹签，如有透明肉汁溢出，则证明已经做好了。如果要看弹性，四周和正中的肉饼在同一高度，也表示完成了。

缓慢加热

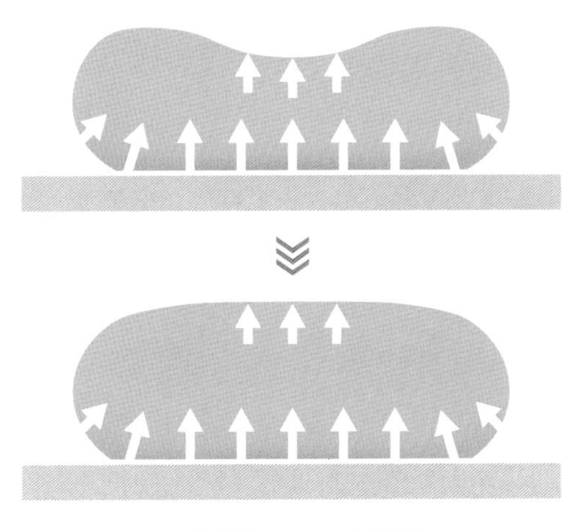

四周收缩，而中心膨胀

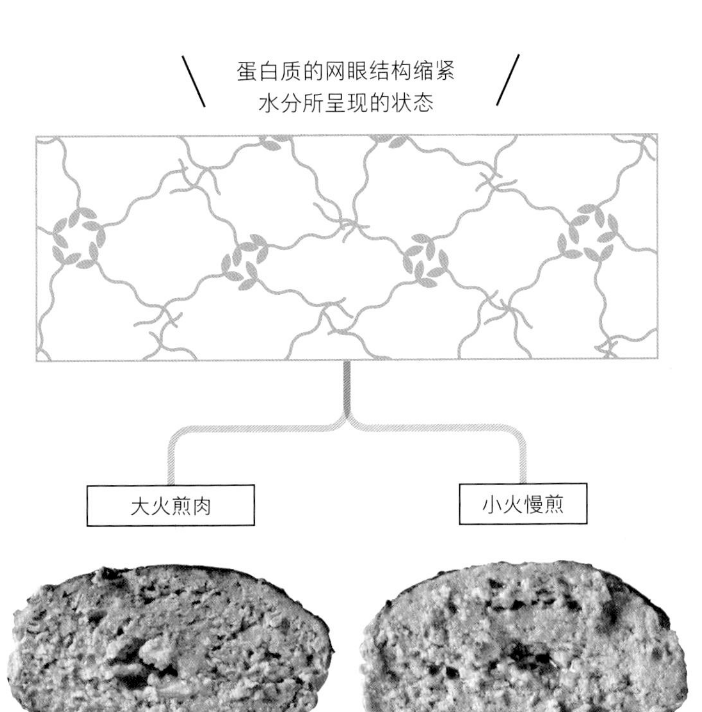

肉汁将会流失

水分无法很好地停留在肉中，都流失掉了。

锁住肉汁

缓慢加热，水分能够留在肉中，让肉饼保持蓬松状态。

享用之前就流失掉的肉汁是种浪费

肉饼切开的瞬间，肉汁就漫溢出来的话，这也意味着你在品尝的时候能吃到嘴里的肉汁就少了。这些水分也包含有肉的鲜味成分，因此如果流出很多，汉堡肉尝起来就会很干瘪，亦无鲜味。烹饪的要点在于，如何将这些肉汁尽可能多地留下来。

肉汁中并不仅仅包含肉里的水分，还含有鸡蛋、面包粉和洋葱等带来的水分。尽管容易烧焦，不过汉堡肉做好后，滤去锅中汁水的脂肪部分，将剩下的鲜味成分用作酱汁的一味也是可以的。

MEMO

炖煮汉堡肉，无须担心外焦里生

我们炖煮汉堡肉时，先将表面煎至上色，这时即使内部还未熟也可以先出锅一次。加入多明格拉斯酱[1]等调料，火转到更小继续炖煮，肉不会发硬，也能防止出现外焦内生这样的失误。

1. 牛骨加多种蔬菜配料熬制的酱料，一说源自法式料理，日式洋食（即西餐）中多有使用。

学习烤箱烹饪中加热肉类的方法

根据型号来调整

说起用一整块肉制作的豪放料理，那就非烤牛肉和烤整鸡莫属了。我们下面就来掌握一下，关于烹饪这些料理所用的烤箱，不同型号的烤箱与肉类的加热方式之间的秘密。

不同型号烤箱的加热方式差异

烤箱有瓦斯烤箱和电烤箱之分，同时也有通过风扇来循环热风的强制对流式，以及无风扇自然状态热循环式。烤箱主要是通过空隙循环引起的对流热量，以及红外线的放射热量来进行加热的。瓦斯烤箱比起电烤箱，其放射热量的比例要来得小，而另一边，强制对流式的烤箱，自然是要比没有强制对流的烤箱所发出的对流热量比例要大的。

根据箱内空间大小及热源所在位置，加热的效果也各有不同，你可以试着边使用边掌握各种烤箱的特点。

强制对流式

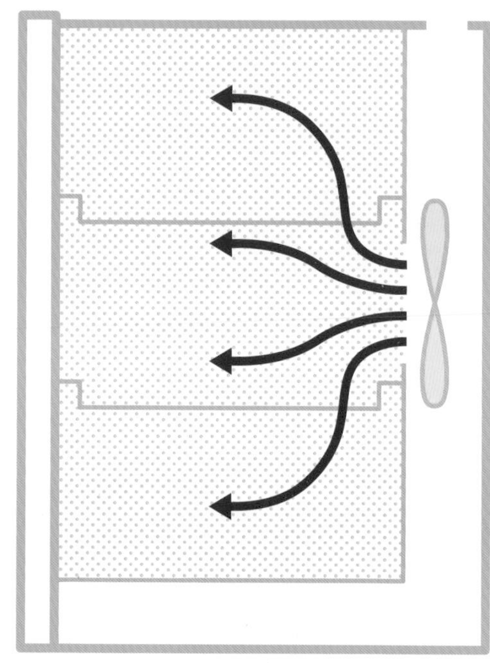

参考资料：佐藤秀美《创造美味的“热”科学》p.34/ 柴田书店 2007 年

特点

- ■制造对流来循环热风
- ■根据热风的温度及势能，传导的热量有所不同
- ■风速越快，烤箱内容物表面干燥越快

烤箱加热的目的在于，对于那些放在平底锅上加热则稍显庞大、不易熟透的食材来说，放在烤箱里加热，热传导就会更均匀渗透，同时也能在食材表面烤出理想的颜色。有一定厚度、体积较大的肉块，放进烤箱中可以烤至内部熟透同时也兼顾色香，而体积较小的肉块有可能即使烧熟了也不上色，因此可以先放到平底锅上预先煎出想要的金黄色泽。

电（加热器）烤箱

自然对流式

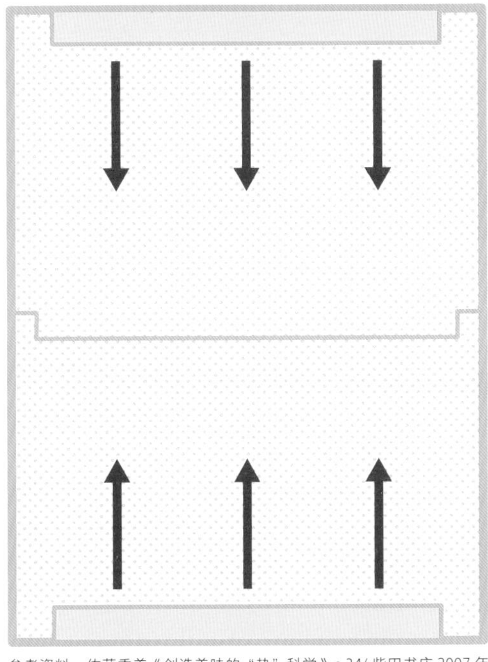

参考资料：佐藤秀美《创造美味的“热”科学》p.34/ 柴田书店 2007 年

特点

- ■加热多半是靠红外线放射
- ■空气流通较少
- ■在热源下方等红外线集中的位置，加热的进程更快

不同种类的烤箱加热能力的差异

型号（种类）	热传导率（$W/m^2 \cdot K$）	放射热传导比例（%）
强制对流式瓦斯烤箱	55	25
强制对流式电烤箱	42	40
电（加热器）烤箱	24	85
自然对流式瓦斯烤箱	19	50

※ 以上为我们实测了市面上售卖的烤箱的数据范例。强制对流式烤箱根据风扇强度，数值也会发生变化。电（加热器）式的烤箱，数值也会因加热器的设置位置以及强度发生改变。/ 出处：涩川祥子《善于加热即是善于料理》建帛社 2009 年

先煎过，再用烤箱加热？

问题在于食材是否容易上色

用烤箱加热肉类时，关于是否需要事先用平底锅煎过，关键在于烤箱是否能在设定时间内烤出理想的食物颜色。这一点需要根据肉块的实际大小及厚度进行调节。

最适合炖煮料理？

体积较大的成块的肉，放在烤箱里烹饪是最适合的

如要将体积较大的成块肉用作炖煮，我们推荐你使用烤箱加热。接触到瓦斯炉明火锅底容易糊的炖煮，放到烤箱里烤，需要搅拌的次数也会减少，也更有可能进行全面的均匀加热。

烤好的料理要放置一阵的原因

以余热继续煨熟食材内部，并使肉汁存留在内

烤好的大型肉块，其表面温度比内部要高，用铝箔纸包好后，热量会向中心缓缓传导。与此同时，外侧会渐渐冷却下来，整块肉各处的温度达到一致，而肉汁也不会四处乱跑。

保留满满肉汁的油炸诀窍

松脆面衣中包裹着多汁的食材

尽管喜欢吃油炸食物，却并不善于料理……大概不少人都有这种想法吧？外层的面衣松脆脆，而里面的食材却是鲜嫩多汁！让我们为你彻底解说，怎样才能做出这样的理想油炸食物。

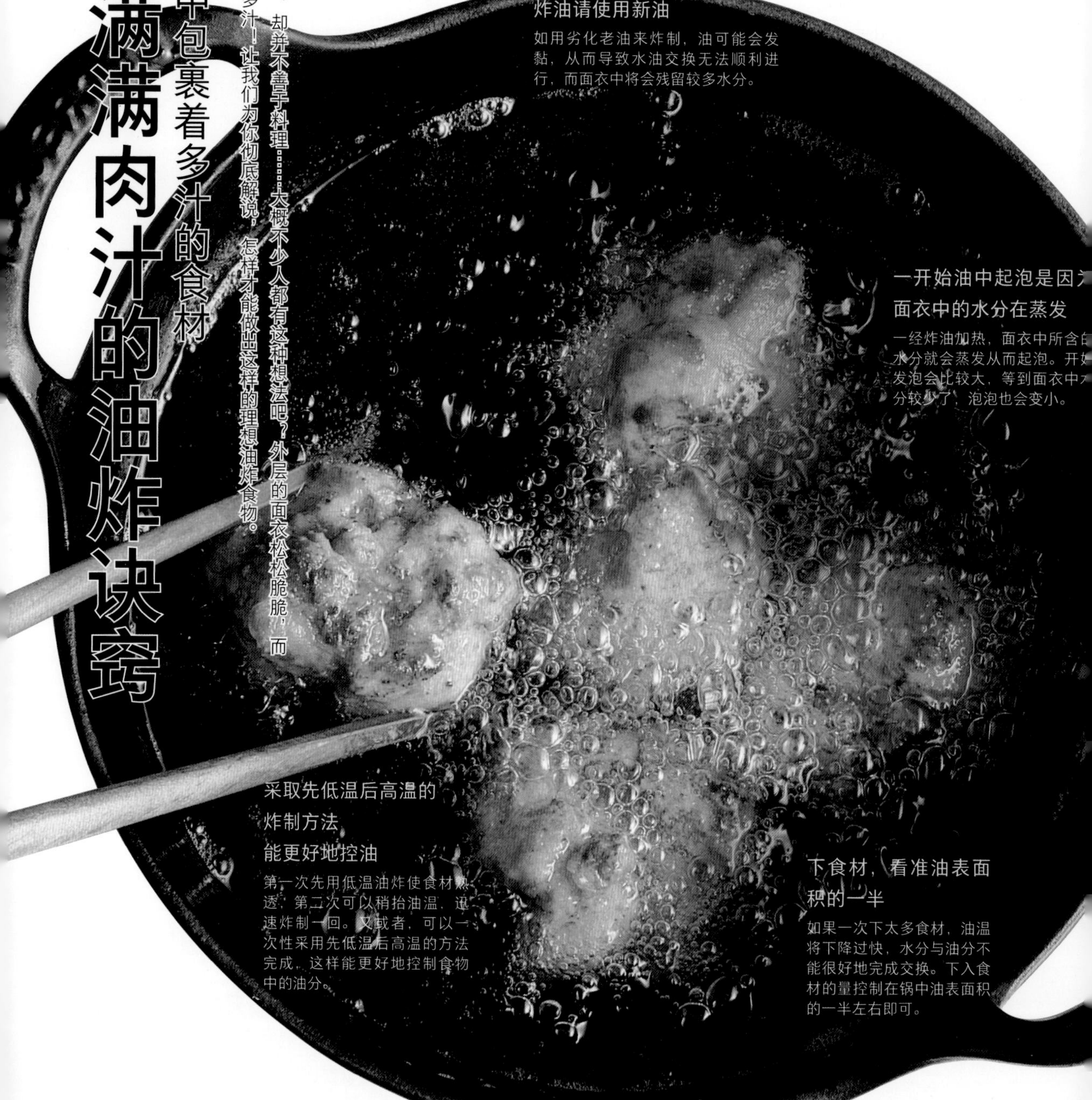

炸油请使用新油

如用劣化老油来炸制，油可能会发黏，从而导致水油交换无法顺利进行，而面衣中将会残留较多水分。

一开始油中起泡是因为面衣中的水分在蒸发

一经炸油加热，面衣中所含的水分就会蒸发从而起泡。开始发泡会比较大，等到面衣中水分较少了，泡泡也会变小。

采取先低温后高温的炸制方法能更好地控油

第一次先用低温油炸使食材熟透，第二次可以稍抬油温，迅速炸制一回。又或者，可以一次性采用先低温后高温的方法完成，这样能更好地控制食物中的油分。

下食材，看准油表面积的一半

如果一次下太多食材，油温将下降过快，水分与油分不能很好地完成交换。下入食材的量控制在锅中油表面积的一半左右即可。

面衣中所含的水分与外部的油分完成充分交换的状态是最为理想的

油炸指的是用大量的炸油来加热食材的烹饪方法。唐扬鸡块或炸猪排等料理，都是将所用的食材放进炸油中，主要来自面衣的水分迅速蒸发，与此同时油分渗入，完成了水和油的交换。如果交换发生得非常充分，炸物也就更显香脆，尝起来口感也是松爽可口的。与之相反，如果面衣中的水分留存下来，尝起来就发韧、发黏。油炸过程中，面衣中包裹的肉块就像被蒸熟一样，因此也能保持多汁的口感。

在油炸烹调中，食材的内外侧温差有逐渐增大的倾向。体积或厚度较大的食材及带骨头的食材，加热起来就较为困难，可以采取先低温、后高温的方式先使内部熟透，之后再充分控油，这一点也是十分重要的。

面衣能较好地包裹住食材，炸出来也就更多汁

我们甚至可以说“天妇罗是蒸制料理”，以此来突显面衣对包裹食材、让食材像在蒸笼一样蒸熟的重要性。如食材上有面衣没覆盖到的地方，这些地方所含的水分就很难脱出，因此，请注意让食材均匀地裹好面衣。

炸肉的作用机制

首先蒸发面衣中的水分

在炸油中放入食材，面衣表面释放水分，纳入油分。这时，你会听到锅里噼啪作响，炸油表面浮起较大的气泡。

油表面暂时安静下来

这是面衣中的水分已经蒸发完毕的证据。油表面暂时安静下来后，蛋白质的凝固过程就会逐渐开始。

面衣包裹的食材中的水分蒸发，发出轻快的噗噗声

食材中心温度升高，随着蛋白质的凝固和收缩，食材中的水分也释放出来随即蒸发，慢慢地发出气泡破裂声。

根据食材要求的生熟程度，最后的加热方式也会有所不同

要求煮熟一点的食材，可以继续在炸油中加热。而不用那么熟的食材，可以捞出后以余热煨熟。

炸制不同料理的最佳温度 & 时间

	开始炸制时		快完成时
唐扬鸡块	160℃ 4分	»	180℃ 1分
炸猪排	160℃ 4分	»	180℃ 1分～2分

※ 以上数据适用于：唐扬鸡块使用 4cm 见方的鸡肉块，炸猪排使用厚度在 2cm 左右的里脊肉。

※ 放入食材的量在锅中热油表面积的一半以下。油温控制在较为稳定的状态。

炸制冷冻食品时须注意

冷冻食品分为已经经过加热处理的食物，和需要重新加热的半成品。这两种食品的外观较为相似，不过半成品因为内部还是生的，必须经过充分加热才能防止食用后出现食物中毒的情况。

超人气店主厨全面解说！

食肉爱好者必读！肉类的烹饪大实验

名店的肉料理，在家中就能复刻！在这里，你将会看到一道道让人想在周末好好露一手的各种料理。我们将为你彻底解说肉的部位、厚度、加热方法、温度等与美味之间的关系。另外，你还能看到平日里常备的小菜和待客用的家庭料理，并学着制作它们。

食肉爱好者必读！肉类的烹饪大实验①

Mardi Gras 的无上幸福牛排大全

好想对着牛肉大快朵颐！抱着这种想法去了专门店大嚼牛排的人不在少数，不过接下来，我们要教你的是如何在家中就实现赏味目的。在享受无上幸福牛排之前，我们先向主厨本人讨教了从食材的准备到烹饪中的细节方方面面的要点。

如何根据厚度调整牛排的煎烤方法？

进口牛肉与和牛的煎烤方法是否有所不同？

我们采访到的是……

Mardi Gras
和知彻先生

曾在法国修习，回到日本后曾担任多家店铺的厨师。2001年独自创立了 Mardi Gras。

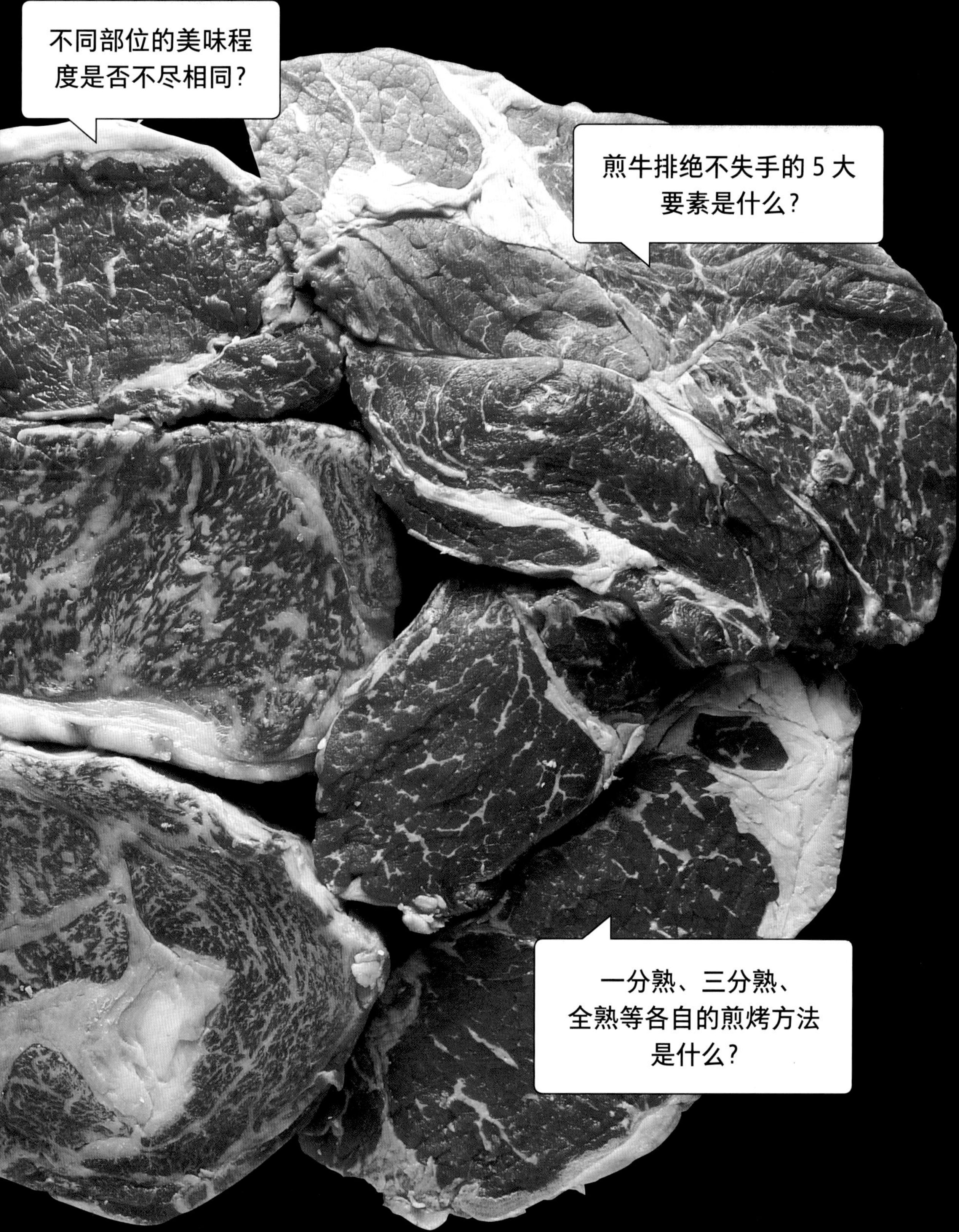
不同部位的美味程度是否不尽相同？
煎牛排绝不失手的 5 大要素是什么？
一分熟、三分熟、全熟等各自的煎烤方法是什么？

来掌握煎制无上幸福牛排的五大要素吧!!

确定了要选用怎样的肉来做食材后，就可以着手将它制作成无上幸福牛排啦！从预处理调味开始，到完成摆盘，这里有你绝不能错过的五大重要因素，料理之前，先来检查一遍，确保能够掌握所有的要点。

1 盐的分量·油的种类

拿捏好这两个要素 能使食材释放出鲜美本味

牛排要配酱汁，甜咸口的最好——有很多人都是这样想的吧？其实，只要你掌握了与肉块的重量相适应的盐的分量，仅凭这一点就能决定调味。另外，根据肉的种类和厚度，使用适合种类的油也是十分关键的。在准备材料时，你可以试着先研究这两点。

2 火力

根据平底锅中间温度状态调整火力，使温度保持恒定

要想煎肉好吃，重要的是保持平底锅中部温度稳定。食谱在各种进程下所标示的温度不一，重点是，你要从不同进程的实际需要出发，以散出气泡的状态和煎烤声音判断并调整合适的火力大小。也有在最后关火后，用余热继续煨熟的情况。

3 循环淋油

使肉中溢出的美味成分在锅中循环辅助煎烤

一边往肉或鱼上淋油一边煎烤的烹饪方法称为淋油法。我们在煎牛排时，这一步骤是很重要的。饱含肉之鲜美的热油里咕嘟咕嘟冒出慕斯状气泡，把它浇到肉上，让肉汁产生循环，就能做出美味绝顶的牛排了。淋油时，可以倾斜平底锅，这样更便于舀出带气泡的油。

4 香气

以甘香为引，最后成为肉香四溢的肉料理

基本上，当我们用黄油来做煎烤时，起初会有一股玛德琳蛋糕[1]般的甘香，这种香气会慢慢地转变成浓郁的肉香。一旦煎焦，香气就会转苦，因此在煎烤过程中你也要时刻注意香气的变化。另外，为了使“美拉德反应”更加充分并给肉增色提香，也请注意在煎烤时不要过多地去翻动锅中的肉。

5 声音

当你听到清楚的啪叽声时，稳住节奏

在煎牛排的过程中，保持煎烤啪叽作响的稳定节奏也是很重要的。至于速度感，你可以参考：当煎烤较厚的肉排时以八拍子的节奏，较薄的肉则以两倍频数的十六拍子为宜。如果声音节奏放缓，你可以做出调整，如加强火力等。通过这样的判断标准，你就可以为肉挑选出最合适的煎烤温度。

1. 即法式贝壳小蛋糕，辅料中有黄油。

部位×美味的关系

从选择部位开始感受烹饪的乐趣，

想要豪放地大快朵颐，就选择里脊或肩里脊

制作美味牛排，就从选择部位开始。一般较为容易购入的牛里脊肉分为西冷、肉眼和肩里脊三个部位。西冷和肉眼的肌理都较细也较柔软。肩里脊的特点则是口感较有韧劲。你可以根据自己的预算和口味来进行选择。

另外，牛菲力的肌理也很细腻，能让人品尝到极为纤细的口感。烹饪时，可以借鉴煎烤牛排的全套方法来制作美味。

牛里脊（进口）

比起和牛雪花分布较稀少，可以尝到更多瘦肉的味道。一般来说，冷鲜肉比冷冻肉口感要更多汁。

牛肩里脊（进口）

纤维略多。如煎烤过头则口感显老，可以煎至一定熟度后以余热煨熟，最好等肉汁稳定下来再切成小块。

牛菲力（进口）

比起和牛的菲力，其肌理稍显粗糙，不过低廉的价格是其他肉无法比拟的。只要不煎过头，也能品尝到柔软的牛肉味道。

品种×美味的关系

和牛和进口牛肉，做牛排时的烹饪方法也不一样吗？

和牛雪花分布密集，因此煎烤时不必使用黄油

虽然同属牛肉，不分青红皂白都用同样的方法来料理，也可能浪费了食物原本的美味。就和牛和进口牛肉来说，雪花（瘦肉中呈网眼状交杂的脂肪）的构成就有较大区别，最好据此来调整煎肉的方法。

和牛中含有大量的雪花，而这些脂肪都会起到与黄油相似的作用。随着脂肪受热熔化或是焦化，肉的风味就能在煎烤过程中得到很好的释放。

而就雪花分布较少的进口牛肉而言，你也可以用黄油来煎烤，增强整体的浓郁口感。

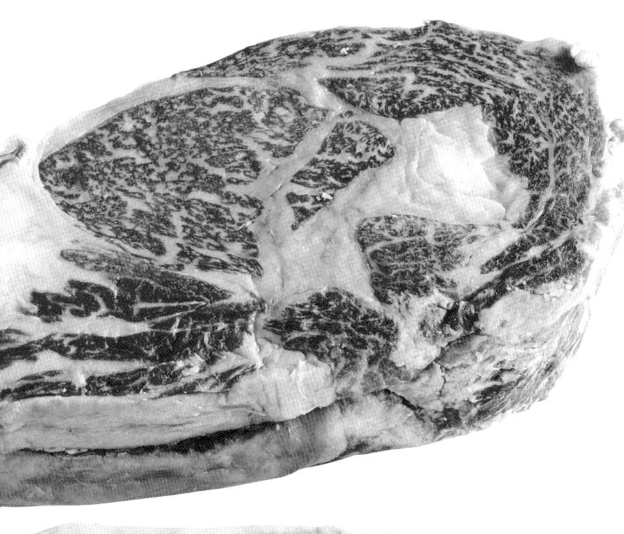

牛里脊（和牛）

西冷和肉眼即使在里脊中也属于最高级的部位。它们都是雪花丰富的霜降牛肉，富有独特的甘甜、肉香和浓郁风味。

熟成牛里脊（和牛）

这是以湿式熟成的手法进行熟成的牛肉。去除了多余的水分而更加鲜甜。在日本，类似的干枯熟成[1]手法也古已有之。

MEMO

关于和牛和进口牛肉的纤维

肌肉纤维聚集成细小的纤维束，肉质尝起来也就柔软。对于运动量较少的和牛来说，其纤维自然是纤细的，肉质也软。反过来，进口牛肉则大多纤维粗壮，没有像和牛那样肉质柔软的。

1. 干枯熟成（枯らし熟成），即将整牛去除头尾四肢后分为半身再吊起来熟成，是早期日本主流的熟成方式。

撒盐方法

×

美味的关系

推荐方法是先将盐和胡椒混合起来

撒盐时，最重要的是先用量勺仔细地称重。如果你有能精确称重的电子秤也是很方便的。

称好的盐可以先和胡椒混合起来，这是我们的推荐做法。这样做，可以省去往肉上撒调味料的烦琐步骤。胡椒本身具有去腥作用，跳跃的辛香与肉的鲜、香味相互影响，提升风味，也定能让料理口感更上一层楼。另外，你也可以通过观察胡椒颗粒的分布，来判断调味料是否已均匀地撒到肉上了。

撒盐前仔细称重，从高处均匀撒满整块肉！

混合盐与胡椒

参考肉的重量等，称量出所需的盐。

加入约 ¼ 小匙的胡椒，混合均匀。

在肉上均匀撒盐

将肉盛在盘中，从稍高一些的位置撒上盐和胡椒。

侧面也不要忘记撒盐哦。

最后可以像用肉擦拭盘子一样，一粒不剩地将盐和胡椒沾到肉上。

落到盘子里的盐和胡椒也都沾上啦！

盐分量 & 油的种类 × 美味的关系

盐分量的细微差异是提炼肉之美味的关键

确定了肉料理中要用到的盐分量，仅这一点就能让牛排增色不少。这里的要点是，要使用颗粒较细的食盐。尤其是在撒盐后没有马上下锅料理的情况中，这一点更显重要，如果使用颗粒较粗的盐，肉汁就很容易往外流出了。

油的种类与锅温息息相关。黄油因为水分较多，易使锅保持在低温状态，对于缓慢淋油浇煮厚切牛排是很适合的。反过来，橄榄油因很容易升温，适合快速煎制较薄的肉片。

根据肉的厚度，调整盐分量与油的种类，料理出无上美味

3cm 厚

盐分量

1%

&

油的种类

仅用黄油

对于紧实有厚度的肉排，撒盐分量以重量的 1% 为宜。用温化的黄油一边浇淋一边缓慢长时间煎制，至中心位置亦受热。

1.5cm 厚

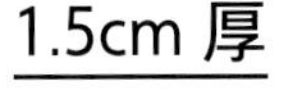

盐分量

0.8%

&

油的种类

+

橄榄油　　黄油

较薄的肉排重量基本在 100g～150g 之间。而相应的，盐分量以占其重量的 0.8% 左右为宜。橄榄油加热至高温后，单煎一面，最后加入适量黄油提升风味即可。

厚度&煎制方法×美味的关系

目标是做出能让人充分品尝到肉汁的成品

煎制牛排这一烹饪过程，也就是将肉中所含的水分逼出来的过程。通过水分的蒸发，肉的鲜味被浓缩，香味更甚，口感变硬。我们可以一边对食材进行设计——也就是先对想用这块肉做出什么样的成品有个大致印象，一边进行煎制。

较薄的肉排中心也易熟，肉汁容易向外流失，因此我们选择只煎一面。而对于较厚的肉排，由于中心位置比较难熟，就可以用较低温度一边淋油，一边煎至你喜欢的生熟度。

薄肉排煎单面，厚肉排煎双面，是绝对原则！

5cm 厚

通过循环淋油，让热量慢慢传导至整块肉各处。

每一面都均匀细致地煎过，让较厚的肉排也能得到充分的加热而成熟。

三分熟

1.5cm 厚

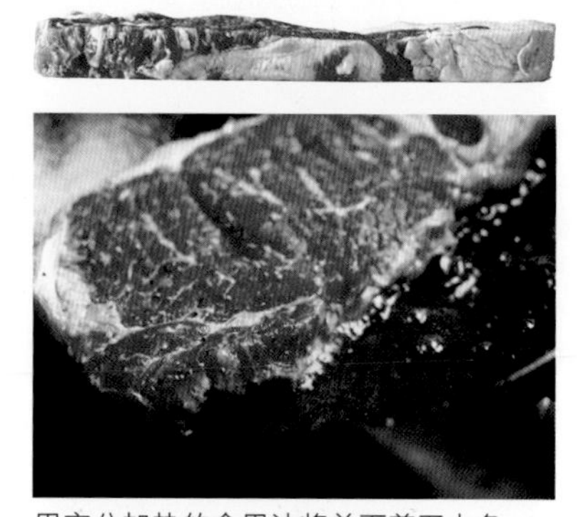

用充分加热的食用油将单面煎至上色。

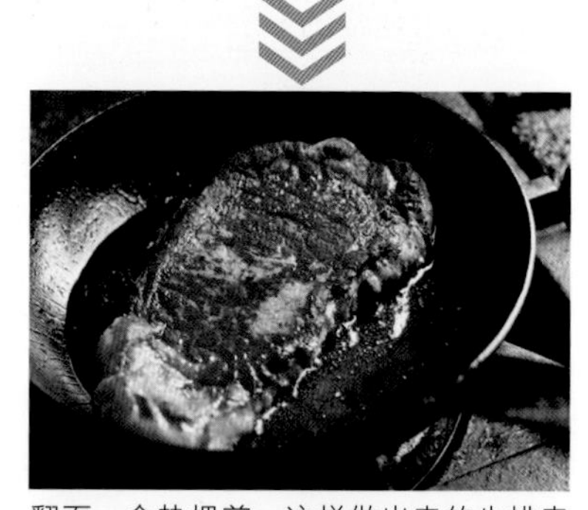

翻面，余热煨煎。这样做出来的牛排表面酥脆，内里则充满肉汁。

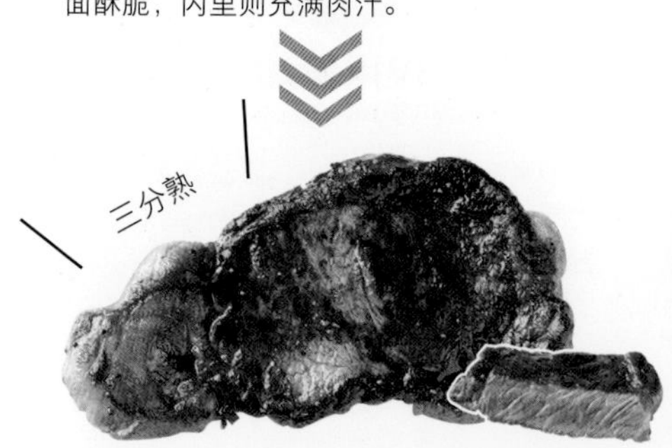

三分熟

熟度 香味&声音 × 美味的关系

通过循环淋油法煎出想要的熟度

牛排可以分为各种熟度，我们这里就简单分为一分熟、三分熟、全熟这三种来向大家介绍它们各自的食谱。

决定好想要的熟度后，就能以之为目标，通过循环淋油法来煎肉了。煎肉时，要注意的是，你不能仅仅把目光放在肉排的颜色变化上，而是要同时留心黄油或其他煎油中冒出的气泡的状态、肉的香味、发出的噼啪声等，根据实际情况调整火力大小。请参考下面的表格，掌握做出各种牛排的最佳状态吧。

从一分熟到全熟的牛排，煎制时通过香味与声音来进行区分

\ 这是基本知识！/

	全熟	三分熟	一分熟
熟度	 表面有光泽，肉的断面不会冒出红色肉汁，亦不发干。中心处泛着浅红色。肉质湿润，较为弹牙。鲜味也很浓厚。	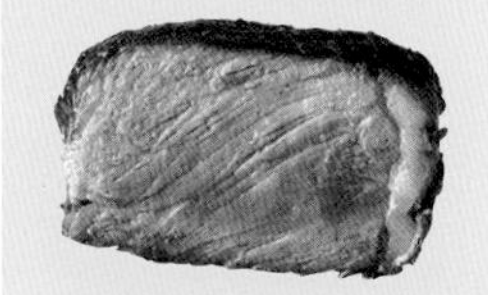 煎的时候要注意控制表面不干，而内侧几乎还保持红色。煎制赋予整块肉各处相似的口感，让肉更易入口，也更能释放出肉汁和鲜味。	 仅煎制表面，内侧几乎是生的状态。肉质收缩程度极小，维持着生肉的分量感。要想尝出肉的美味，加热过程很重要。
火力	肥肉用中火煎，而其他部分用小火煎制就可以了。通过散发出的香气和涌出的气泡一边判断加热状态，一边调整火力至肉熟透。	锅中先放入黄油，以中火煎制肥肉部分。运用淋油法时基本保持在中火。如火力过大有煎焦的苗头，则可以调成小火。	中火加热，至黄油中的水分蒸发，气泡散出，再放入肉块。保持中火直至完成，并注意不要煎焦。
淋油	一开始煎制就用上淋油法，一边让肉汁逐步在锅内循环一边煎熟食材。比起做三分熟牛排，最需掌握的一点是保持小火，长时间缓慢淋油煎制。在这一过程中，肉里的水分逐渐蒸发，肉质缩紧，鲜味成分也浓缩在内了。	通过淋油法，肉的四周充分受热，也让肉汁在锅中循环。预先估量每煎一面所需的时间，等到确认颜色变化、气泡产生节奏以及香气散出时，就能如愿煎出三分熟了。最后，将叉子垫入肉的下缘使其不与锅直接接触，同时以余热烘熟。	一开始就可以使用淋油法了，不过因为黄油已经事先热好，肉一放入锅中就会立马熟化发白。一边翻面，一边不断地进行频繁的淋油。做得太熟就并非本愿了，缓慢加热至一分熟状态即可。
香味	从黄油的甜香渐渐转为肉香。比起三分熟牛排，全熟的特点是能让我们充分感受到充斥着肉之精华的浓郁的牛肉香。	在进行淋油时，最先闻到的是玛德琳蛋糕一般的黄油甜香。然后，慢慢转为浓缩了牛肉鲜味的香气。	从最开始进行淋油时，我们就已经能够闻到与全熟牛排烹制最后阶段相近的浓缩后的牛肉香气。接着，将近完成时，香气会变得更为浓郁。
声音	虽然用的是小火，我们也要保持锅中时常噼啪作响，一边进行煎烤。	维持发出声音的节奏至关重要。如声音的速度加快了，则需要调小火力。	因煎制温度较高，我们需要保持锅中时常传出细微的噼啪噼啪声。

进口牛里脊肉（1.5cm 厚）

单面煎制［牛排］

较薄的肉片，用橄榄油煎过一面就可以了

用料（1 块量）

进口牛里脊肉（1.5cm 厚）：1 块
A 盐：对应肉重量的 0.8%
｜胡椒：适量
橄榄油：1 大匙
黄油：10g

预先腌制调味

1 在煎肉之前，将肉材从冰箱中取出，撒上 A 料（>>p.52）。

正式烹制

2 平底锅中加入橄榄油，开中火，将油烧热。要想用更短时间煎熟牛排，这一预热温度是很重要的。

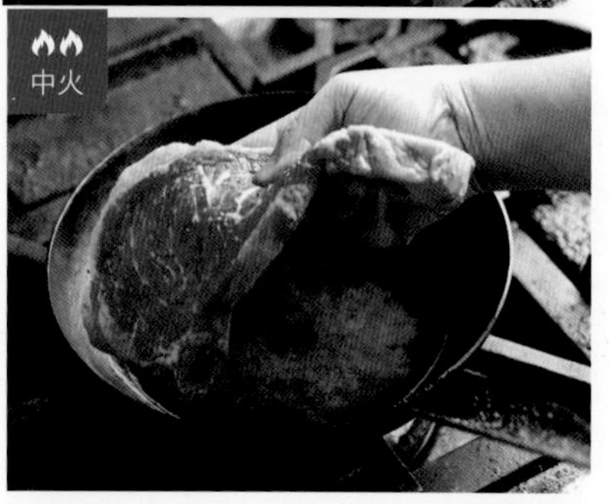

3 等到香味散出，加入 1 中料理好的食材。在产生气泡、噼啪作响之前，注意不要翻动肉排。

4 接下来，在保持声音节奏的状态下，继续不翻面煎至侧面开始发白。

5 等到侧面的七八成都转白，可以先夹出牛排，观察上色状况。确认已煎至一面整体统一上色后再进行翻面。

6 将金属钎子插进肉里，再以唇部试温，感受到与洗澡水温度相近时即说明做好了。

7 加入黄油，熔化后即关火。将黄油浇淋到肉上，放置 2 分钟使余热继续煨熟牛排。

MEMO

单面煎至七八成熟为佳

较薄的肉排，如两面均煎至成熟，肉汁就容易流失。翻面后以余热煨熟是最为理想的。将近完成时，用黄油来提升风味即可。

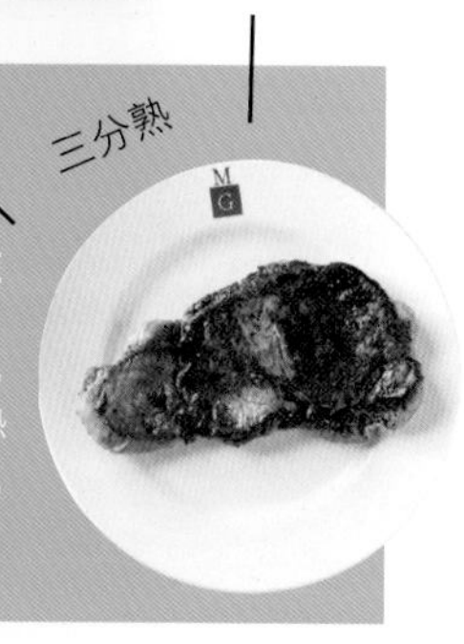
三分熟

进口牛里脊肉（5cm 厚）煎至三分熟［牛排］

有厚度的肉排，仅用黄油来完成两面的煎烤

用料（1 块量）

进口牛里脊肉（5cm 厚）：1 块
A 盐：对应肉重量的 1%
｜胡椒：适量
黄油：40g

预先腌制调味

1 肉排表面撒上 A 料（>>p.52），在室温中放置约 1 小时。

正式烹制

2 平底锅中加入黄油，开中火，黄油熔化后加入 1，从含肥肉较多的侧面开始煎。注意火力调整，使黄油保持在微微变色的程度。

3 持续煎烤 5 分钟，待侧面均匀上色完成即可。请注意这个过程自始至终都不要让黄油焦化。

4 放倒牛排，一边向面积较大的上表面浇淋慕斯状黄油气泡，一边煎烤至整块牛排均匀上色，过程持续约 7 分钟。

5 煎烤 3 的反面，同时继续使用淋油法，煎烤约 5 分钟。牛排翻面时，注意调整火力使油始终以慕斯状气泡形式存在。

6 煎烤 4 的反面。使用淋油法充分煎烤约 7 分钟后，调大火力，继续淋油使表面镀上光泽，随即关火。

7 将叉子垫入牛排底部使其悬空，以余热烘烤约 5 分钟。留有余热的平底锅将向牛排继续输出温和的热量。

煎出三分熟牛排的秘诀！

严格遵守以上步骤

最初牛排会散发出甜香，之后即须调整火力使香气充分释出。最后运用循环淋油为牛排增添光泽，以余热煨熟。请注意煎烤时切勿过度翻动牛排。

煎好的牛排闪耀着美味的光泽！

进口牛里脊肉（5cm厚）煎至一分熟［牛排］

从一开始就进行循环淋油，让肉汁在锅中流动起来

用料（1块量）

进口牛里脊肉（5cm厚）：1块

A 盐：对应肉重量的1%
| 胡椒：适量

黄油：40g

预先腌制调味

1 在肉材表面撒上A料（>>p.52），并在室温中放置3小时以上。

正式烹制

2 平底锅中加入黄油，开中火，使温度充分上升。待气泡消失后，从肥肉部分开始煎烤1。

3 保持中火，一边循环淋油，一边持续煎烤肥肉部分约3分钟。请注意对火候进行适当的调节，以免煎焦。

4 将肉材放平，煎烤面积较大的一面。由于此时油温较高，循环淋油时肉会发白。持续循环淋油约3分钟。

5 煎烤3的反面，一边频繁地进行淋油一边煎制约1分钟。这一步的目的是温和加热，使牛排不会煎得过熟。

6 煎烤4的反面，一边频繁地进行淋油一边煎制约1分钟。

7 确认牛排的生熟情况（>>p.56–6）。不必再进行余温加热，直接盛盘即可。这样做出来的牛排并未焦化，却香味十足。

MEMO

一分熟与半生烤[1]的区别

内部虽然是生的，但仍有一定温度！

要想做出一分熟的牛排，像半生烤那样仅仅用火炙烤食材可是不行的。煎烤时要让肉汁循环浸润整块肉，这样才能充分激发出肉的鲜美。

1. 半生烤（たたき），亦作火炙，即仅对食材表面进行炙烤的烹调方式，使食材达到表面缩紧但内部仍生的状态。

煎至全熟【牛排】进口牛里脊肉（5cm厚）

╱充分煎烤，排出水分╲

用料（1块量）

进口牛里脊肉（5cm厚）：1块　　黄油：40g
A 盐：对应肉重量的1%
| 胡椒：适量

预先腌制调味 / 正式烹制

1 在肉材表面撒上A料（>>p.52），并在室温中放置2小时左右。平底锅中加入黄油，开火使其熔化。

2 先烤带肥肉部分。上色后调小火候，用缓慢生成的小气泡进行循环淋油，使牛排成熟。

3 待整块肉排大致上色，将其放平，煎烤面积较大的一面。煎烤14分钟后，再进行约4次的循环淋油使其成熟。

4 一边淋油，一边煎烤2的反面。调整火候，维持煎烤发出的噼啪声和锅中的气泡。

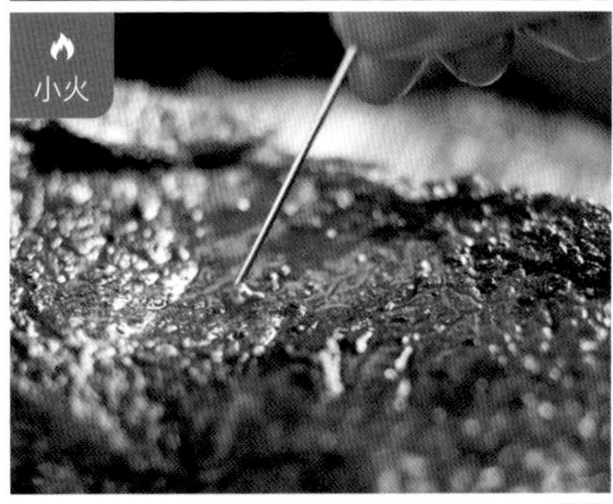

5 煎烤3的反面。将金属签子刺进肉里，如有红色肉汁涌出即表示完成。这里再进行一次循环淋油。

6 一边淋油，一边继续煎烤5分钟，关火，以余热烘熟牛排。此时，肉汁开始涌出表面。

7 翻面，继续用余热烘熟整块牛排。

煎出全熟牛排的秘诀！

鲜味最为浓厚

小火慢煎后，肉中水分蒸发，肉的精华浓缩，释放出强烈的鲜味。煎烤时，注意尽量保持全部的鲜红肉汁锁在肉中，这样更能留住牛排的美味。

╲鲜味最为浓厚╱

和牛熟成肉（5cm厚）煎至三分熟［牛排］

用料（1块量）

和牛熟成肉（5cm厚）：1块
A 盐：对应肉重量的1%
| 胡椒：适量
葵花籽油：6大匙

预先腌制调味

在肉材表面撒上A料（>>p.52），放入冰箱静置一晚，煎烤前2小时取出，放置在室温下。

正式烹制

1 锅中倒油，中火加热，开始冒烟时，将肥肉一侧烤3分钟，直到变为金黄色。

2 牛排放平，煎烤面积较大的一面。保持油锅稍沸，循环淋油3分钟，使牛排表面煎得金黄焦脆。

3 小火煎烤1的反面5分钟至焦黄。这里我们不进行淋油，避免牛排达到我们不需要的熟度。

4 保持小火，煎烤2的反面。我们希望使肉汁尽可能地浸润整块牛排，因此不必调大火候。

5 观察反面煎烤情况，如果上色程度有所不足则可以稍稍加强火力。使一半的牛排浸在油中，煎烤5分钟继续上色。

6 关火，将叉子垫入牛排下方使其悬空，余热烘烤时间与前面煎烤的时长持平。

煎熟成肉的秘诀！

油浴法煎出牛排的完美形态与味道

如果用平底锅来煎比较难熟的熟成肉，我们可以选择油浴法。这样做，不但上色更加容易，煎制时也能留住更多的肉汁。

MEMO

煎炸与油浴的区别

油浴法指的是，以中火加热较多的油，使其保持稍沸状态，将肉放入其中加热煎制的方法。相比而言，煎炸是以高火热油煎炸肉块使其成熟，在制作一分熟牛排时多有使用。

进口牛肩肉（5cm 厚）煎至三分熟［牛排］

用料（1 块量）

进口牛肩肉（5cm 厚）：1 块
A 盐：对应肉重量的 1%
　胡椒：适量
葵花籽油：6 大匙
黄油：10g

预先腌制调味

肉恢复到室温后撒上 A 料（>>p.52），静置 2 小时以上。

正式烹制

1 平底锅中火加热葵花籽油，略有冒烟时放入牛排。此时，锅中开始冒泡。

2 淋油加热使牛排成熟。煎制 5 分钟，至肉排侧面的下半部分发白。

3 将牛排抬起观察上色情况。煎烤的一面呈金黄色即可翻面。

4 加入黄油并熔化，提升风味。

5 循环淋油 5 分钟煎制完成。煎烤的一面呈金黄色即关火。

6 确认内部生熟度（>>pp.56-6）。先不盛盘，静置牛排一阵。

MEMO

关于静置时长

通常我们认为，牛排煎好后，静置与煎烤时长相等的时间为宜。不过，近来的美国牛肉中雪花分布较少，如静置过久肉质反而会发白，因此要注意静置时间不要过长。此外，牛排煎好后，中心位置红色最浓、颜色逐渐向外发散显出层次的状态是最佳的。这一颜色层次之间落差越小，煎出来的牛排口感就越好。

关于平底锅的大小与用油

此处我们使用的是直径 24cm～25cm 的较小铁锅。如使用大锅，不仅要耗费更多的油，也更可能导致油温下降过快。

Le Mange-Tout 的烤整鸡

食肉爱好者必读！肉类的烹饪大实验②

说到烤整鸡，你可能会冒出往鸡身里填满食材、在铺满蔬菜的烤盘上烤制之类的印象，不过我们这回采用的，是仅使用整鸡、橄榄油和盐来完成的超简单食谱。你也可以试着用谷大厨亲身传授的方法，享用无上的美味。家中烤鸡最大的优势，莫过于可以酌情调整煎烤的生熟度了。

部位×美味的关系

使用整鸡，就能尝到鸡肉的丰富滋味

用整鸡来制作烤鸡，能激发出鸡肉的独特美味。其秘诀就在于，使低温热量从鸡体腔缓慢传导至全身。这样做出来的烤鸡肉，就会拥有高温热量无法达到的柔软多汁的口感。做好后，在烤盘等器具上切分好，就能品尝到鸡的各个部位，这也是烤鸡的魅力之一。鸡腿、鸡胸、鸡翅、鸡皮、鸡骨架等，它们各自的不同口感总能让你无法餍足。要想做出如此美味的烤鸡，最重要的一点即是，选择整鸡。脂肪含量的不同将会决定烤鸡的味道。

做烤鸡，就用整鸡来挑战吧！

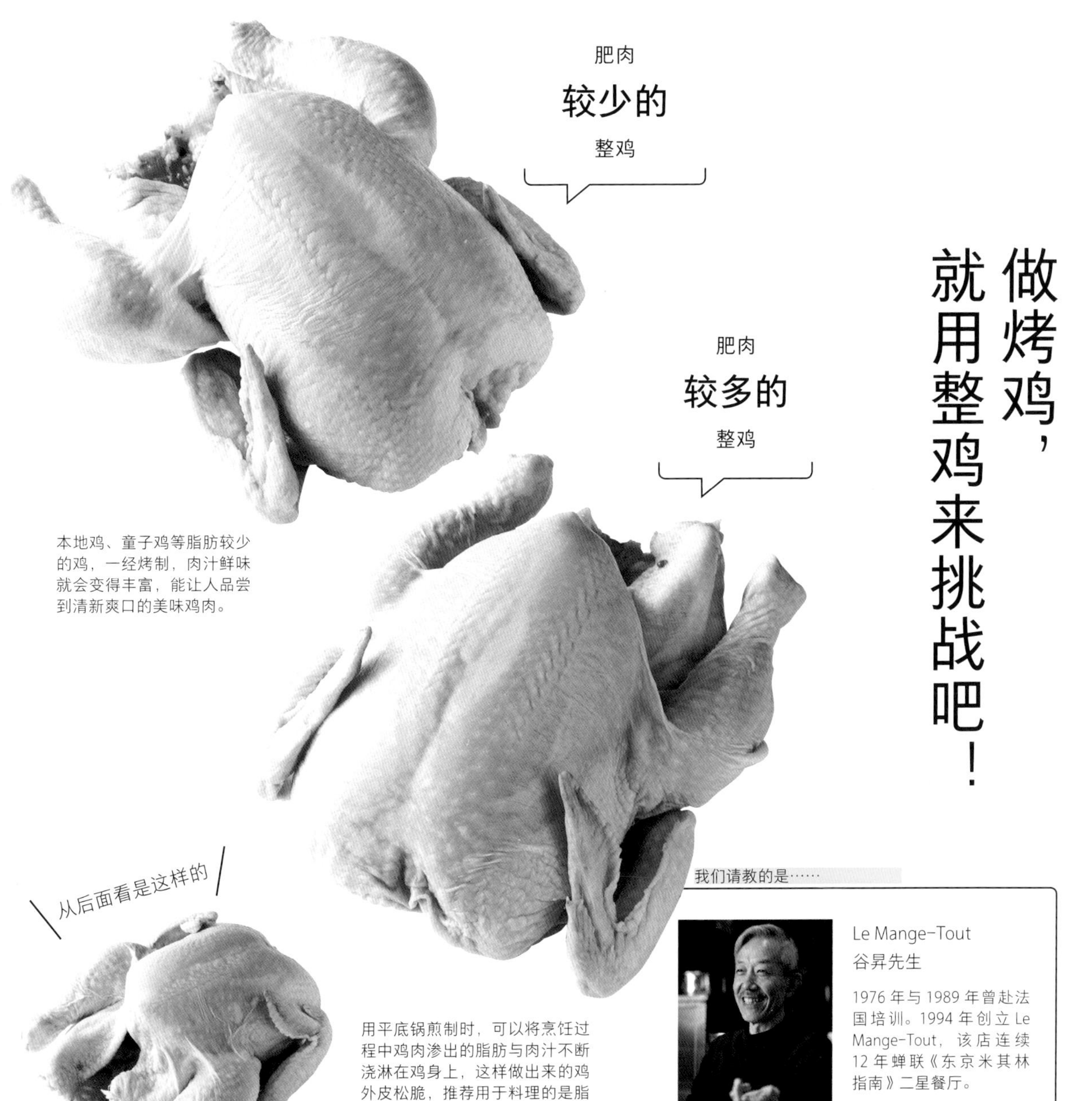

本地鸡、童子鸡等脂肪较少的鸡，一经烤制，肉汁鲜味就会变得丰富，能让人品尝到清新爽口的美味鸡肉。

用平底锅煎制时，可以将烹饪过程中鸡肉渗出的脂肪与肉汁不断浇淋在鸡身上，这样做出来的鸡外皮松脆，推荐用于料理的是脂肪含量较高的鸡。

我们请教的是……

Le Mange-Tout
谷昇先生

1976年与1989年曾赴法国培训。1994年创立Le Mange-Tout，该店连续12年蝉联《东京米其林指南》二星餐厅。

整形方法×美味的关系

专业人士同样重视成品外观。家庭制作，用简单方法就可以了

用作餐厅出品的烤整鸡自然是要注重外观的。怎样才能让鸡肉烤出更好看的成色也渐渐成为了要点之一。为此，我们需要准备烹饪专用针签和鱼线来小心调整成形，这不仅费工夫，也需要进行一定的训练。

如果是在家中制作，则不需要费这么多力气，只要烤出美味就可以了。在第 70 页中，我们介绍了谁都能上手的简单整形方法。烤好的鸡会发生一定程度的散架，不过味道可是一绝！请你务必参考，试着做做看。

专业制作与家庭制作会改变鸡肉的美味吗？

专业料理人使用的基本方法

专业制作

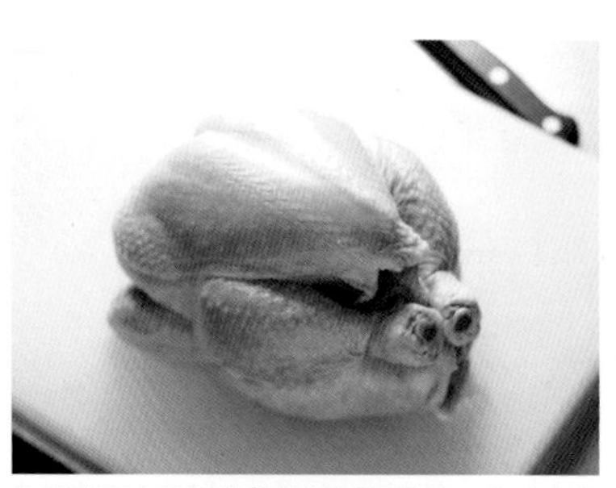

使用烹饪专用针签和鱼线调整形状，使鸡肉外观完好。

烤箱煎烤

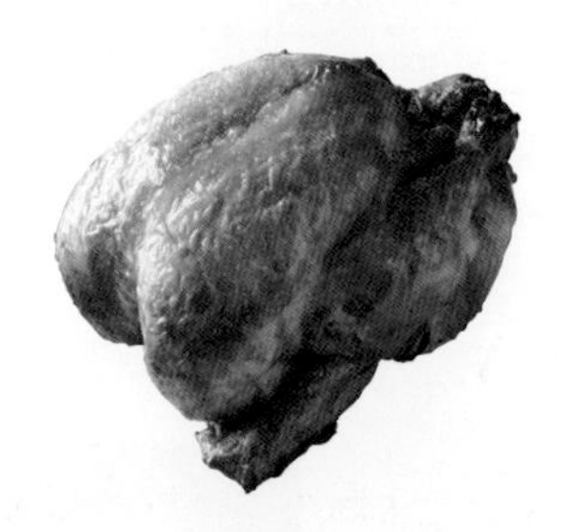

不仅外观漂亮，味道也自是极品

可以说是烤整鸡优秀成色的模板了。按照第 66 页的做法，用针签和鱼线小心地调整形状，切分时再轻轻抽出鱼线，这样就能将整鸡轻盈又利落地分给客人。

不费时就能完成

家庭制作

以鸡爪下端为中心，用鱼线扎好就可以了。

平底锅煎烤

虽然外观比较豪放，味道可是很棒的

以家庭适用的制作水准简单为鸡肉整形后，用平底锅煎烤，鸡腿肉会有少许崩散。即便如此，也丝毫不会影响烤鸡的美味程度，家庭制作，我们推荐这种简便的方法。

煎烤方法 × 美味的关系

烤箱与平底锅，哪个煎烤出来的鸡肉更美味？

选择是整体均一火候烤制，或是侧重烤出酥脆表皮

烤箱煎烤时，箱体内发生对流，从各方面向鸡肉均等地传导了热量，完成了均匀的加热。而另一边，平底锅的热量传导是自下而上的，同时也加热了一部分周围的空气来引导对流。只不过，热气容易向外散逸，所以我们要通过翻转整鸡并进行循环淋油（>>p.71）来煎熟鸡肉。

用平底锅煎烤确实会比烤箱费事，不过两种方法煎出的鸡肉，就美味程度而言是不分伯仲的。你可以根据自己对鸡肉烤好时的香味、表皮的煎烤程度、中心部位的生熟程度等要素的喜好，选择适合的方式进行煎烤。

烤箱

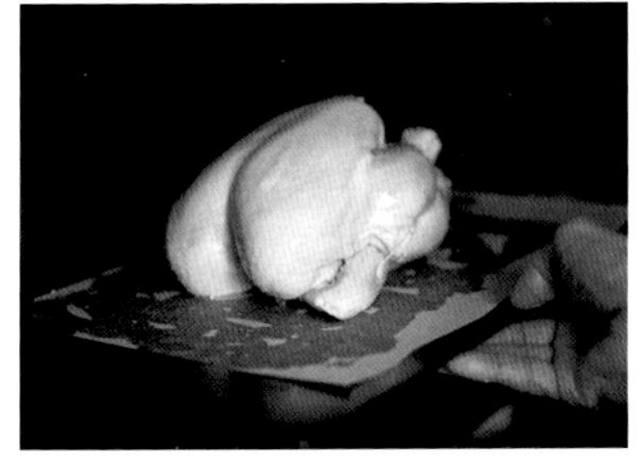

预先涂上一层橄榄油，再开始烧烤。

频繁转变鸡肉朝向并再涂上橄榄油，烧制完成。

○ 整鸡烤制均匀，鸡肉蓬松又爽口

设置好一定的温度引导对流，对整鸡进行均匀加热。肉质会比较容易紧缩，但最终的口感还是松软的。

平底锅

从鸡腿部分开始煎制整鸡。

不断地向鸡肉浇淋，细胞膜中流出蛋白质所含的水分，持续进行直至煎烤完毕。

○ 表面鸡皮松脆，鸡肉香味浓郁

热量从下方向上传递的过程中，慢慢地将整只鸡煨熟。保持循环淋油步骤的进行，煎熟的整鸡一大特点即是外皮尤为焦香松脆。

烤箱烤制［烤鸡］

整鸡（脂肪较少）

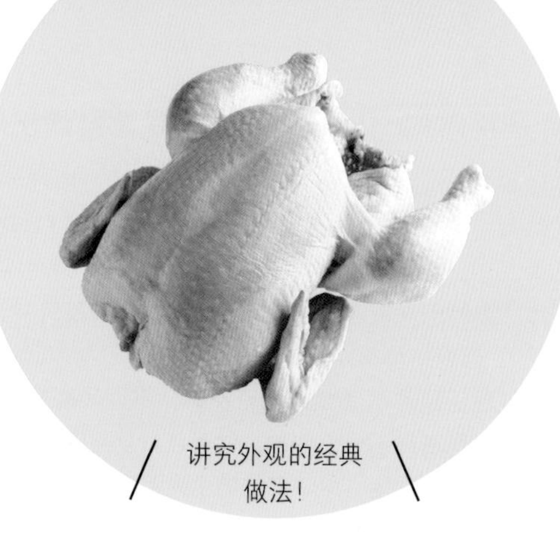

讲究外观的经典做法！

用料

整鸡（内脏掏空 / 拭净水分）…1只（800g～1kg）
橄榄油…适量
盐…适量

鸡肉整形

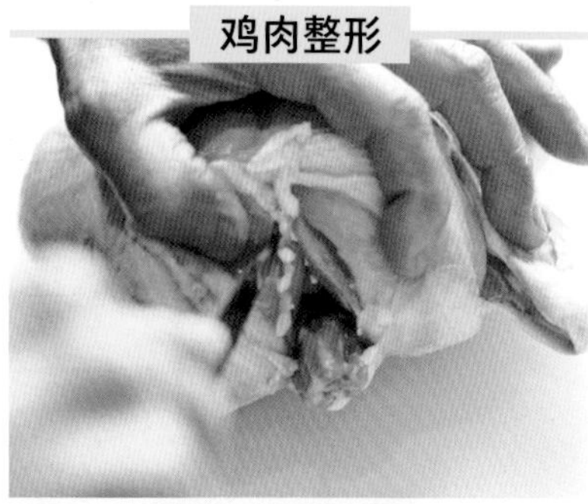

1 首先去除鸡锁骨。鸡背朝下，沿着倒V字形的锁骨两侧轻轻划入菜刀。

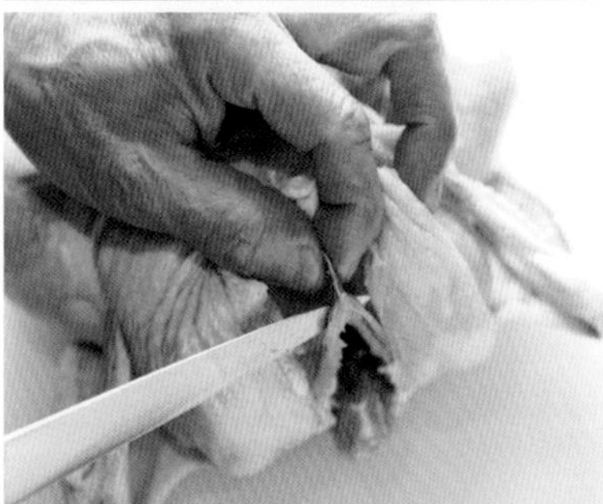

菜刀插入锁骨上方与胸骨相连的关节处，切除锁骨。

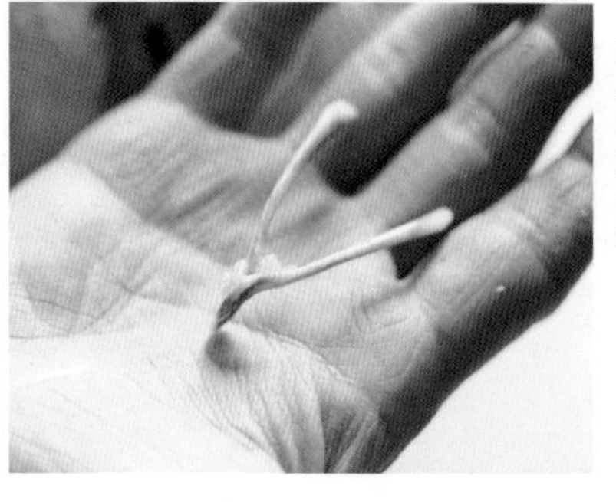

鸡的锁骨又叫叉骨，如果不将这部分去除就进行烤制，最终烤好的整鸡会很难切分。

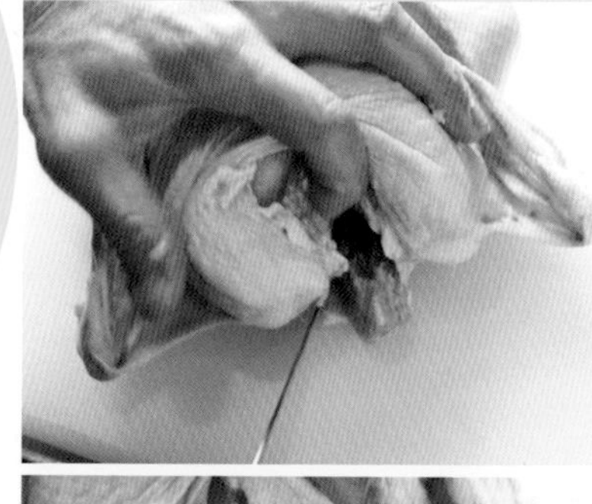

2 接下来去除颈部关节。菜刀探入鸡颈深处，切断关节。

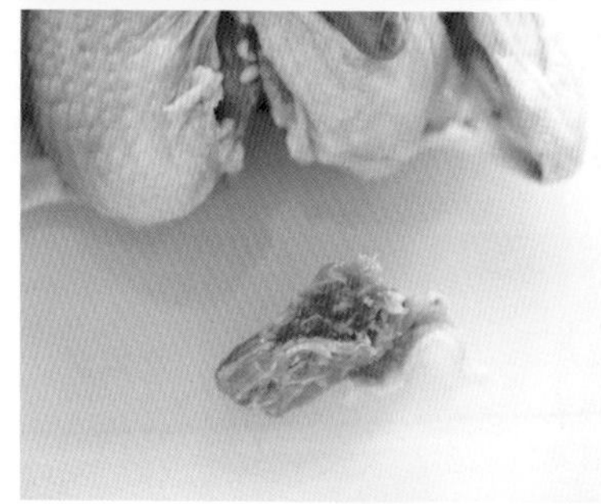

通过去除这一关节的步骤，鸡肉用鱼线捆起后颈部的形态会更美观。

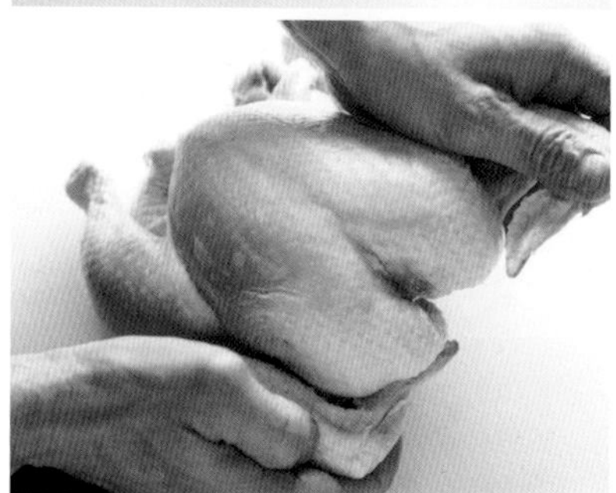

3 将鸡翅从上往下折叠，塞入腹侧。这里我们将颈部放在左边。

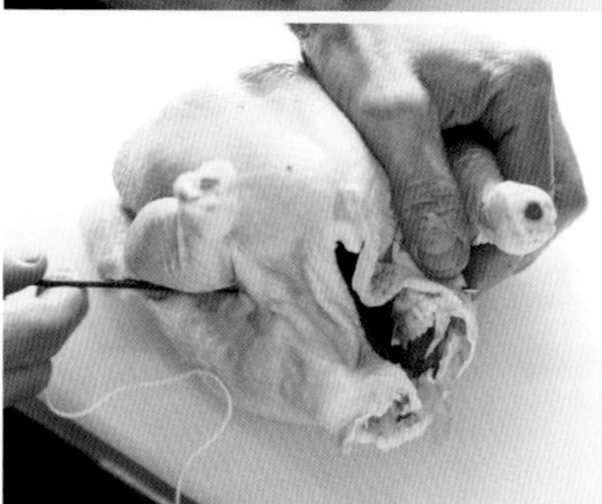

4 将60cm长的鱼线穿到针签上，从鸡腿关节内侧微微斜向上方刺出。鱼线一端大约剩出10cm。

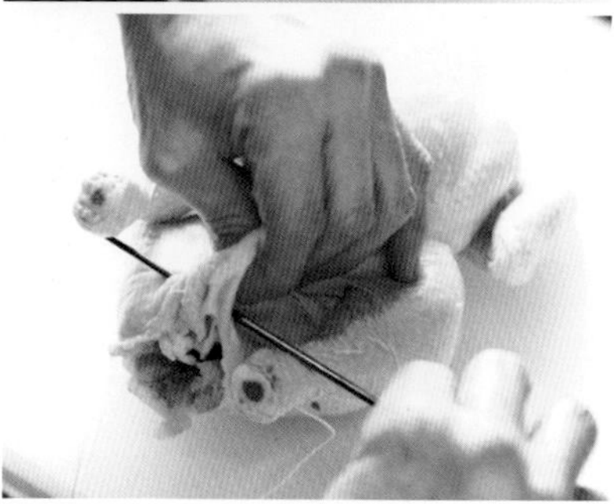

5 抓住尾端鸡皮穿刺。同时，将鱼线缠在鸡腿上。

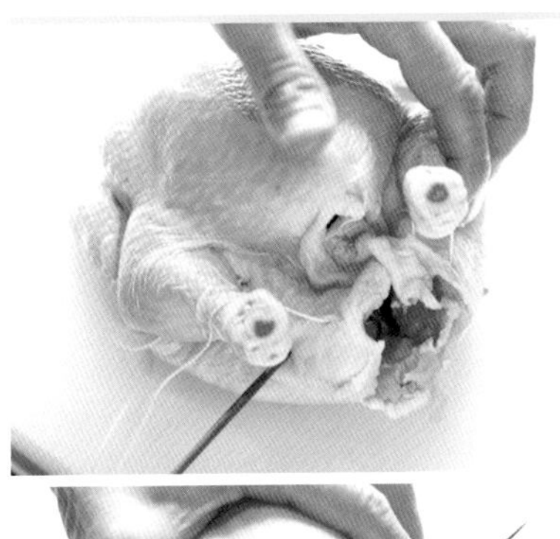

6 另一侧鸡腿也缠上鱼线。针签向鸡腿关节内侧刺入。

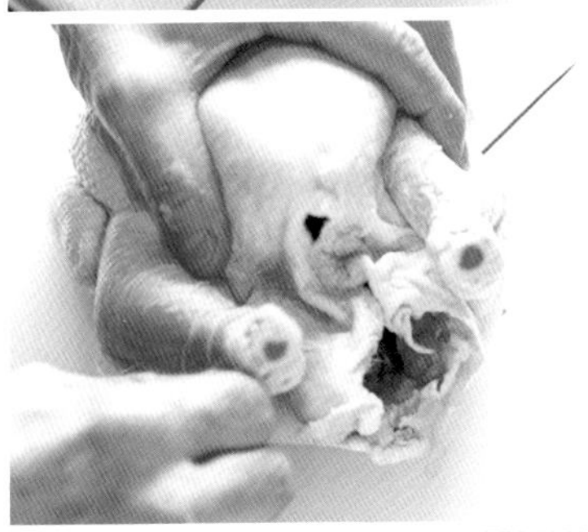

7 针签穿出，引线。

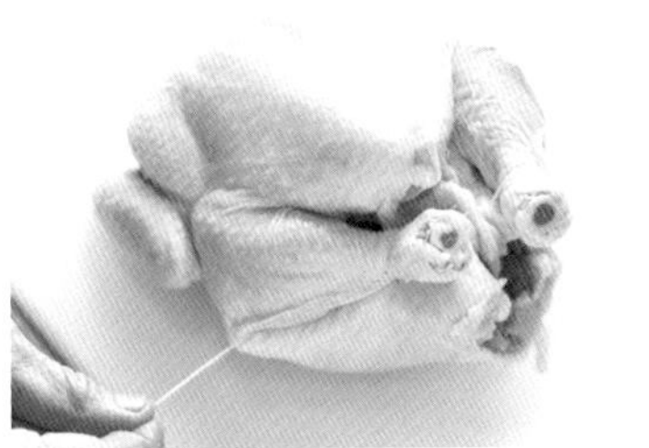

8 拉住鸡身两端鱼线用力扯紧。

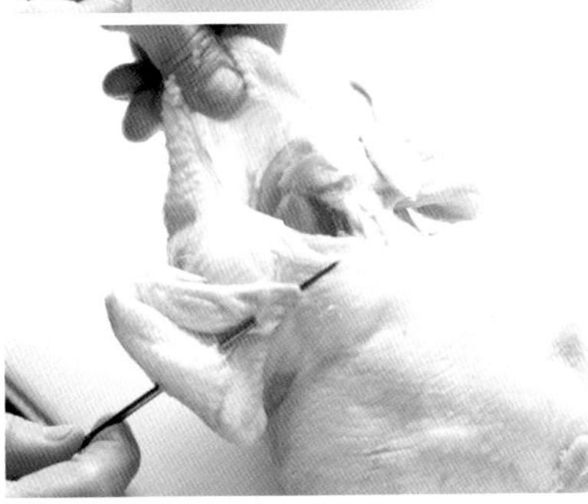

9 翻面。针签刺入鸡翅中部的两根骨头之间，接着刺进鸡翅尖。

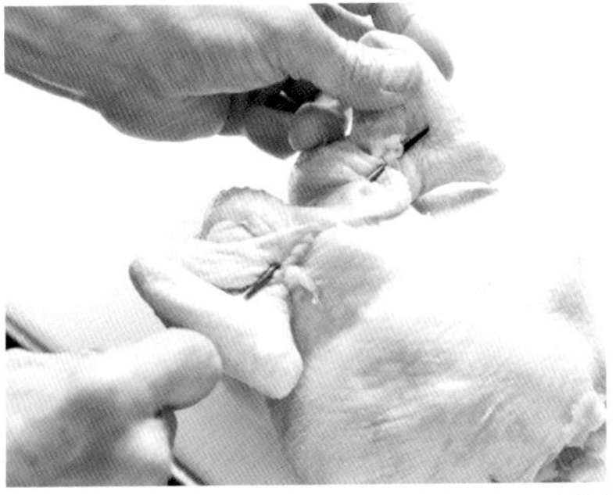

10 从旁扯出一部分鸡皮覆盖颈部孔洞，用针线封好，按照 9 的步骤将针签依次插入两侧翅尖及翅中骨头间隙。

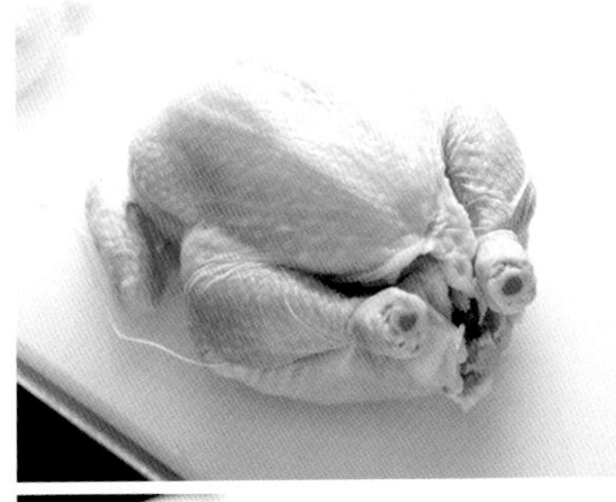

11 取下针签，拉紧鱼线两端，调整形状。

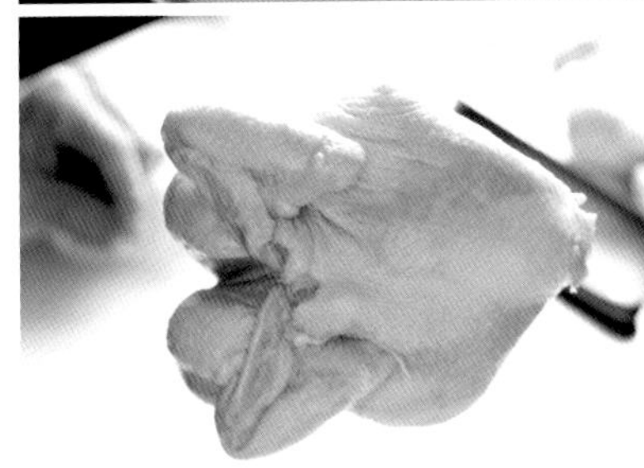

12 抓住鱼线提起整鸡，用鸡的自重将鱼线扯紧。

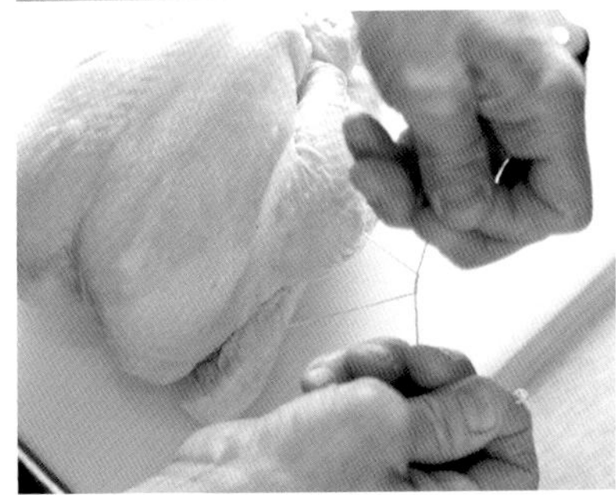

13 鱼线两端交叉打结，绳结处扎好往下捋两次。拉住两端，在鸡身肉厚的地方用力拉紧系好。

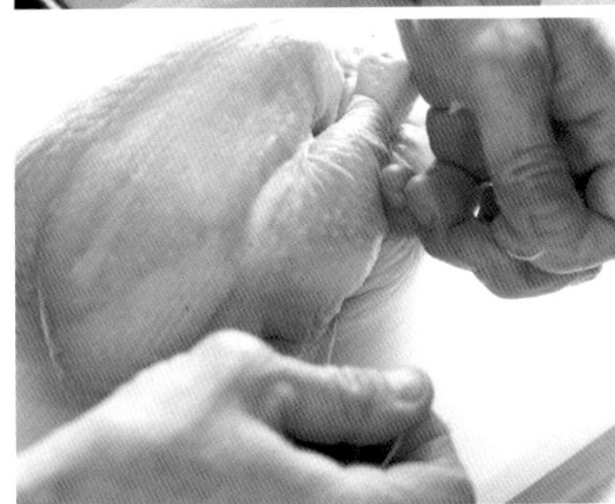

14 最后打上球结[1]，剪去多余鱼线。

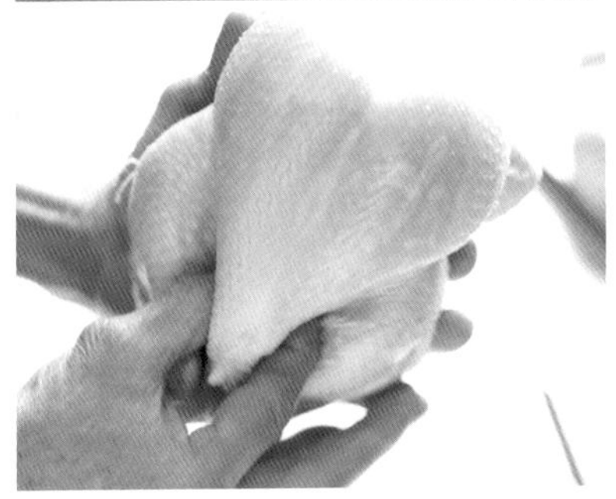

15 为了让鸡胸肉看起来更挺括，可以让手指沿鸡胸与鸡腿之间划动调整形状。

1. 指一边用手指按住绳结交叉部位固定，一边将绳结扯紧的打结方式。

浇上热水

16 厨夹轻夹尾部提起鸡身，用沸水浇淋全身。这一步是为了防止鸡肉进一步的收缩，能让成品看起来更为丰满。

静置干燥

17 将16置于冰箱一晚使其干燥。这样做会让肉中的脂肪浮上表层，更有利于煎烤过程。

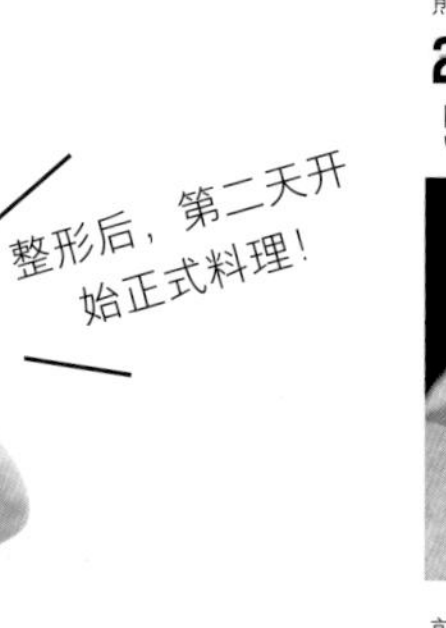

烤箱煎烤

18 烤盘涂上橄榄油，铺上烘焙纸，放上17，再用刷子在鸡肉表面涂上橄榄油。

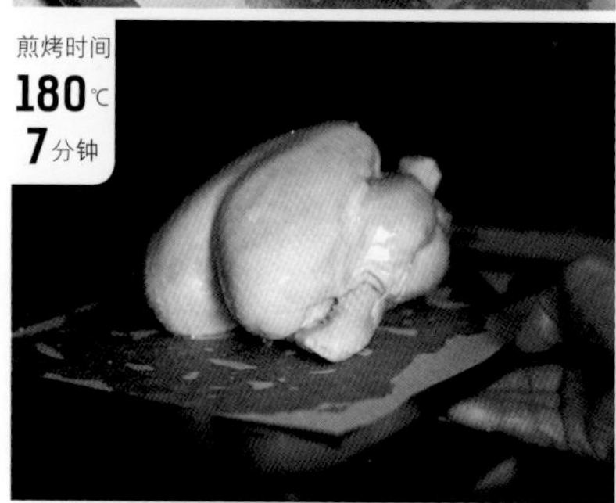

煎烤时间 **180**℃ **7**分钟

19 在180℃的烤箱中烤制7分钟。待表面烤干，现出一层浅金色，再取出涂上橄榄油。

煎烤时间 **200**℃ **5**分钟

20 这次用200℃烤5分钟，待表面干燥后再涂一层橄榄油。肉中会渗出部分脂肪，但不可以将这些脂肪涂回到鸡身上。

煎烤时间 **220**℃ **6**分钟

21 220℃烤6分钟，再次涂上橄榄油。

MEMO

热水浇淋和静置干燥都是中式菜肴的技法

烤鸡中用到的热水浇淋和静置干燥，都是北京烤鸭等中式菜肴中的代表技法。烤整鸡的脆皮口感也至关重要，因此，这两个步骤千万不能省略。它们可以防止鸡皮进一步收缩，使其经过烤制后香脆可口。

22 温度不变，继续煎烤 2 分钟。涂上橄榄油。

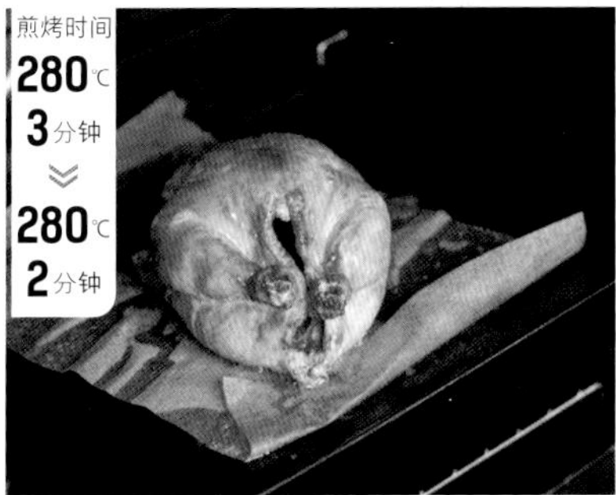

23 280℃下煎烤 3 分钟，涂上橄榄油，并继续煎烤 2 分钟。

24 300℃下煎烤 2 分钟。

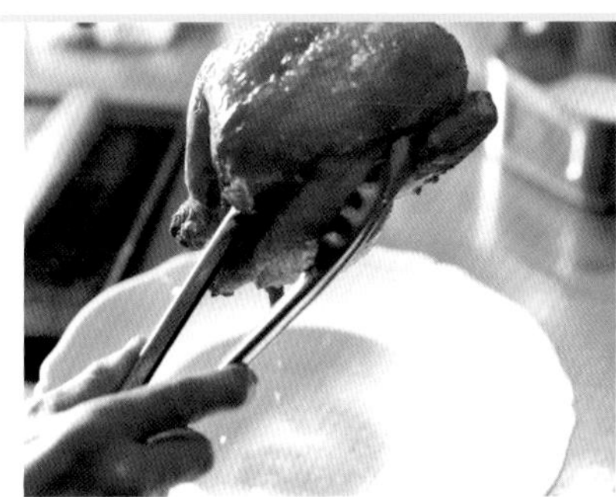

25 为了更好地判断烤鸡的完成情况，将尾端向下倾斜，从脊骨处倒出肉汁。

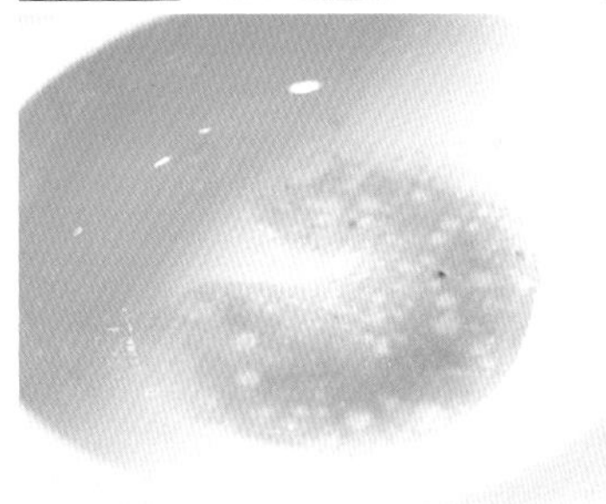

26 如肉汁呈现浅粉色则代表完成。如肉汁仍是红色，则需要继续加热。可以切分好后，将没有完全烤熟的部位继续用 180℃烤制几分钟。

27 烤好后，可以在天然气炉旁边等较为温暖的地方静置 5 分钟。将鸡肉盛盘，均匀撒上食盐。

判断煎烤程度的秘诀！

肉汁呈现浅粉色即表示完成

判断烤箱加热的肉是否烤熟，可以通过观察其中肉汁的颜色。倒出肉汁，要在最后关头一鼓作气。如果肉汁颜色仍偏红，需要再加热，可以先将鸡肉分开，防止鸡胸肉因过度加热而变得干硬。

整鸡（脂肪较多）

平底锅煎制［烤鸡］

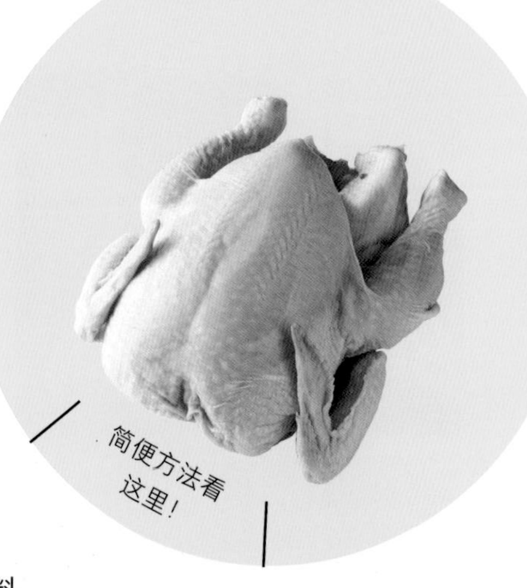

用料

整鸡（内脏掏空 / 拭净水分）…1 只（800g～1kg）
橄榄油…1 大匙
盐…适量

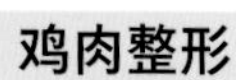

鸡肉整形

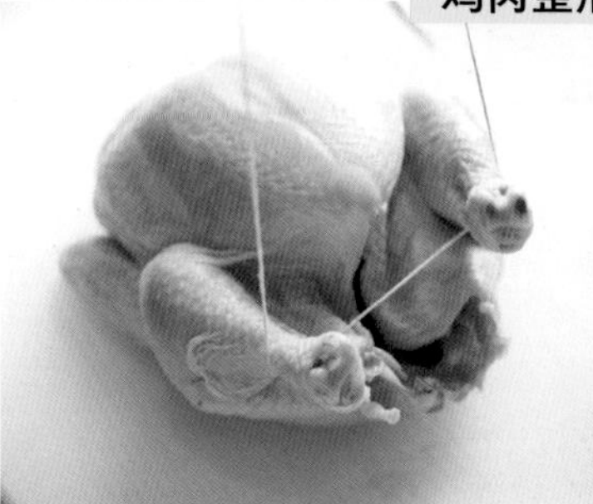

1 整鸡脊背朝下，将 60cm 长的鱼线绕过两只鸡腿下方，左右留出相同长度。

2 交叉鱼线。

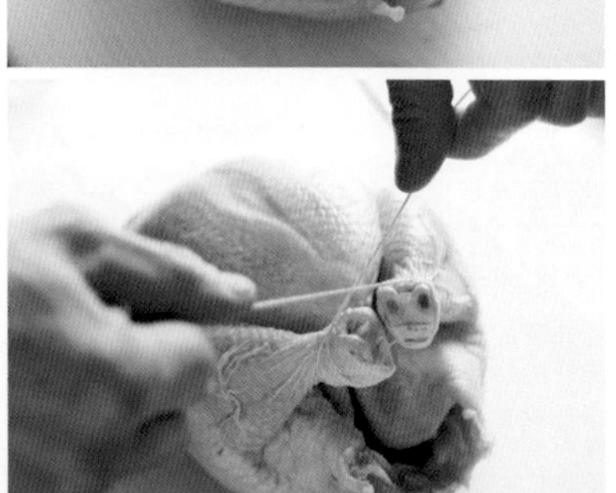

3 直接拉紧，让鸡腿贴在一起。

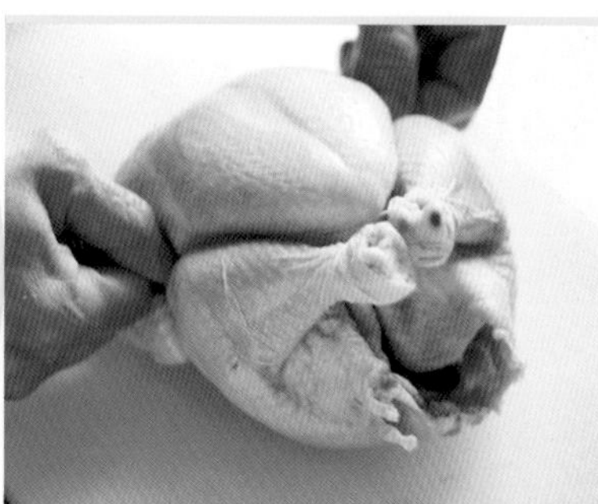

4 拉住鱼线不松手，直接穿过鸡胸与鸡腿肉之间。

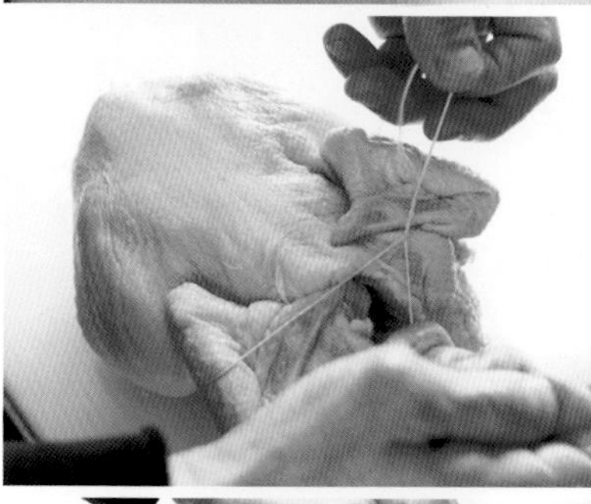

5 翻面，在鸡翅部位再次交叉鱼线。绳结处扎好往下捋两次，拉住两端，用力扯紧。

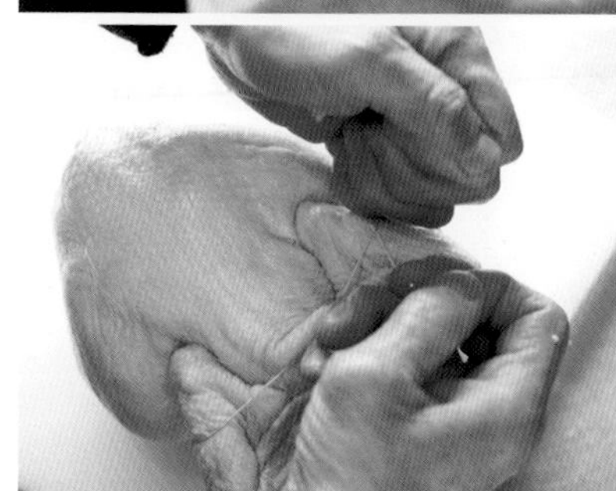

6 最后打上球结，剪去多余鱼线。

鱼线末端打结的秘诀!

在与肉接触的地方打上单结

在用鱼线为整鸡简单整形时，最后的扎线和打结方法也是重点。没有用针刺过穿进鱼线部分的肉容易松散，因此，在拉紧鸡腿或是一边拉线一边整形时，需要用点力气将线头扯紧。另外，最后打结时，打上单结，并用力扯紧让绳结没入肉中。

浇上热水 / 静置干燥

7 厨夹轻夹尾部提起鸡身，沸水浇淋全身。置于冰箱一晚充分干燥。

整形后，第二天开始正式料理！

平底锅煎烤

8 起锅用中高火烧热，加入橄榄油，煎制整鸡各面2分钟。请从鸡腿处开始煎。

9 待整鸡各处都均匀浸润橄榄油，用小火煎制各面2分半钟。至锅中发出轻微的啪叽声，保持这种状态，再煎制各面2分钟。

10 一边不断翻转整鸡，一边煎烤3分30秒。这一环节中，鸡肉开始慢慢显出金黄焦色。

11 继续煎烤10分钟。锅中传出咻咻声、水分逸出时，一边将流出的汁水不断浇淋在鸡肉上一边煎烤。这里我们也用循环淋油的方法。

12 锅中发出的声音越来越大时，调小火候。继续循环淋油约10分钟，至脂肪颜色变深，然后再进行10分钟左右的浇淋。

13 烤好后，可以在天然气炉旁边等较为温暖的地方静置5分钟。将鸡肉盛盘，均匀撒上食盐。

这是理想的脂肪颜色

蛋白质中的氨基酸受到高温影响，呈现焦糖色。这是浓缩后的鲜味成分。变成全黑了可是不行的。

生熟程度视部位有所不同

鸡腿肉和鸡胸肉，其肌肉的构成形式和肉质都迥然相异。鸡腿肉中肌肉较多，比较难熟，而鸡胸肉是很快熟的。我们通过翻转煎烤整鸡的方式，让各个部位均匀受热，这是制作中的一个重点。

烤整鸡的切分方法、酱料调制

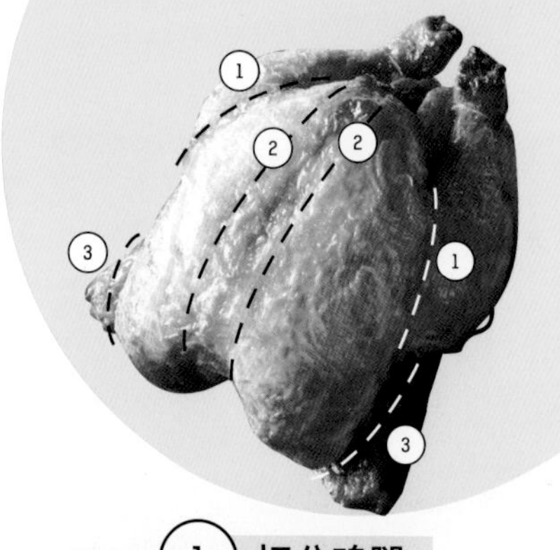

1 切分鸡腿

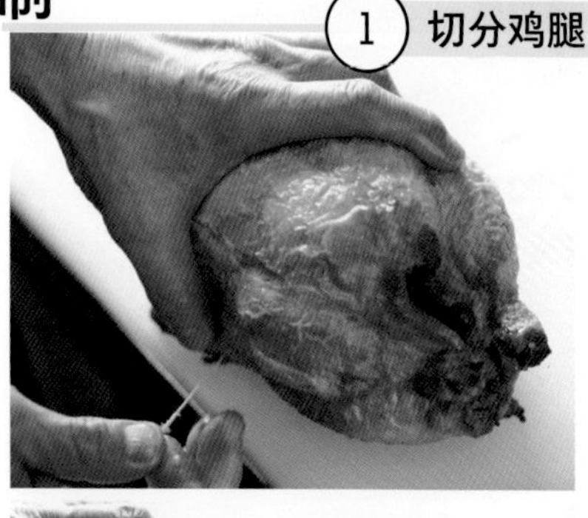

1 抽出扎紧鸡肉的鱼线。

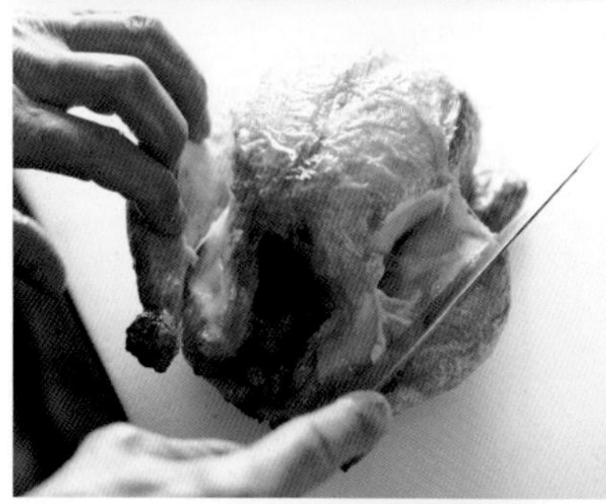

2 切分鸡腿要在鸡皮浮出的部位下刀，直接切开。

3 当皮膜露出时，沿着腿骨边缘刮过皮膜，分离关节。

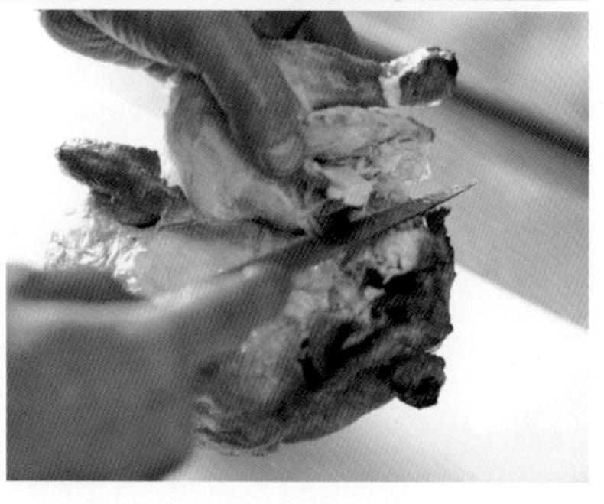

4 直接翻面，从尾端下刀。

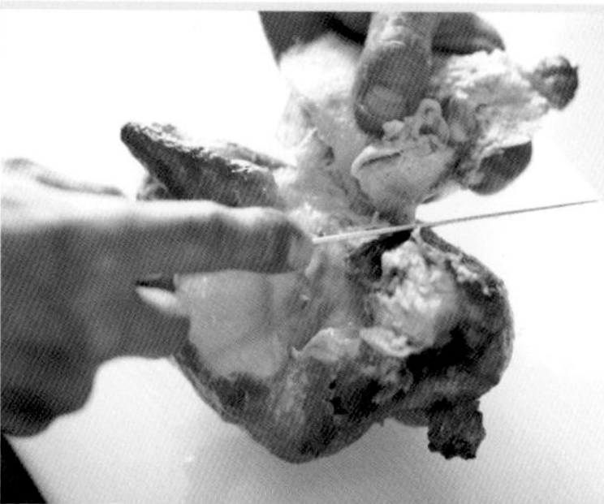

5 往脊骨方向用力划开，同时扯出鸡腿。

6 切断连接处鸡皮，分离鸡腿。另一侧也是同样的操作。

2 切分鸡胸

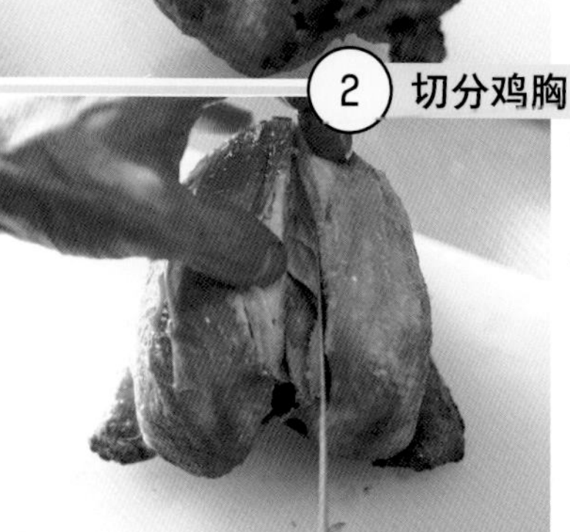

7 鸡颈一侧朝向自己，向脊骨两侧分别下刀。

8 这一部分有关节，所以直接用刀切开并将鸡胸肉向上提起。

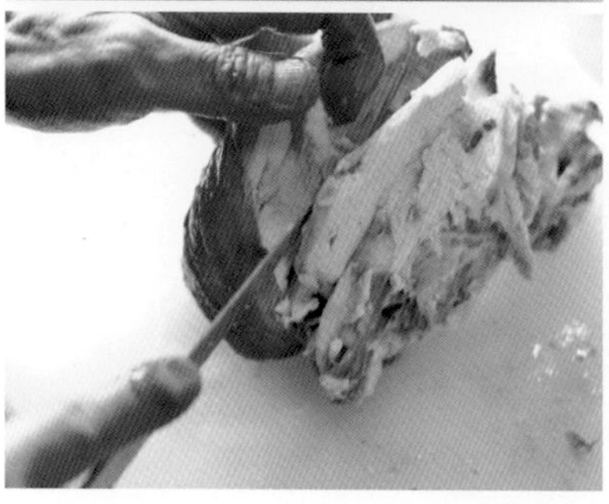

9 另一侧，抓住鸡柳，以同样的方法切分开。

3 切分其他部位

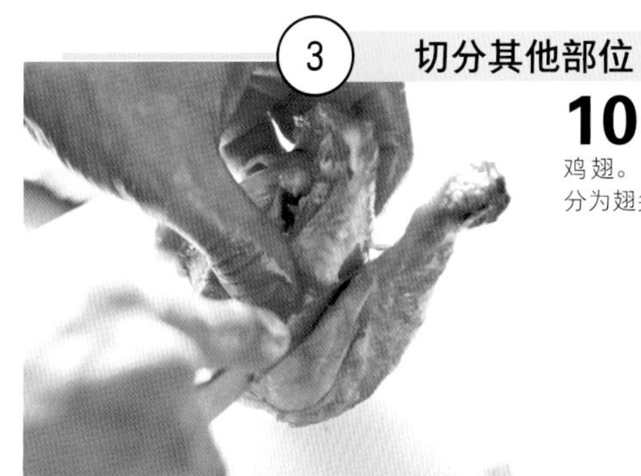

10 切分鸡胸与鸡柳、鸡翅。鸡翅亦可分为翅尖与翅根。

11 这样一来，鸡翅尖、翅根、鸡腿、鸡胸和鸡柳就被切分开来了。

12 剩下的鸡骨中还有鲜味十足的骨髓。可以用来炖汤，先把它们切成适当大小。

炖汤

13 将12中的骨头放入平底锅，加入600ml水炖煮。

14 待汤头充分炖煮入味，用笊篱过滤，过滤后的汤汁须要重新回锅。

15 锅中加入30g黄油，中火熔化。待锅中冒出细密泡沫、散发果仁香味时，再加入14搅拌均匀，关火。

16 再加入10g芥末酱搅拌，完成酱汁。在烤盘上摆好11、炸洋葱丝和西洋菜，浇上酱汁。

烤整鸡不切分直接摆盘也是可以的，这里我们更推荐切分好后盛在烤盘上。

食肉爱好者必读！肉类的烹饪大实验③

trattoria29 的最强汉堡肉

对于在家中也会经常制作的汉堡肉，这里，我们会采用专业人士推荐的方法，试着让汉堡肉的味道更上一层楼。从使用到的肉料品种到煎烤方法，专业人士为你划满重点。另外，你也可以尝试改变肉的种类和配比，制作风味稍有不同的独特版本。

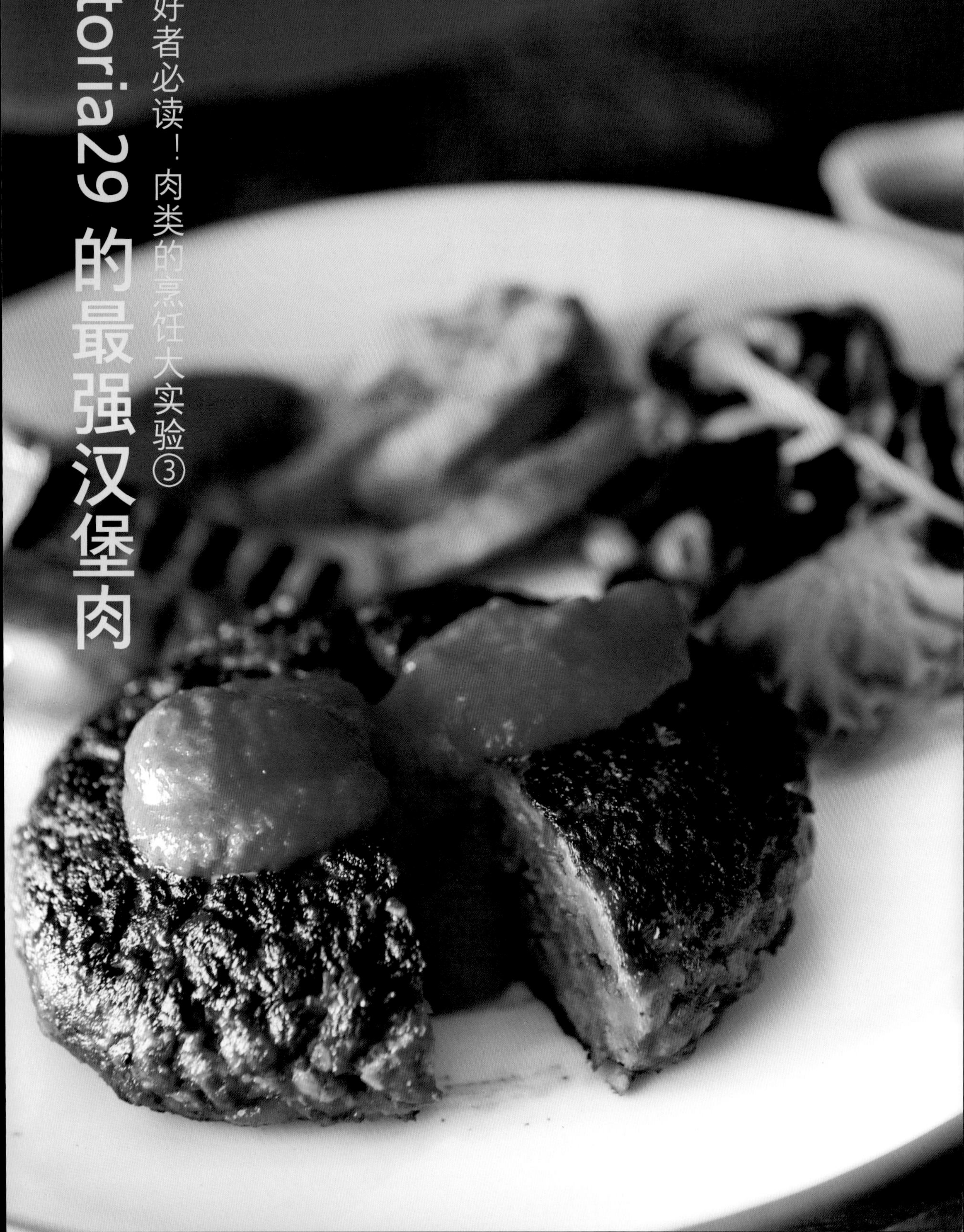

部位 × 美味的关系

选择鲜味与风味并存的 3 个部位

要想做出别具一格的汉堡肉，先从严选部位开始吧。我们推荐你使用牛胫肉和牛颈肉。这些部位都富含肌肉，肌肉多而坚硬，因此也经常被用于炖煮，其实切细成肉末来料理也是极佳的。肌肉四周浓缩了鲜味成分，做出来的汉堡肉当然也是十足鲜美。你也可以试着加入一些猪五花肥肉。将肉切成 2.5mm～5mm 见方大小的细末，口感也会变得层次鲜明起来，更添一层风味。

用牛肉做汉堡肉，要选用浓缩了鲜味的牛胫肉和牛颈肉

鲜味十足

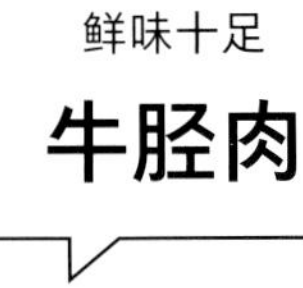

牛胫肉

肌肉含量相当之高、饱含鲜味又风味浓厚的瘦肉。不仅可以用作炖煮，切成肉末来料理也是推荐做法。

深邃又浓郁的口感

牛颈肉

脂肪较少而肌肉较多，肌理较粗且硬质。即使切片后也经常用作炖肉，不过这里我们剁细用来做汉堡肉也是再合适不过了。

具有浓郁口感与风味

猪五花肉

（切片）

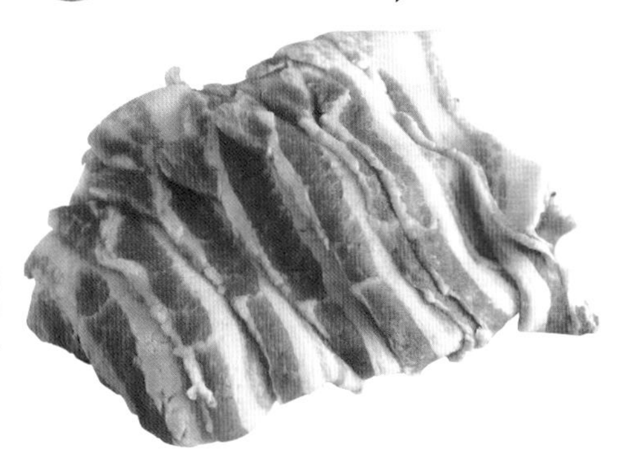

重点是掺杂了适量的脂肪。调和的牛肉哪一种都是瘦肉，因此我们加入含脂肪的猪五花后，也会提升汉堡肉的多汁口感！

我们请教的是……

trattoria29

竹内悠介先生

由在意式精肉店和餐厅里修习了料理及解肉、熟成的主厨一手创办的，以肉料理为主的意大利风味餐馆。

馅料配比 × 美味的关系

按照瘦肉 4：肥肉 1 的比例做出来的肉馅是最好的！

牛胫肉与牛颈肉都是脂肪含量较低的瘦肉。仅用它们做肉馅的话，口感会偏清爽，这时如果再加入一些肥肉，就能够激发出恰到好处的多汁口感，进一步做出鲜味突出而浓郁的汉堡肉了。这里的肥肉用猪五花是最合适的。我们采用牛胫肉 2：牛颈肉 2：猪五花 1 的馅料配比。这一配比在意式肉酱[1]（bolognaise）和西红柿肉酱[2]（ragù）中也有使用，用作汉堡肉制作可谓是黄金比例了。

就部位 × 比例而言最佳的配比是?!

牛胫肉　　牛颈肉　　猪五花肉

2 : 2 : 1

VS

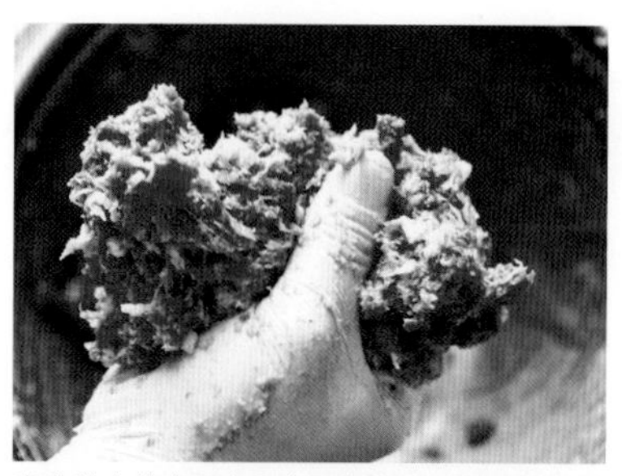

脂肪较少的牛胫肉和牛颈肉中加入猪五花的鲜美，用力搅拌直至产生黏性。

○ 充分享受浓缩的肉类鲜美

牛胫肉与牛颈肉的鲜味浓郁突出，口感极佳的汉堡肉。密度适中，颇具肉感。请你一定要尝尝这肉汁丰沛的无上美味。

MEMO

肉末需要切细到何种程度？

为了突出口感，手工剁肉是最好的！控制大小在 2.5mm～5mm 见方之间，均一地剁碎。这一步骤能帮助做出口感自有保证、鲜味更是十足的美味汉堡肉了。

1. 亦作博洛尼亚肉酱。
2. 亦作拉古酱。

也有用 100% 瘦肉或是直接用市售肉末来做的馅料

瘦肉 4：肥肉 1 的馅料配比之外，我们还会向你介绍其他具有试做价值的配比。其中一个就是将牛胫肉和牛颈肉按照 1：1 的配比制作的 100% 牛瘦肉馅料。不添加其他任何辅料用作黏合调剂，这样做出来的汉堡肉，具有类似牛排的美妙风味。另外一种，则是使用市售肉末来制作的经典汉堡肉。这里我们用了牛肉末和鸡肉末按 1：1 调合的肉馅，做出来的汉堡肉质地有弹性，口感清爽。这些配比都是充分利用了肉本身的特点而诞生的，请一定参考制作看看。

（100%牛肉）

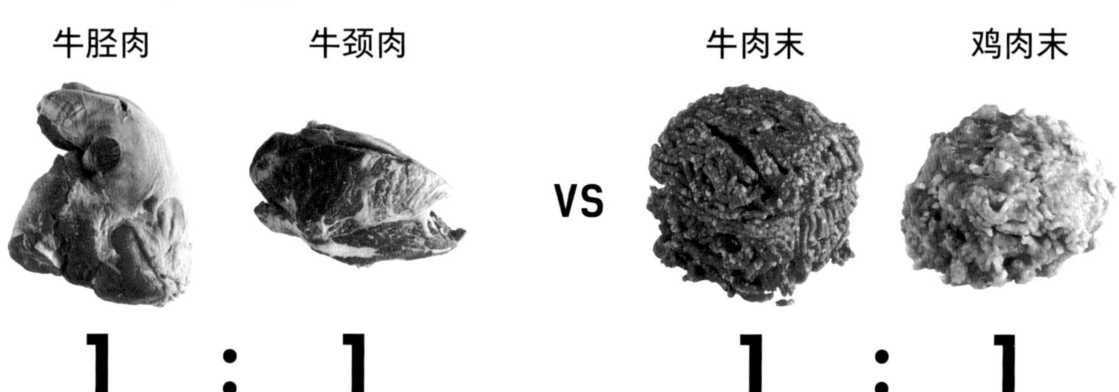

肌肉含量较高的牛胫肉和牛颈肉，如果不加处理则口感会偏硬，剁碎之后，弹性与鲜度都更加明显了。

△ 比起汉堡肉，更像是牛排的口感

能直接咀嚼出牛胫肉和牛颈肉的鲜美，成品也更像是牛排。正是因为没有添加任何辅料充当黏合剂，才更能让人品出手工肉末的质感。

用市售肉末来制作固然省力，不过也就很难体味到口感的变化了。添加的鸡肉让味道更加轻盈。

△ 分量上是巨无霸，味道上却轻巧可人的汉堡肉

市售肉末很难让人品尝出肉本身的口感，但因为体积庞大、质地细密、肉汁也充足，给人的满足感还是很强的。厚厚一块煎熟，既不过分油腻，又能带来满满的口感。

温度&调馅方法 × 美味的关系

在冷制状态下，将肉类脂肪搅拌至白浊化

说起汉堡肉的美味之处，非其软弹口感及丰富肉汁莫属。想要达到这两点，最关键的因素在于控制肉末的温度与调馅方式。大前提是肉末必须冷制，调馅时，将肉末中的脂肪与水分混合乳化至关重要。如放在室温下制作，则脂肪会熔化，造成馅料分离。因此，必须注意将冷藏的肉末充分搅拌至产生白浊。只要掌握了这点，就一定能做出美味过人的汉堡肉。

仅凭肉末温度与调馅手法就能改变汉堡肉的品质?!

恢复到室温的肉末

肉末恢复到室温后，脂肪熔化脱离。

冰箱中冷藏好的肉末

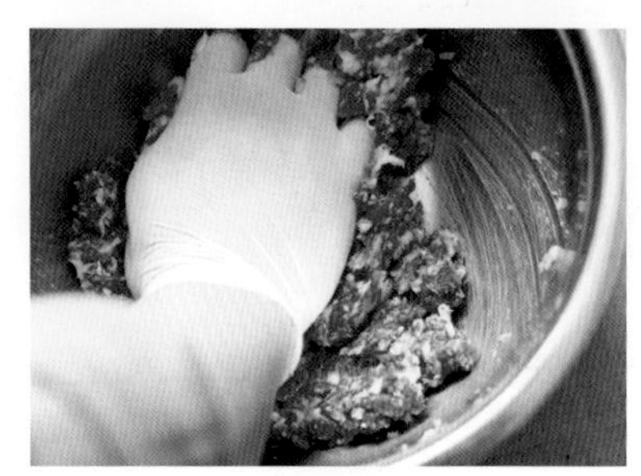

充分搅拌，使肉中的脂肪和水分乳化。

制馅成形

难以成形，捏出来的形状总是很扭曲。

经过充分搅拌的肉馅也更容易成形。

形状扭曲，看起来也干巴巴的……

× 肉末恢复到室温后，脂肪熔化，难以揉捏成团，鲜味成分也容易流失。

○ 经过充分乳化的肉馅，煎好之后，成品看起来也十分蓬松，形状完美。

厚度&煎制方法×美味的关系

根据厚度的不同，煎制方法与盛盘方法也会发生变化

我们来看看肉馅厚度与美味之间的关系。一般的汉堡肉厚度在2cm左右，这对于平底锅煎烤是最为合适的厚度。表面煎成焦黄色后，只要盖上盖子静候煎熟，通常都能做出湿润多汁的口感。而若厚度增加到3cm，仅用平底锅来煎，就会在中心位置煎熟之前先煎焦了表面，因此平底锅与烤箱并用是最佳的。烤箱从肉的外侧缓慢将热量向内传导加热，能够实现弹性与肉汁并存的美妙口感。

厚度分别为2cm和3cm的汉堡肉，煎制方法又有什么不同呢？

2cm厚

这是经典的汉堡肉做法。用平底锅煎制。

将火力调到极微，持续缓慢加热至内部成熟。

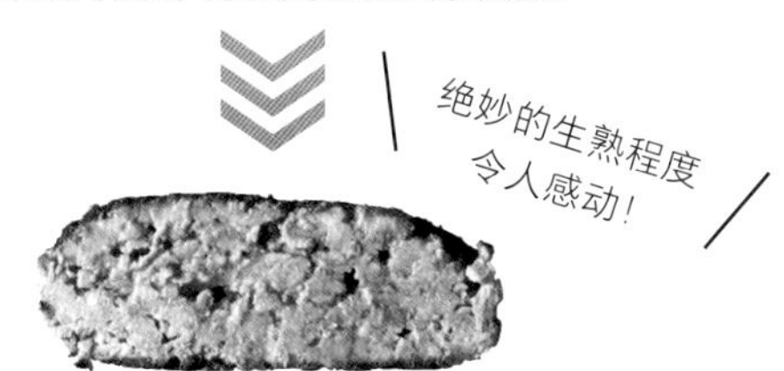

这样做出来的汉堡肉，有着平底锅操作特有的湿润多汁口感。也能从中充分品尝到肉类的鲜美。

3cm厚

首先用平底锅将肉饼两面煎至焦黄。

因为肉饼具有一定的厚度，要放到烤箱中以160℃煎烤。

保留了肉饼的厚度，外表金黄酥脆，内部松软弹牙，极具肉汁的美味。

牛颈肉+牛胫肉+猪五花肉调制［汉堡肉］

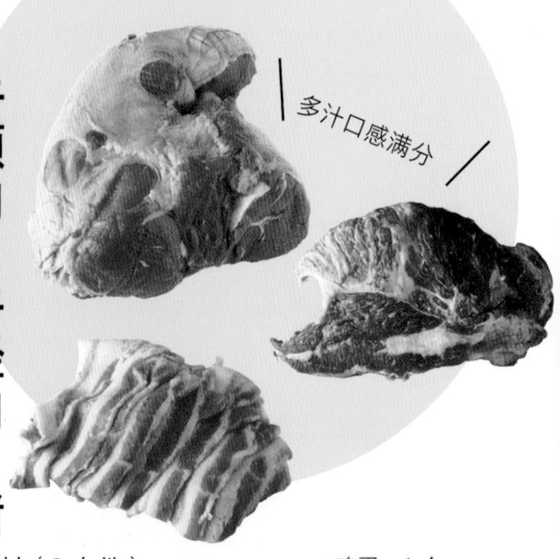

用料（2人份）

牛颈肉：160g
牛胫肉：160g
猪五花肉薄片：80g
A 洋葱：½个
（切末之后用橄榄油翻炒过）
鸡蛋：1个
面包粉：20g
帕玛森芝士粉：10g
盐：2.5g
粗粒黑胡椒：适量
橄榄油：½大匙

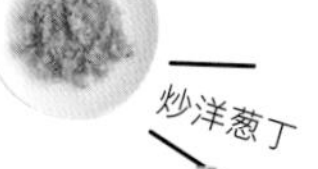

正式烹制

1 肉切成2.5mm~5mm见方的细丁。这里的要点是，要在最初就切断肉的纤维。

2 将1置于冰箱中冷藏约30分钟，放入碗里。如事先将碗也冷藏过，效果更佳。

3 加入A料。洋葱煸炒至如图颜色即可。帕玛森芝士粉是调和鲜味的隐藏味道。

4 将材料大致混合，注意照顾到所有材料。

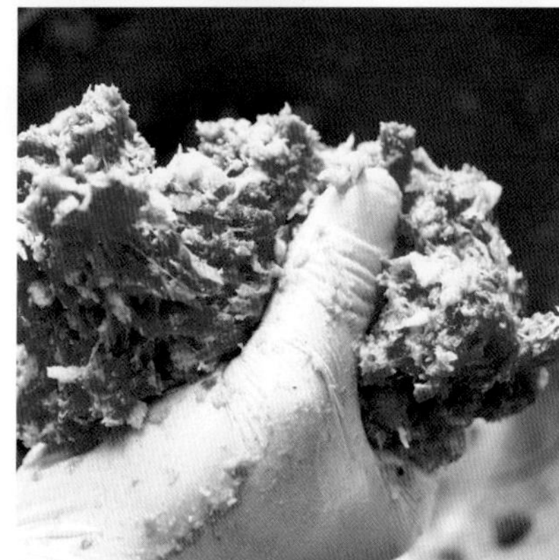

5 手掌用力进行挤压、揉搓至肉馅发白。通过乳化过程，肉馅的弹性将会被完全激发。

调馅的秘诀！

充分揉搓，使肉馅产生弹性

充分揉搓肉馅，使之白浊化（发白且容易拉丝）。如果揉馅不够充分，则团成肉饼时不容易完美成形，成品的弹性和鲜度也会大大下降。

6 按照每人分量团出肉饼。操作要点是用左手握馅拍向右手，同时去除中间空气。

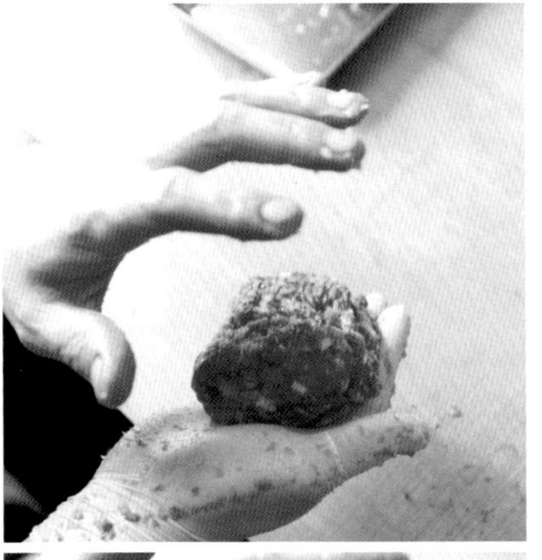

7 捏紧后再拍向另一只手，一边不断重复这个过程，一边去除肉饼中的空气。肉饼下落时，双手稍稍用力拍实。

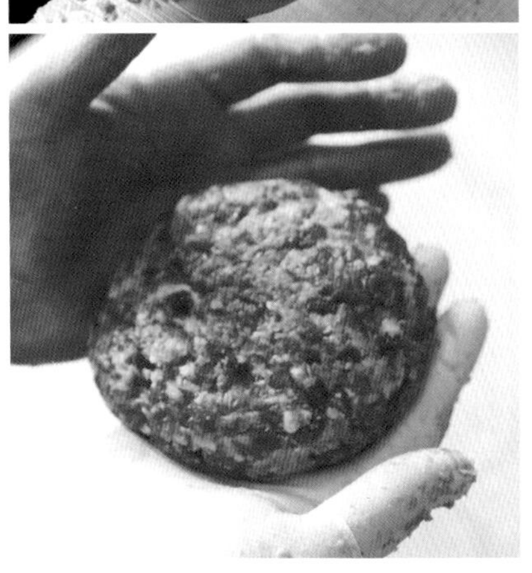

8 调整形状。如果形状很难调整，则说明调馅不够充分，或肉末温度过高、比较松散。

9 平底锅中火加热橄榄油，放入肉饼。调成小火煎制 3 分钟，再翻面煎 2 分钟。

10 盖上锅盖，以极微火力再焖煎 5 分 30 秒。翻面并盖上锅盖，煎烤 3 分 30 秒后，再次翻面，盖上锅盖煎制近 3 分钟。

11 金属钎刺入汉堡肉中心部位，再放在唇上感受温度，感到钎子传来的温度稍有发热即可盛盘。

防止夹生的秘诀！

用金属钎来测试中心部位是否煎熟

插入汉堡肉的金属钎如温度比体温稍高，则表示汉堡肉的中心部位也烧熟了。如温度较低，则需要继续加热。

100% 牛肉调制

［汉堡肉］

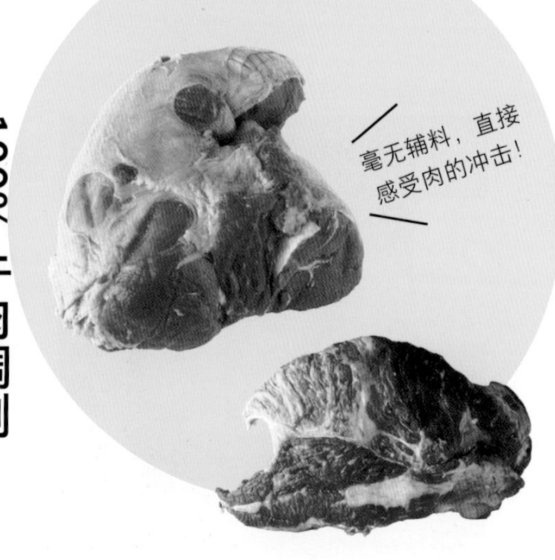

用料（1 人份）

牛颈肉：100g

牛胫肉：100g

A 熔化的黄油（无盐）：20g

｜盐：1.2g

｜粗粒黑胡椒：适量

橄榄油：½大匙

正式烹制

1 将用到的肉切碎（>>pp.80-1），用刀仔细剁得黏稠，放入冰箱冷藏约 30 分钟。

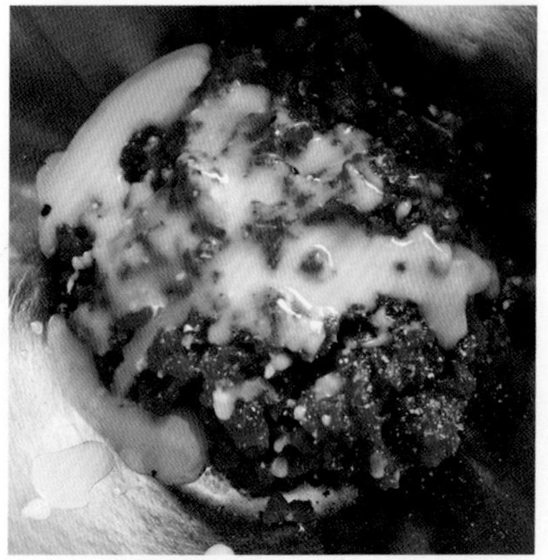

2 将 1 和 A 料放入碗中混合，充分搅拌（>>p.80-4～5）。

3 平底锅高火加热橄榄油，并将 2 团成肉饼（>>p.81-6～8）放入，改中小火，煎 5 分钟。

4 翻面，煎烤3分 30 秒，关火。

5 盖上锅盖，在瓦斯炉附近等较温暖的地方静置 3 分钟，然后检查内部是否烧熟（>>p.81-11）。

煎烤时保持肉饼形状的秘诀！

把肉充分剁碎使其产生黏性

100% 牛汉堡肉中因为没有面包粉及鸡蛋等黏合用辅料，形状较容易散。因此，我们通过事先将肉充分剁碎至产生黏性，可以有效防止在煎烤过程中肉饼的散架。

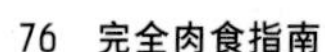

牛肉末+鸡肉末调制［汉堡肉］

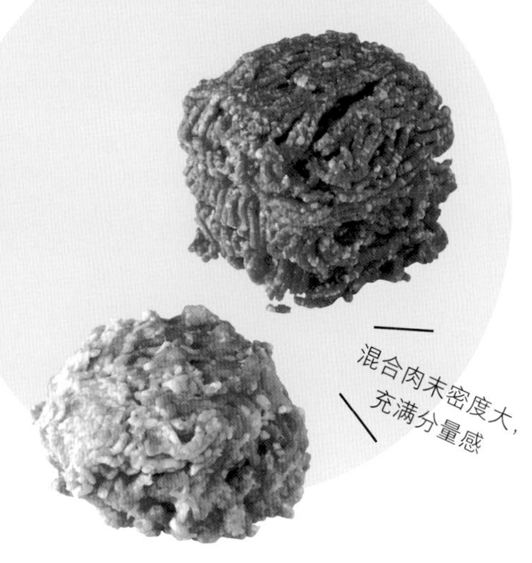

用料（2人份）

牛肉末：200g
鸡肉末：200g
A 洋葱：½个
（切末之后用橄榄油翻炒过）
鸡蛋：1个
面包粉：20g
帕玛森芝士粉：10g
盐：2.5g
粗粒黑胡椒：适量
橄榄油：½大匙

正式烹制

1 肉末在冰箱中冷藏约30分钟后，放入碗里。如事先将碗也冷藏过，效果更佳。

2 向1中加入A料，充分搅拌（>>p.80-4~5）。

3 平底锅中火加热橄榄油，并将2团成肉饼（>>p.81-6~8）放入，改小火煎制4分30秒，再翻面煎烤2分30秒。

煎烤时间
160℃
5分
5分

4 再次翻面，放在160℃预热好的烤箱里，每面朝上各煎烤5分钟。检查内部是否烧熟（>>p.81-11）。

竹内大厨的推荐酱汁

家庭自制番茄酱

准备大蒜½瓣、洋葱½个切末，平底锅加热2大匙橄榄油，翻炒洋葱和蒜末。加入丁香粉、肉豆蔻粉、茴香籽及肉桂粉各一撮炒香。再加入碎番茄（水煮罐头）250g、盐适量、蜂蜜2大匙、红酒醋1大匙，炖煮10分钟。用搅拌器打碎即可。

莎莎酱[1]

准备西芹茎1根、叶3片、红洋葱½个、胡萝卜1根、红彩椒3个，用料理机打碎，加入红酒醋50g、盐适量，搅拌均匀。食用时加入适量的橄榄油。

罗梅斯科酱[2]

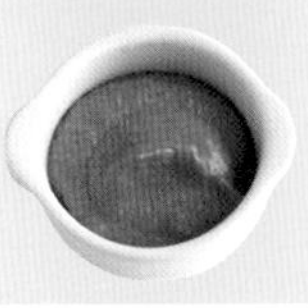

准备2个红辣椒，在250℃的烤箱中煎烤10分钟后去皮。取大蒜¼瓣切薄。加入杏仁片30g、番茄泥½大匙、红酒醋1大匙、熏制辣椒粉1小匙、橄榄油2大匙、盐适量，混合后用搅拌器搅拌均匀。

1. 莎莎酱（salsa roja）为墨西哥等地区传统的西红柿辣椒酱。
2. 罗梅斯科酱（romesco）为西班牙加泰罗尼亚地区所流传的一种特色酱汁。

野本家的完美炸猪排

食肉爱好者必读！肉类的烹饪大实验④

刚刚炸好的猪排，外层面衣酥脆，内里肉汁饱满。你一定也想试着在家自己做一次吧。本节中，我们会一边为你介绍甘甜可口且不会给肠胃带来负担的绝品炸猪排，以及厚切猪排的制作方法，同时还会向你揭开部位挑选、裹面方法，以及对应不同厚度猪排的煎炸方法的秘密。

部位 × 美味的关系

1 头猪身上仅能取下 4 块，块肉的精确使用方法

炸猪排讲究肉质肌理细腻自不必说，同时还是一道能让人品尝到脂肪鲜美的料理。用到的部位有：脂肪细密地分布在肉间、鲜度与浓度都很强烈的肩里脊，以及脂肪含量适中、肌理细腻肉质柔软的里脊肉。这两个部位是最合适的。

我们介绍的这家店，只会选择从 1 头六白黑猪[1]身上仅能取下 4 块的肩背里脊来进货，而这些猪的块肉又被分为 3 种，并常根据具体部位被精确使用到料理上。其中，位于正中的部位因肉质亦处于肩里脊与里脊肉的中间，用于厚切猪排是最合适的。

我们请教的是……

野本家
岩井三博 先生

在日式料理店工作 10 年，亦参与过居酒屋经营。作为店长，使"野本家"焕发了新的生机，让该店成为对食材及调味料都十分讲究的猪排店。

根据不同部位的特征，精确使用猪里脊肉块

适用于炸里脊排（120g）

肌肉较多，也常被用于制作火腿的部位

脂肪分布恰到好处，且瘦肉部分几乎看不到雪花，是肌肉含量较高的部位。也经常被用于火腿等的制作。

适用于炸厚切里脊排（240g）

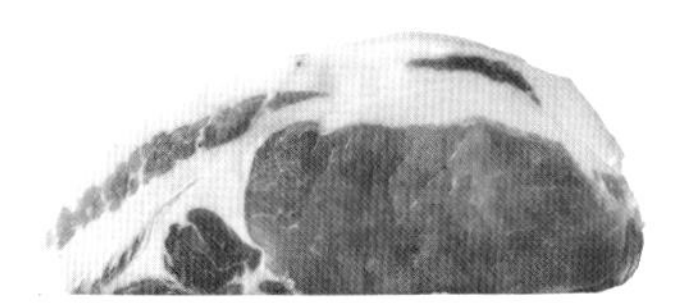

特点是恰到好处的脂肪含量与肉质的柔软度

位于肩里脊与里脊肉中间的部位。由于其特征是具备适量的肥肉及肉质柔软，作为厚切猪排使用是最合适的。

适用于特选炸里脊排（160g）

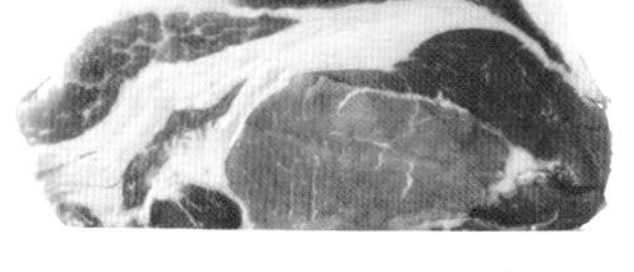

包含肉眼的部位。切得稍厚一些料理是最佳的

肉眼部位，其瘦肉处也含有适量脂肪，新鲜与浓郁程度尤甚。很适合做成有一定厚度的炸猪排。

1. 猪的品种，因头尾四肢末端呈现白色而其余部位为黑色而得名。品种在我国和日本多地均有繁殖。

面衣&油温 × 美味的关系

避开那些易使面衣脱落的要素，炸出来的猪排酥脆可口

刚出锅的炸猪排，有的面衣很容易脱落，导致这种情况的原因有很多，比如没有去除干净猪肉中所含的水分，或是所用面包粉过于干燥等。此外，如炸油的温度过低，沉在锅底的肉因浮力上升时，也可能造成面衣脱落。

这也就是说，只要我们避开了这些面衣脱落的成因，就能炸出面衣酥脆的猪排了。通过细致的预处理，掌握面衣的裹蘸方法和油炸方法，你也可以试着做出绝品炸猪排。

根据水汽、面包粉、油温、浮力等因素影响，面衣裹法也会发生变化

湿润面包粉＋中温油炸

猪里脊肉裹上湿润型的生面包粉，用160℃的炸油缓慢炸透。

160℃对于炸物来说是极难失败的温度。面衣颗粒立起，炸得松松脆脆，轻易地就炸好了。

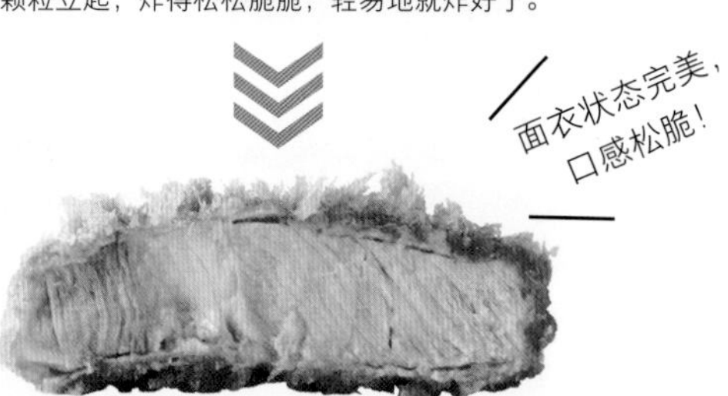

面衣状态完美，口感松脆！

○ 这样做出的面衣有个特点，小颗粒尖尖地朝外竖起，同时也能将里面的肉包裹得很好。肉汁充沛，口感干爽，美味极了。

干燥面包粉＋低温油炸

猪里脊肉裹上干燥面包粉，在140℃～150℃中的炸油里缓慢炸透。

刚开始炸时，面包粉是松散的，待到炸完，里面的肉变形，面衣也变成了硬实坚脆的状态。

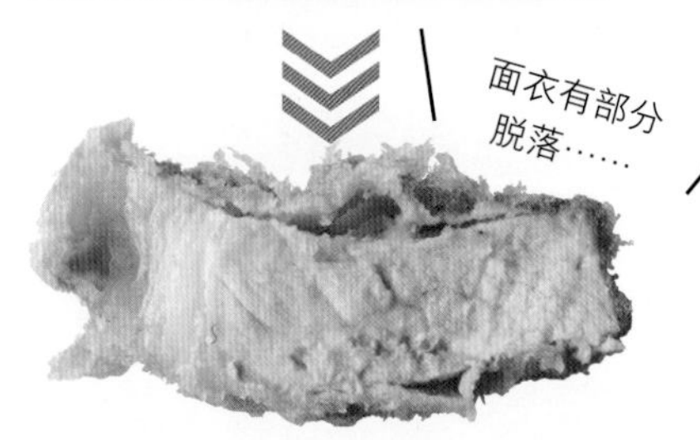

面衣有部分脱落……

× 面衣从肉表面浮起并脱落。这样的面衣，质地比起酥脆更像是坚脆又干硬。肉质也较老，肉汁较少。

厚度&油炸方法×美味的关系

抓住肉的特征来选择炸油和油炸方法

炸猪排是在大量炸油中，主要由面衣中所含水分与炸油进行充分的水油交换而形成的产物。这里重要的是，要根据部位及厚度等因素来具体调节炸油的温度及油炸时间。对比炸里脊排和厚切猪排的油炸方法，炸油的油温和油炸时间自然也是不同的。油炸厚切猪排至熟透所需的时间较长，因此我们会将其置于稍低的油温下炸制较长时间，为了让肉的下半部分也能炸熟，还会用筷子一边向上提起一边进行油炸。及至出锅，再过一遍高温油，这样炸出来就会松脆可口了。

根据猪肉的不同厚度与部位，油炸方法也会发生变化吗？

厚切猪排

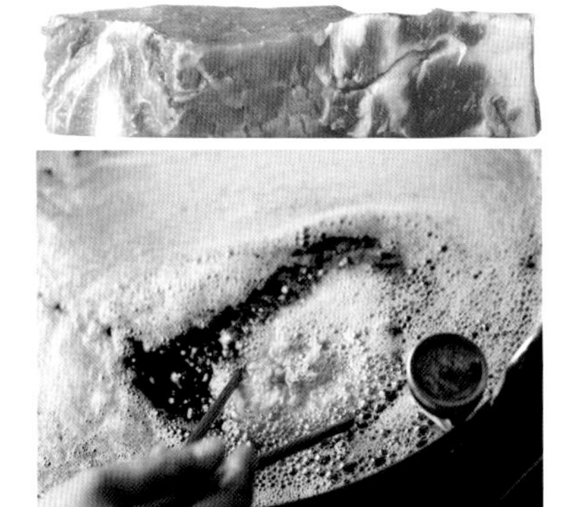

将肉放入较低温的150℃油中。

置于锅的边缘

油炸14分钟，再提升油温，继续油炸3分钟。

表面湿润！

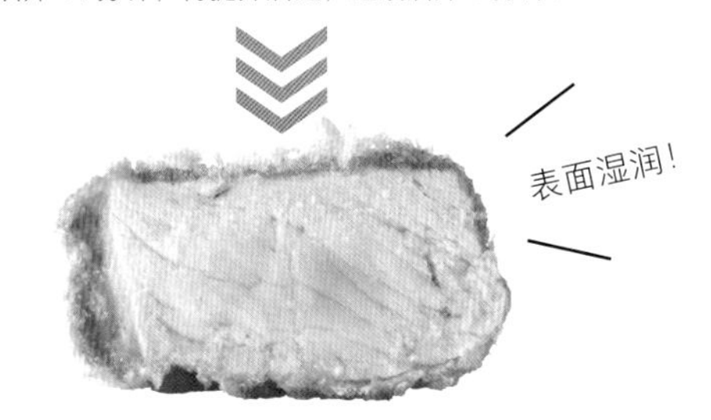

○ 切面呈粉色，肉质柔软多汁。咬上一口，在口中弥漫开的肉汁与脂肪的甘美是一大享受。

炸里脊排

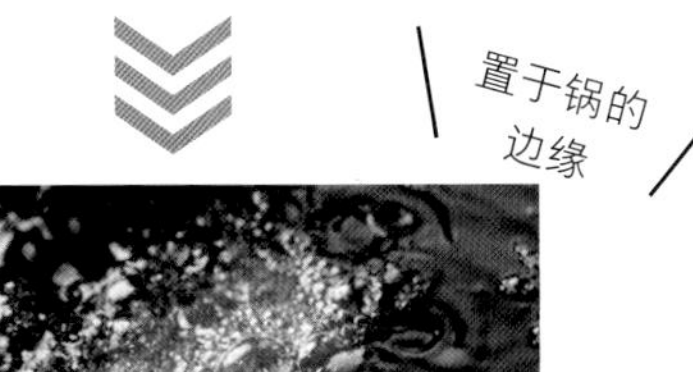

将肉放入160℃～170℃的炸油中。

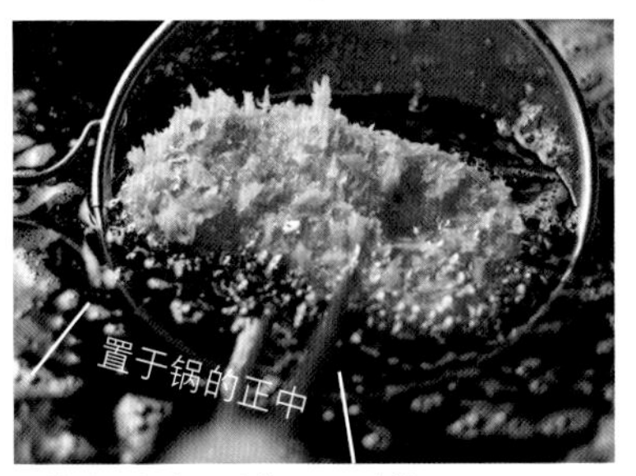

置于锅的正中

保持油温恒定，油炸6～7分钟。

口感轻盈又多汁

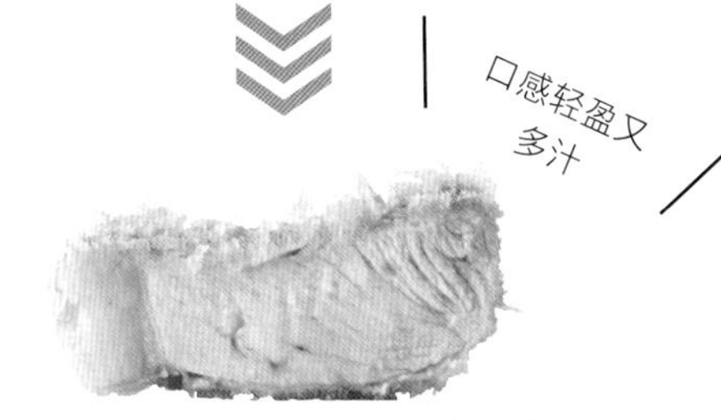

○ 面衣松脆而肉汁充足。口感轻盈的猪排总能让人大快朵颐。美味中还能尝出脂肪的甘甜。

猪里脊肉（160g）制作料理

[特选炸里脊排]

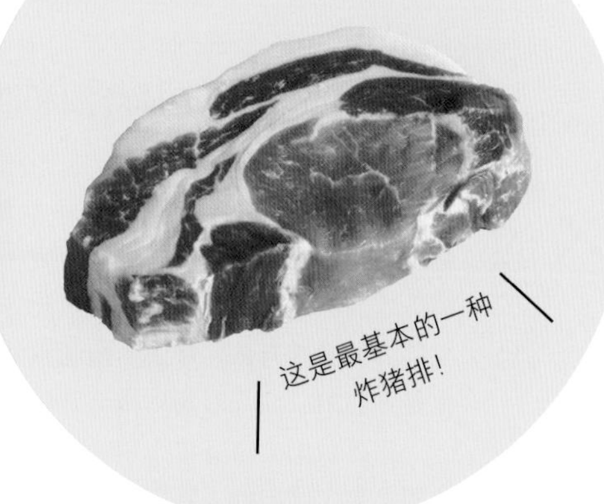

用料（1 人份）

猪里脊肉（160g）：1 块
盐（海盐）：少许
白胡椒：少许
小麦粉：适量
蛋液：适量
生面包粉：适量
炸油（猪油）：适量

预处理

1 擦干肉表面水分，在肥瘦肉相间处切 7 个口子。反面也是同样的操作。

2 为了让肉质更加柔软，用专门的拍子将肉各处拍松。如果拍打过头，也可能引起纤维破坏，因此要注意程度。

3 撒盐时，在肥肉表面多撒一些，瘦肉部分轻轻带过。撒上胡椒。将处理好的肉排放进冰箱中冷藏 3 个小时，肉的表面会产生光泽感。

4 在方盘里铺上小麦粉，放入 3，在表面均匀裹粉并拍去多余的粉，肉排表面仅裹上薄薄一层。

5 准备另一个方盘，倒入蛋液，再将 4 浸入蛋液中均匀蘸裹。收尾时，小心沥干多余的蛋液。

6 在另一个方盘中铺上大量的面包粉，将 5 置于其上。从肉的四周抓取面包粉裹在上方，压紧。

裹面衣的秘诀！

小麦粉与蛋液均是适量，而面包粉则要大量

面衣要完整包裹住整块肉。小麦粉和蛋液都要均匀包裹，且注意除去多余的量。而面包粉则是要像把肉埋起来似地大量包裹。

脂肪表面要多量撒盐的原因

在制作炸猪排时，撒盐可以将猪肉中所含的多余水分吸收出来，激发猪肉的鲜度。盐具有难以渗入脂肪层而容易渗入瘦肉的特性，因此，撒盐的量要根据肉的肥瘦进行调节，使鲜度激发达到平衡。

正式烹制

7 店里用到的炸油是两种目的不同的纯质猪油。它们分别用作鲜度与浓度提升，能够添加香气成分独特的风味与浓郁后味。

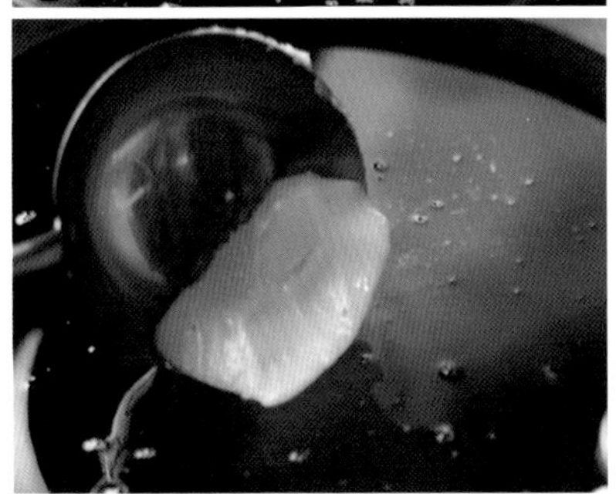

8 向7中加入温度上升较高的猪油种类进行混合。这是让炸猪排变得更松脆可口的秘诀。

9 炸油加热到160℃，将6从身前轻轻往里送入锅中。这样做能让面衣颗粒炸至立起。

10 保持油温在160℃，炸制6~7分钟。过程中，时不时重复用筷子夹住肉排再松开的动作。

11 当油中冒出的泡沫变细时，用漏勺捞起猪排，充分沥干炸油。如此时的炸油呈现透明质地，即表示炸好了。

12 出锅后盛在烤架上，沥净油分。这个步骤还包含着以余热继续煨熟猪排，并使肉保持湿润的目的。

13 将12放到砧板上，菜刀自上而下竖直切分猪排。可以边切边用湿毛巾擦拭菜刀。

纯质猪油与调和猪油的区别

猪油基本是猪的背部脂肪。纯质猪油指的是以猪的脂肪精炼而成的100%猪油脂。与之相对，调和猪油是以精炼猪油为基础，添加了牛油及棕榈油等其他油脂成分制成的产物。

猪里脊肉（120g）制作料理

［炸里脊排］

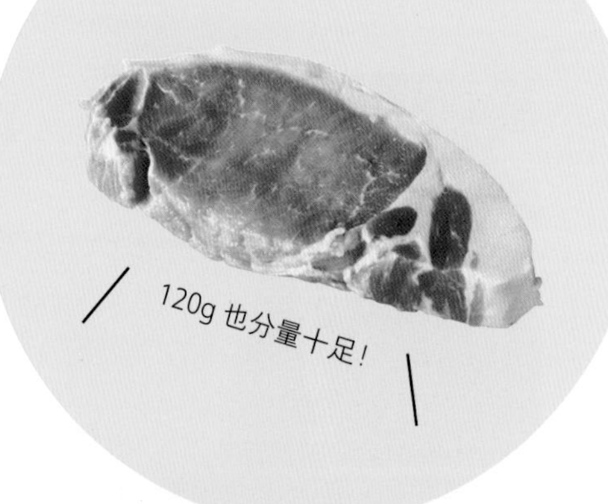

用料（1 人份）

猪里脊肉（120g）：1 块
盐：少许
白胡椒：少许
小麦粉：适量
蛋液：适量
生面包粉：适量
炸油（猪油）：适量

预处理

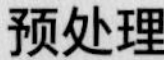

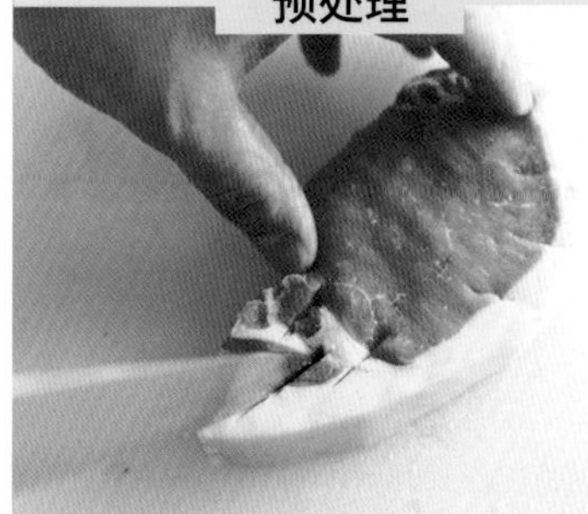

1 擦干肉表面水分，在肥瘦肉相间处切 6 个口子。反面也是同样的操作。

2 用拍子将肉各处拍松，撒上盐和胡椒。将其放进冰箱中冷藏 3 个小时，肉的表面会产生光泽感。

3 在 2 的表面依次裹上小麦粉、蛋液及面包粉（>>p.88–4～6）。

正式烹制

4 炸油加热到160℃～170℃，放入 3（>>p.89–9）。保持油温，炸制 6～7 分钟。

5 待冒出的气泡变细，即表示大致炸制完成了。用漏勺捞起。

6 抬起漏勺，充分沥干。

7 盛到烤架上沥净油分后，用菜刀切分（>>p.89–13）。

沥干油分的重要性

猪排炸制成功后仍有一步很关键，即是充分沥干上面附着的油分。捞出猪排时看到炸油较清澈，也表示此时猪排已经炸到位了。如炸油较浑浊，则猪排有可能还没熟，请继续加热。

猪里脊肉（厚切）制作料理

［厚切猪排］

品尝厚切特有的美味

用料（1人份）

厚切猪里脊肉（240g）：1块
盐：适量
白胡椒：适量
小麦粉：适量
蛋液：适量
生面包粉：适量
炸油（猪油）：适量

预处理

1 擦干肉表面水分，在肥瘦肉相间处切7个口子。反面也进行同样的操作。

2 用拍子将肉各处拍松，撒上盐和胡椒。将其放进冰箱中冷藏3个小时，肉的表面会产生光泽感。

3 在2的表面依次裹上小麦粉、蛋液及面包粉（>>p.88-4～6）。

正式烹制

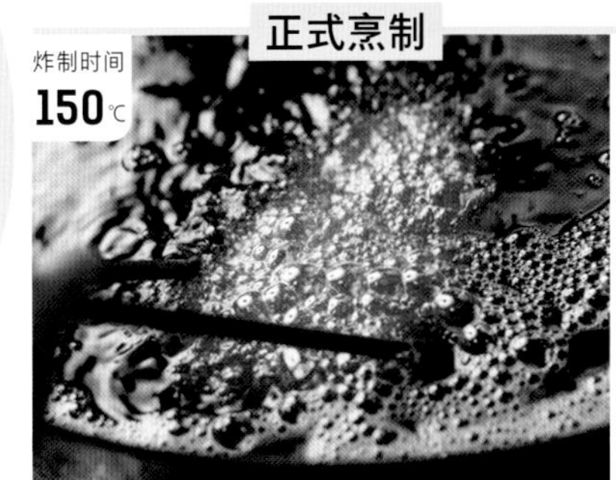

炸制时间
150℃

4 炸油加热到150℃，放入3（>>p.89-9）。炸制1～2分钟后，即用筷子夹起稍稍抬高，使下半部分也能均匀受热。

炸制时间
150℃
14分
170℃
3分

5 炸制14分钟左右，将油温提升至170℃，复炸3分钟左右。这样，猪排就会变得松脆可口。

6 中心纵线附近冒出的气泡，是面衣中的水分蒸发而炸油向里渗入的证明。此时的猪排已经大致形成了松脆的口感。

7 用漏勺捞起沥干，再盛到烤架上充分沥净，并用菜刀切分（>>p.89-13）。

MEMO

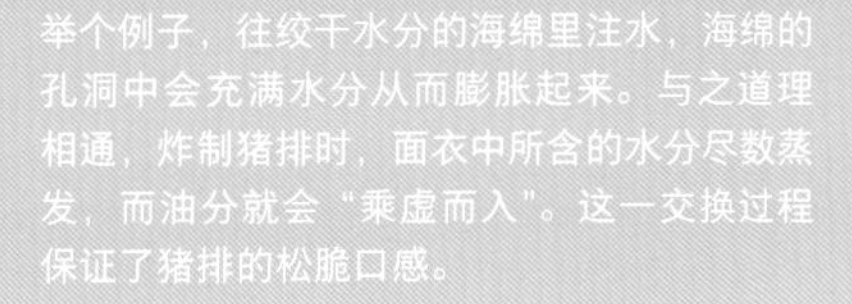

关于面衣中水分与炸油的交换过程

举个例子，往绞干水分的海绵里注水，海绵的孔洞中会充满水分从而膨胀起来。与之道理相通，炸制猪排时，面衣中所含的水分尽数蒸发，而油分就会“乘虚而入”。这一交换过程保证了猪排的松脆口感。

肉山的顶级烤牛肉

食肉爱好者必读！肉类的烹饪大实验⑤

直接运用大肉块来制作的豪华大餐——烤牛肉，正是各位家庭料理人想要一展身手的梦幻料理！本节中，我们将向你介绍在家中也能轻松复刻的美味食谱。另外，让制作过程更为简化的牛排肉版本也是非读不可。即使是经过冷冻的牛肉，也能成为顶级的料理。

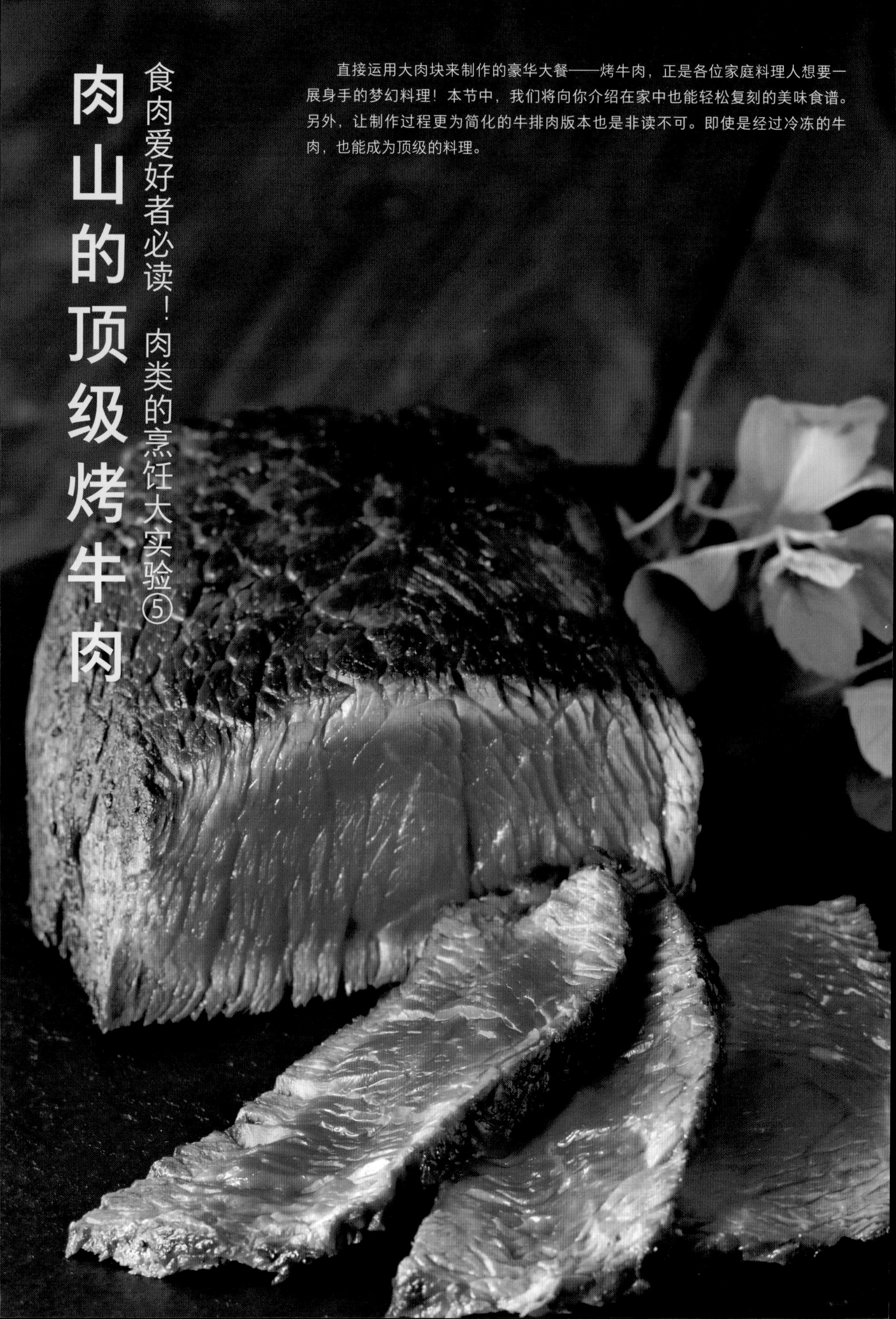

部位×美味的关系

脂肪并不过分喧宾夺主　腱肉与臀肉是最佳选择

烤牛肉，溯其本源就是将大块的牛肉放在烤箱里烘烤的料理，据说是从英国发祥的。英国人通常是趁热食用的，因此像西冷等脂肪含量较高的部位更受欢迎。

本节中，我们介绍的是日本人所喜爱的“冷了依然美味”类型的烤牛肉。这种烤牛肉中的脂肪并不过分喧宾夺主，而腱肉和臀肉是最适于料理的。腱肉肌理偏粗，经过适当的料理，味道可是一绝！臀肉选用含有适量脂肪的日本国产牛，也能做出美味料理。

制作烤牛肉，选择瘦肉是最佳的

比起质地较硬的外腱肉，脂肪含量较少、味道清爽的内腱肉更适合做成烤牛肉。

口感清爽

牛腱肉

肌理细腻，质地柔软

牛臀肉

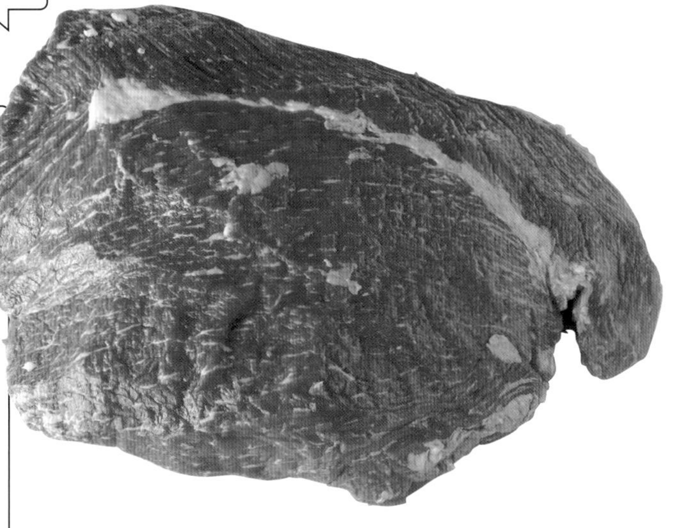

这种瘦肉肌理细腻而质地柔软，还含有适量的脂肪。无论怎么料理都很合适，而做成烤牛肉更是不在话下。

我们请教的是…

肉山 吉祥寺店
光山英明 先生

2012 年开张的肉山正向全国铺展分店。另外，还在烤内脏酒场烧酒家和绵软松弛烤内脏等店开展了多种多样的业务。

厚度 × 美味的关系

即使肉块偏单薄，也能根据料理方法变成烧烤美味

烤牛肉是豪放地料理整块牛肉。使用 5cm 厚的牛肉块，就能享受到其独特生猛的口感及浓郁的鲜甜。

话虽如此，也有对整块牛肉过高的价格望而却步的人，其实，1.5cm 厚的牛排肉也很适用。参考第 98 页的食谱，你就能将比较薄的牛肉块烤出美味。即使肉的厚度各有不同，通过相应的烘烤方法，你也能享用到美味十足的烤牛肉。

不同厚度的牛肉 美味程度也会不同吗?!

5cm 厚 VS 1.5cm 厚

按照烤牛肉经典做法所用厚度切片。

按照普通的牛排肉厚度切片。

平底锅煎烤后

○ 浓郁的鲜味及生猛的肉感

5cm 厚、重量约在 500g 的肉是烤牛肉经典食谱要求的材料。平底锅自始至终高火煎烤表面，使成品表面烤得金黄焦脆，而鲜味浓缩在其中，内部又余留大量美味生肉。

○ 口感湿润，鲜味浓郁

经典做法即使稍稍变换煎烤工具，也能做出这一厚度下美味十足的烤牛肉了。要点是生熟程度与煎烤时间。用偏小的中火短时间煎烤表面，就能激发出牛肉湿润的口感和浓郁的鲜味。

温度 × 美味的关系

即使经过冷冻，较薄的肉块也能做出顶级好味道

冷冻肉解冻需要时间，如果不必解冻就能直接做出美味的料理，那就再好不过了。

理论上，我们煎烤肉类都要求使用恢复到室温的肉材，不过，如果肉材厚度在 1.5cm 左右，不经解冻直接上锅也是可以的。尤其是在你想做出中心部位保持生肉状态的料理时，冷冻肉更是绝佳之选。用较薄的肉块做烤牛肉时，直接煎烤冷冻肉自有其道理。

先恢复到室温再烤？还是，冻着直接烤？

直接煎烤冷冻肉 VS 解冻后恢复到室温

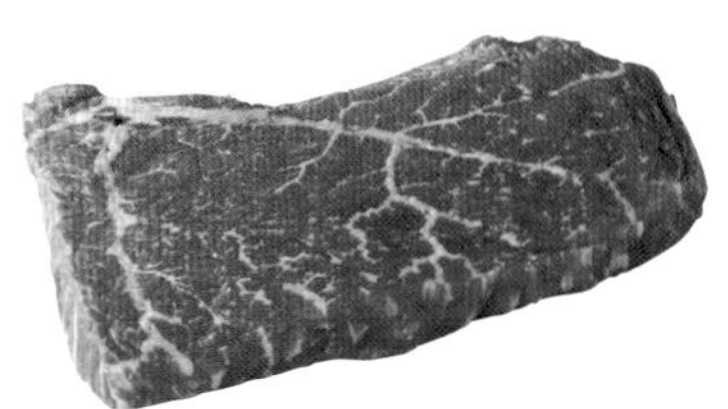

用高火充分煎烤 1.5cm 厚的肉块。

中小火慢煎 1.5cm 厚的肉块。

平底锅煎烤后

○ 能充分品味到生肉部分

不解冻直接上锅做出来的烤牛肉，也能让人品味到与 5cm 厚的室温肉煎烤后相当的生猛肉感。自然，鲜味也是十足的。

○ 生熟程度适宜，肉质湿润

恢复到室温的肉，注意火候精心煎烤，就能做出湿润的质地与鲜美好味道。出锅时，正是介于一分熟与五分熟之间的口感。

5cm厚的牛臀肉制作料理［烤牛肉］

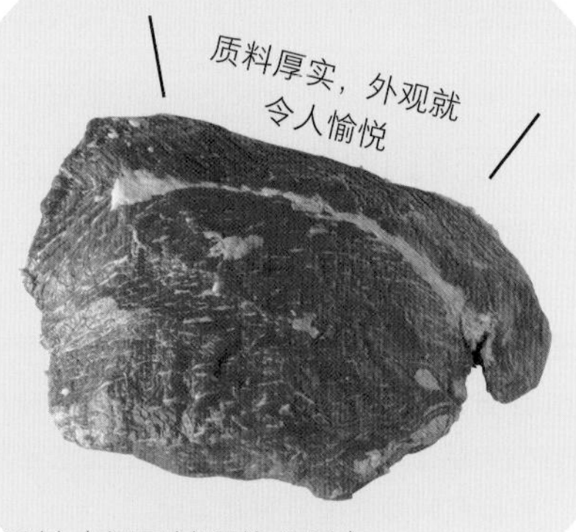

用料（便于料理的分量）

牛臀肉（块）：400g　　牛油：适量

盐：适量

正式烹制

1 高火热锅，放入牛油，充分熔化后在锅底均匀抹开。

2 临近上锅时，在肉材表面撒盐，注意撒得均匀完整些。

3 将2放入1中，保持高火煎制38秒。

4 翻面，继续用高火煎制38秒。

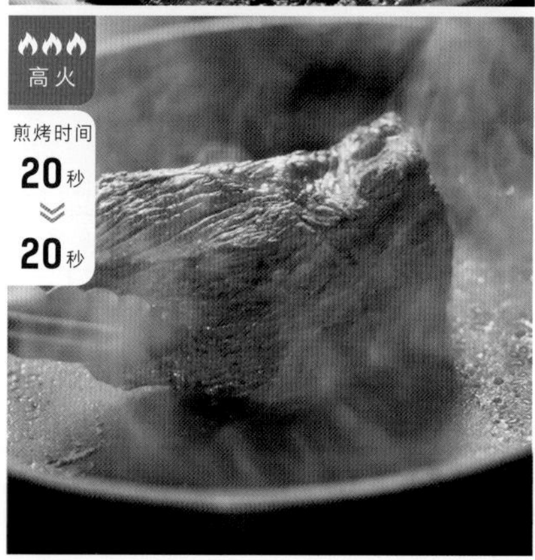

5 选择面积较大的2个侧面，各煎烤20秒。

临近下锅时，再向肉的表面均匀撒盐

盐分不仅可以帮助封锁肉中的鲜味成分，更可以吸收肉中水分使肉质紧缩，从而达到更便于煎烤的效果。不过，需要注意的是，撒盐后如静置时间过长，肉汁就会流出，而鲜味成分也会随之消失了。另外，通过盐分的均匀播撒，对于肉的热量传导和煎烤的成色也会显得更加均一。

煎烤方法的秘诀！

自始至终用高火煎制5cm厚的肉

煎制有一定厚度的肉材至中心部位受热需要花费一定的时间。因此，我们要从始至终都保持高火。这一点对于锁住肉类鲜味成分也是至关重要的。

6 选择面积较小的 2 个侧面，各煎烤10秒。

7 待牛排表面均一上色后，再次煎烤每一面各 10 秒。

8 用手指轻按肉块表面，弹力适中，则表示可以出锅了。

9 将 8 用铝箔纸包好，静置 10 分钟左右，用余热继续烘熟肉块。

10 取出肉块，切成 5mm 厚的薄片。

肉汁满满的秘诀！

残留在铝箔纸上的肉汁较少即可

判断烤牛肉成品肉汁是否丰富，可以基于残留在铝箔纸上的肉汁的量。如果残留较少，则表明受热恰到好处。

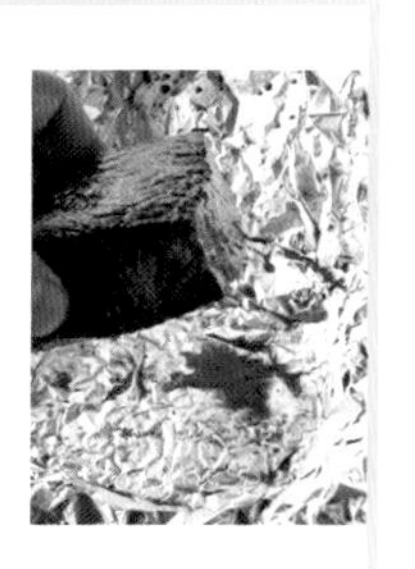

断面呈红色，是由血红蛋白反应引起的

刚刚切开的烤牛肉截面呈现粉红色，而放置一段时间后颜色会变红。这是因为肉中所含的血红蛋白与空气中的氧气发生反应，形成色变。这并非内部还是生的所导致。

1.5cm 厚的牛臀肉制作料理［烤牛肉］

用料（便于料理的分量）

牛臀肉（1.5cm 厚）：100g
牛油：适量
盐：适量

正式烹制

1 高火热锅，将牛油在锅底均匀抹开。放入均匀撒上盐的牛肉，以中小火煎烤 45 秒。

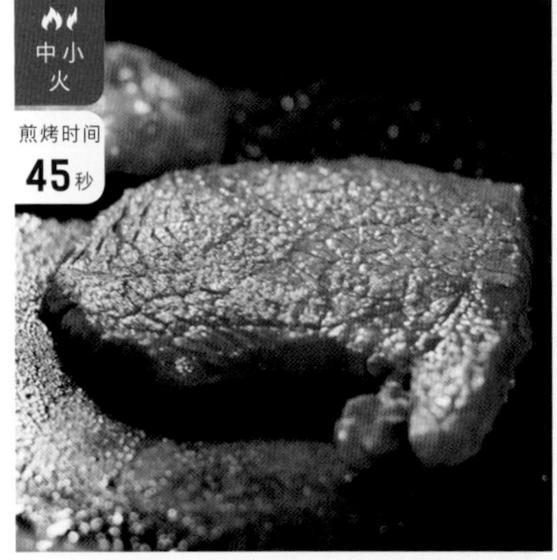

2 翻面，同样煎制 45 秒。

3 每个侧面各煎 8 秒，再煎至肉块表面全部均匀上色。

4 将 3 用铝箔纸包好，静置 5 分钟左右，用余热继续烘熟肉块。

5 取出肉块，切成 5mm 厚的薄片。

在家中也能轻松制作的烤牛肉

如果想在家中也轻松做出烤牛肉，我们推荐使用 1.5cm 厚的肉块。与大块肉相比，购买与烹制都更省心些，且成品的美味程度也完全不输大块肉。请在超市等处购买牛排肉后一定要试着制作一下。

煎烤方法的秘诀！

用中小火煎烤 1.5cm 厚的肉

较薄的肉块中心部位也易熟，因此我们需要调小火力。另外，也需要缩短煎烤时间，使中心部位烤出近生的状态。

1.5cm 厚的冷冻牛臀肉制作料理［烤牛肉］

用料（便于料理的分量）

冷冻牛臀肉（1.5cm 厚）：100g

牛油：适量

盐：适量

正式烹制

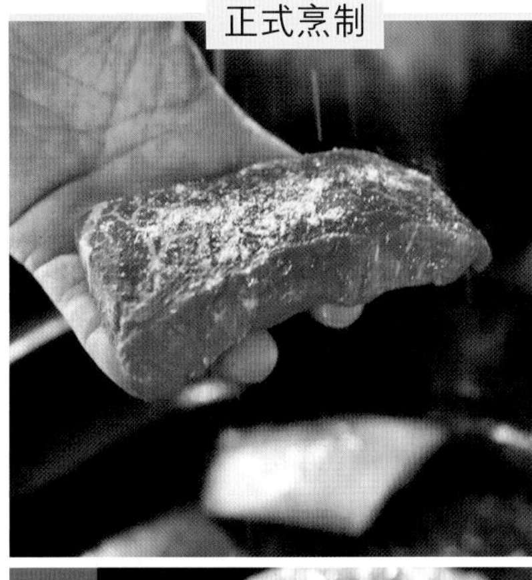

1 高火热锅，将牛油在锅底均匀抹开。牛肉表面均匀撒上盐，放入锅中。

2 单面各煎烤 50 秒。牛油接触到牛肉表面，逼出更多油分后，如煎炸一般继续煎制。

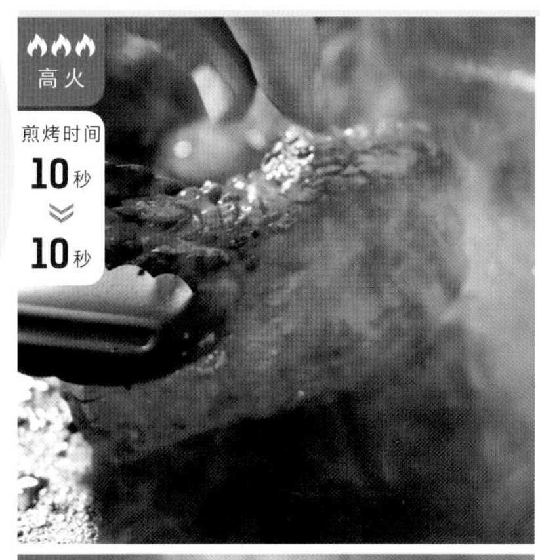

3 选择面积较大的 2 个侧面，各煎烤 10 秒。

4 选择面积较小的 2 个侧面，各煎烤 5 秒。接着再将牛排两面各煎烤 20 秒，最后煎至表面整体上色。

5 将 4 用铝箔纸包好，静置 6 分钟左右，用余热继续烘熟肉块，接着取出，切成 5mm 厚的薄片。

不解冻也是美味十足

如果你正好有冷冻保存的牛排肉，偶尔试着不解冻直接做成烤牛肉如何？厚度在 1.5cm 左右的肉，放在平底锅中煎烤，不仅美味有保证，还能做出中心部位近生的绝妙熟度。

煎烤方法的秘诀！

用高火煎制冷冻肉块的每一面

因牛排没有解冻，煎烤时，要自始至终保持高火。另外，牛油的使用也是一个要点。熔化的油脂逼出肉块中更多的油分，用类似煎炸的方法使牛排肉受热。比起 5cm 厚的肉更需要充分地加热。

口感湿润的低温煎猪肉

肉山还分享了另一个食谱！

口感湿润、肉汁充足的低温煎猪肉也是肉山的经典菜品。如果能在家中享用到这盘美味，就太令人欣喜了。本节中我们将介绍两种煎烤方法，而这两种方法有一个共通的要点，即是在不过分煎焦表面的条件下，使内部充分受热。请你也试着做做看。

煎制方法×美味的关系

离火缓慢煎制就能在避免猪肉未熟的情况下保持肉的湿润

仅用平底锅煎制时，需要一边注意时长，一边始终用高火煎制整体。由于中心部位比较难熟，请用手指仔细确认肉的生熟程度。

而炭火和平底锅双管齐下时，首先用炭火煎黄表面，再用平底锅将表面煎至焦脆，固形锁汁，然后再次移至炭火上，缓慢加热至内部熟透。炭火的火力可以帮助实现“稍稍离火”状态，因此可以为中心部位煎出绝妙的熟度。同时，炭火煎制也更增一层风味，使猪肉达到极致的口感。

炭火并用煎烤猪肉会如何改变口感？

仅用平底锅煎烤 VS 炭火 & 平底锅煎烤

仅用平底锅煎烤

平底锅煎过每一面。

再次不断翻面，使猪肉持续受热至熟。

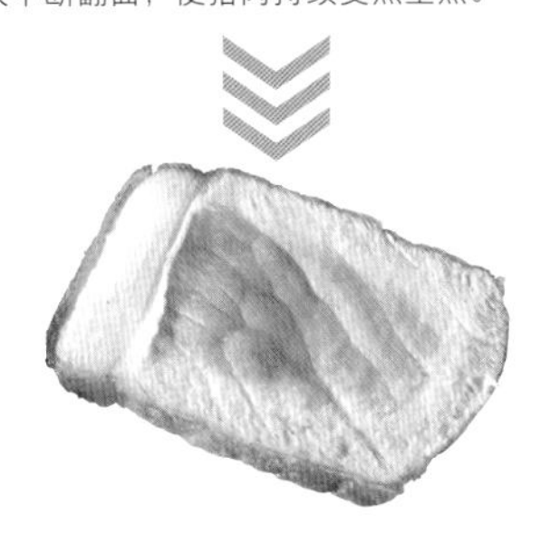

△ 切开后中心部位呈粉色

外层的猪肉已经煎到发硬了，中心部位烧熟而呈现粉色。肉质湿润柔软。如果在意没有熟透，可以延长最后的煎烤时间。

炭火 & 平底锅煎烤

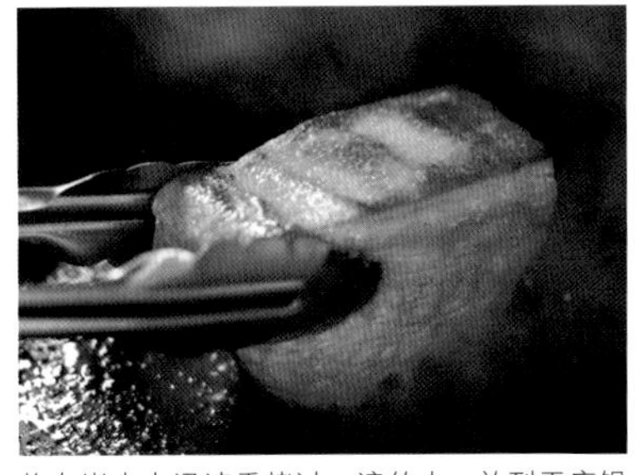

将在炭火上迅速熏烤过一遍的肉，放到平底锅中继续煎烤。

然后再次以炭火煎烤，这次注意将其烤熟。

○ 连最里面也熟透，肉质湿润

猪肉附上了一层炭火所特有的风味，美味绝佳。连中心部位也达到了绝妙的熟度，肉质湿润又柔软。

猪里脊肉以炭火和平底锅煎制［低温煎猪肉］

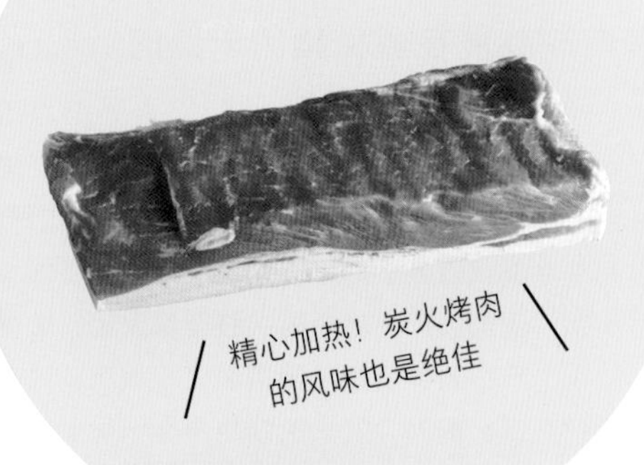

用料（便于料理的分量）

猪里脊肉（块）：300g

海藻盐[1]：适量

预处理

购入猪肉块后，用厨房纸擦去水分。

正式烹制

1 开始煎烤的 2～3 小时前，将肉从冰箱中取出恢复到室温，临近下锅时再大量均匀地撒上海藻盐。

2 置于烤架上，以炭火熏烤表面。不断对肉进行翻面，使得每一面都发白。

3 高火加热平底锅，放入 2，先煎制含肥一面 1 分 30 秒。

4 改为小火，其他各面均煎烤 10 秒钟。通过加热硬化表面，锁住肉中鲜味成分。

5 再次将肉转移到烤架上以炭火熏制 9 分钟，注意稍稍离火，使肉缓慢均匀地受热。

6 用手指轻压肉的表面，弹力适中，则表示烧制完成。

7 将 6 用铝箔纸包好，静置 15 分钟，以余热烘熟肉块。

煎烤方法的秘诀！

稍稍离火，并在最后以余热烘熟肉块

炭火烧制可以实现一定距离的高火加热，并获得远红外线效果。这种加热方式不仅能让肉中心部位熟透，并且还能保持绝妙的湿润度！最后用铝箔纸包好，再让余热烘烤一阵。

1. 日本料理中古来已有的一种调味盐，做法多样，其中之一是将海藻浸入盐水，蒸发后再次添加海水进行二次浓缩结晶形成的盐。

猪里脊肉仅以平底锅煎制

[低温煎猪肉]

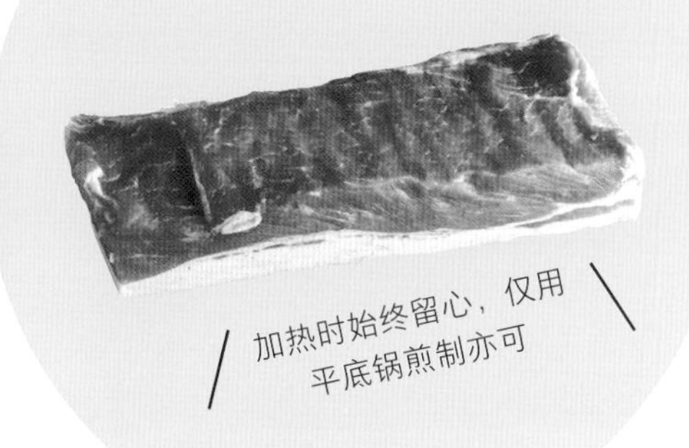

用料（便于料理的分量）

猪里脊肉（块）：300g

海藻盐：适量

预处理

购入猪肉块后，用厨房纸擦去水分。

正式烹制

1 开始煎烤的 2～3 小时前，将肉从冰箱中取出恢复到室温，临近下锅时再大量均匀地撒上海藻盐。

2 高火加热平底锅，放入 1，煎制含肥一面 2 分钟。

3 翻面再煎 20 秒。

4 煎制较小的 2 个侧面，每面各 5 秒。

5 剩余侧面各煎烤 50 秒，再煎一次各面。每面煎制 20 秒左右就换一面，使中心部位亦受热成熟。

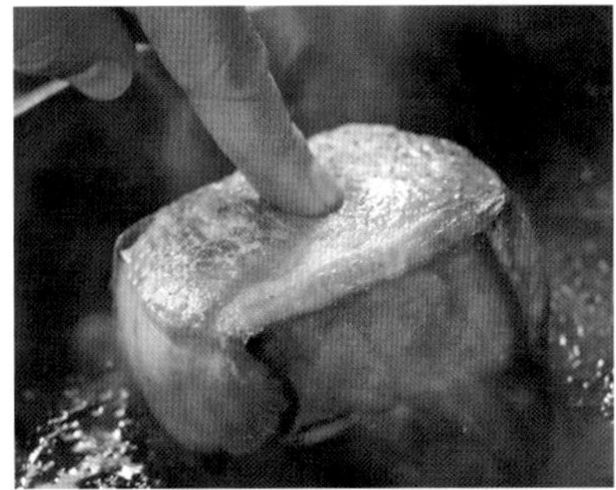

6 用手指轻压肉的表面，弹力适中，则表示烧制完成。

7 将 6 用铝箔纸包好，静置 15 分钟，以余热烘熟肉块。

煎烤方法的秘诀！

用手指来最后确认煎制状况

最后用铝箔纸包好肉块，就能使肉质尝起来更加湿润。为此，要使中心部位也完全受热成熟。煎制完成后，中心部位呈粉色即可。用手指轻按表面，判断煎制状况。

每天都想吃的肉类小菜best10

能在家中制作的不同部位肉类料理

在本节中，我们将会介绍活用各种肉的部位和特征来制作的家庭料理食谱。其中，不仅包含了许多用了就能让你的料理向专业厨师靠拢一大步的小窍门，更是会向你详细解说为何谨遵食谱顺序就能使美味层级跃升，以及肉的一些秘密知识等。了解了这些内容，相信你也会更加享受你的料理过程！

炖猪肉块

PORK

猪五花肉

不管肥的瘦的通通美味

在这道料理中，你能同时享受到口感黏稠绵密的肥肉和松软鲜甜的瘦肉！来试试制作这道极品的炖猪肉块吧。最重要的一点是，要仔细去除一部分猪肉脂肪。增添美味自不消说，从健康层面考虑，这也是一个上佳的选择。

用料（便于料理的分量）

猪五花肉（块）：700g

生姜（薄片 / 表皮备用）：1 片

大葱（切 5cm 段 / 葱青备用）：2 根

酒[1]：50ml

A 日式高汤：400ml
| 酒：50ml
| 酱油：2 大匙
| 味醂：1½ 大匙
| 砂糖：1 大匙

色拉油：½ 大匙

研磨芥末酱[2]：适量

美味秘诀！

去除脂肪，仅余让肉变得黏稠的胶原

炖煮 700g 的猪五花肉，约要去除其中 40ml 的油脂。进一步焯煮去除油脂。煮汁静置一晚，表面上就会冻住一层之多的油脂。

预处理

1 切分肉块

将肉切成最大一面约为 3cm × 5cm 规格的方柱。至炖煮完毕的过程中，肉块体积会不断缩小，因此切成这个大小是合适的。

MEMO

关于猪肉块的大小

我们建议你根据实际的料理和肉块体积的对应关系，来精确使用大块猪肉。如选用了比较小的猪肉块，那么可以在切分上费心，将每块肉切得更大。仅仅考虑宽度的一致，从一头切到另一头，切出来的肉块体积可能会越来越小。

正式烹制（预先焯煮）

2 煎制上色

平底锅加热色拉油，放入 1，起始先用较大的中火，之后调小，将猪肉块各面煎制上色。

3 吸净脂肪

将煎好的猪肉快速放到厨房纸上，并按压过各面吸收油分。残余在平底锅中的油分可另外用于炒菜。

4 焯煮猪肉

锅中加入 3、生姜皮、大葱葱青，倒入酒和大量水。大火焯煮，一边撇去浮沫。

5 适量添水

水开后，调成中小火，盖上锅盖焖煮 1 小时以上。如水分煮少，可以添加适量水，使肉表面不发干。

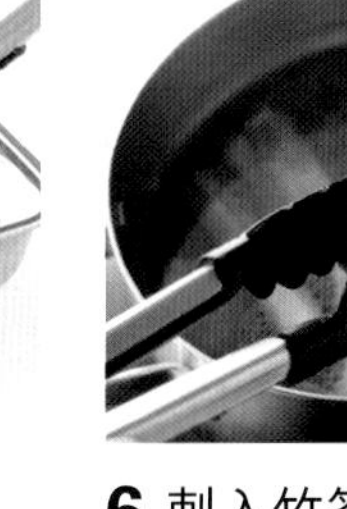

6 刺入竹签

炖煮肉块至脂肪流出。刺入竹签，如竹签较为顺畅地穿过肉块，则表示肉的脂肪已经差不多流出了。

上岛亚纪老师

料理家。创造了从制作简单的家庭料理到宴席料理的众多食谱。每日潜心研究美味肉料理。

1. 一般指料理用的日本酒。
2. 即研磨芥末成泥后，用油脂和增稠剂等中和辛辣成分，再添加人工芥末风味成分所制作的调味品。我们在购买盒装纳豆时，附送的即是这种研磨芥末酱。

正式烹制

7 去除杂质

将 6 的肉块过水，轻柔地清洗以小心去除杂质。这一步会将肉的杂味去除，因此成品的口感会越发清爽。

8 擦干水分

将 7 放在厨房纸上，擦干多余的水分。此时肉块中的脂肪已经流出，汤汁分量较少也没关系。

9 炖煮

锅中加入大葱、8、生姜、A 料。开中火，沸腾后盖上小锅盖，改中小火，炖煮 30~40 分钟。

10 适度翻面

在炖煮过程中，可以对肉块进行适度的翻面，使汤汁可以均匀渗透。盛盘，佐以芥末酱。

MEMO

猪五花肉白白的部分究竟是什么？

我们一般称为肥肉的部分，其实并非全由脂肪所组成，而多是主要由胶原蛋白组成的结缔组织。其中，也有一部分脂肪存在。焯煮后，脂肪流出，而胶原蛋白仍留在其中。另外，比起用调味汤汁来炖煮，用水清炖时脂肪流出量会更高。

MEMO

煮肉的汤汁可用于做汤，油脂可用于炒菜

煮肉的汤汁中还保留有大量的鲜味成分，我们可以刮除脂肪后用于做汤。而残留在锅中以及汤汁中刮下的油分，即是猪油。用来炒菜，可以做出风味浓郁的美味佳肴！

彻底剖析焯煮后的猪五花肉!

在制作炖肉的流程中，已经焯煮完毕的猪五花究竟达到了怎样的一种状态呢？我们就来详细看看吧。

通过“煎制 + 长时间焯煮”，95% 的脂肪都已流出

对于脂肪含量较高的猪五花肉而言，拥有浓厚风味与鲜味的同时，却也常在料理后变得油乎乎的，调味料难以渗入其中发挥作用。我们在做类似炖猪肉块这样的炖煮料理时，一大要点即是如何尽可能地使脂肪流出，而调味料渗入。

首先煎烤肥肉使脂肪熔化流出，同时制造焦香风味。接下来，加入大量水分炖煮 1 小时左右，继续去脂。煎制焯煮两步走，大部分脂肪将会流出，而胶原蛋白发生胶化，使肉块形成绵软易化而不油腻的口感。

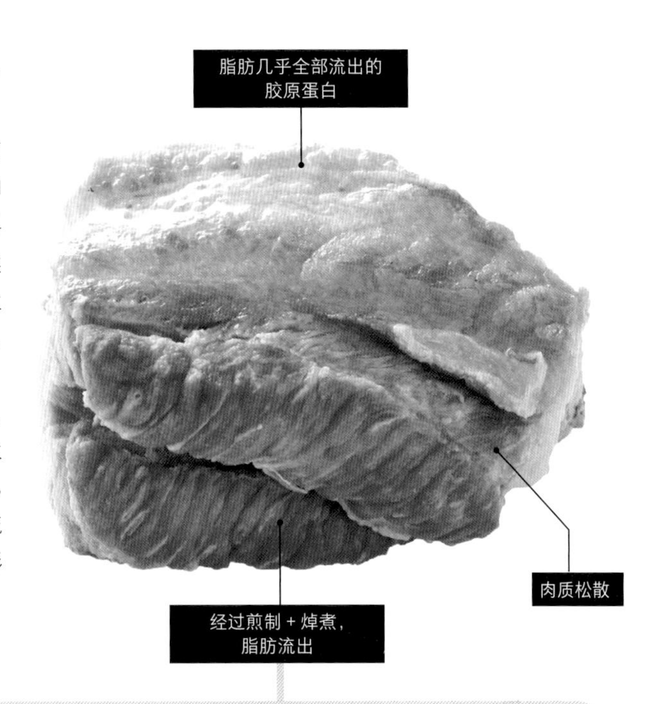

1 仅用平底锅稍稍煎制就能排出部分脂肪

我们在煎猪五花（>>p.105-2）时，一开始用的是高温快煎。然后调小火力，用超过脂肪熔点的温度慢慢加热，从而达到去除肉块脂肪的目的。

2 将煮汤静置一晚，表面浮起的油脂会凝固

猪肉煎制完毕后再长时间焯煮（>>p.105-4～6），这样，大部分的脂肪都会得到有效去除。当肉块的中心温度攀升到 70℃以上时，胶原蛋白即开始胶化进程。将煮汤静置一晚，脂肪就会形成白色的固体物浮出表面。

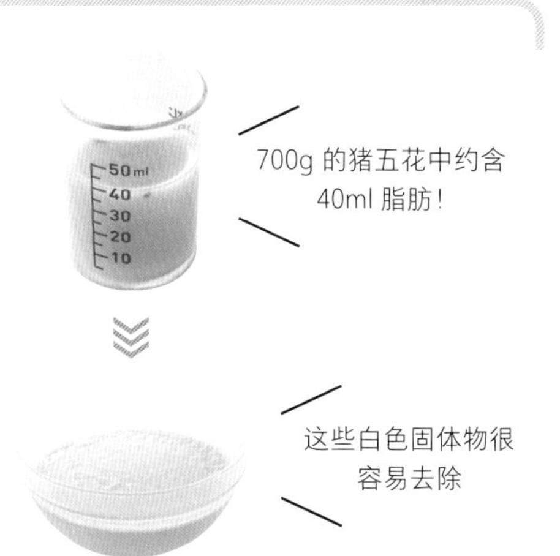

猪肉生姜烧

PORK

猪碎肉条

使用碎肉条来料理

不去选用生姜烧专用肉块，而是用碎肉条来进行代替，这才是顶级生姜烧的制作方法。碎肉条汇聚了各种部位的肉，因此也能显出口感的层次与深度。不过，在烹饪过程中，操作不当可能使肉条过老，此时我们可以通过添加苹果酱、小麦粉等辅料，帮助形成湿润多汁的口感。

用料（便于料理的分量）

猪碎肉条：300g
洋葱：½ 个
红辣椒（去籽）：1 根
A 苹果酱：2 大匙
　酱油：1½ 大匙
　生姜（磨碎）：1 大匙
　酒：1 大匙
　味醂：1 大匙
　小麦粉：½ 大匙
　大蒜（磨碎）：1 小匙
色拉油：1 大匙
卷心菜：3 片
青紫苏：2 片

美味秘诀！

在预调味料中添加小麦粉

要想让碎肉条呈现多汁口感，我们可以在预调味料中加入小麦粉，这样，酱汁就更容易挂在肉条表面了。混在调味料中加入，比事先在肉条表面撒一层粉要方便些。

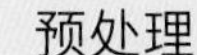

预处理

1 预先调味

碗中放入肉条和 A 料，充分混合揉搓。苹果酱能为肉条增加鲜甜风味。小麦粉则可以使成品更为湿润可口。

2 处理蔬菜

洋葱切成 5mm 厚的半圆片。再将卷心菜和青紫苏切丝后混合好，放入冰箱冷藏。

正式烹制

3 煎制猪肉

平底锅中放入色拉油和辣椒，中高火加热后放入 1，注意在锅底平铺，使肉条之间尽量不要重叠。这样能防止生熟不均。

4 拨散肉条

待肉条一面煎至上色，拨散。请注意，煎熟一面之前就拨动肉条的话，鲜味成分容易流失，因此最开始请不要翻炒。

5 加入洋葱

加入 2 中的洋葱，继续翻炒。洋葱中的水分恰到好处地渗入肉中，赋予肉条湿润多汁的口感。同时，也增加了甜味。

6 炒干水分

翻炒至肉条熟透而洋葱失水扁塌，再改高火炒干水分。这样做能使菜品尝起来口感不过分湿黏，肉味浓郁。

7 翻炒均匀

继续翻炒使肉条表面均匀地裹上酱汁。盛盘，盘底预先铺上 2 中准备的卷心菜与紫苏丝。

叉烧肉

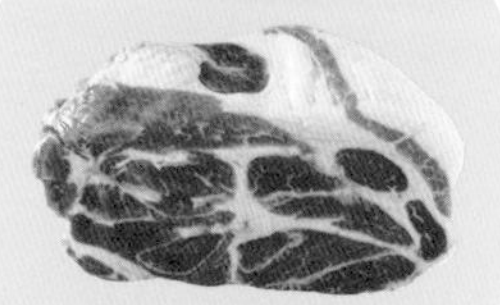

猪里脊肉

不用炖煮，简便料理

这里我们要介绍的叉烧食谱无须加汤浸煮，而是用烤炉烤至金黄的那一种。操作要点是，肉块需要事先切分，并调味入味。此外，削切刚烤好的肉片，切断纤维，也能进一步增加肉的量感，使口感更为柔软！

用料（便于料理的分量）

猪肩里脊肉（块）：500g

A 酱油：60ml
- 砂糖：70g
- 蜂蜜：30g
- 甜面酱：½ 大匙
- 味噌：2 小匙
- 蚝油：2 小匙
- 白芝麻酱：2 小匙
- 麻油：2 小匙
- 盐：1 小匙
- 花椒：1 小匙
- 大蒜（磨末）：1 小匙
- 生姜（磨末）：½ 小匙
- 肉桂棒：1 根
- 丁香：5 个
- 八角：1 个
- 胡椒：少许

偏好的蔬菜（生菜或茗荷等）：适量

美味秘诀！

不炖煮，而是煎烤

想要用脂肪含量较高的猪肩里脊肉做叉烧，煎烤烹制是最佳的。煎烤前，需要先将肉块切分好，煎制时，熔化的脂肪能为肉块增添一层焦香风味。

预处理

1 制作酱汁

在耐热的碗中放入 A 料，充分混合。不必盖保鲜膜，直接放入微波炉中加热至酱汁沸腾，取出后置于室温中冷却。

2 切分肉块

肉块竖向切分成 2cm～2.5cm 厚的厚片。由于我们不用炖煮而是直接上架烤，这样切分会使肉更容易入味，也更易熟。

3 切断纤维

用刀刃前端在 2 的厚肉片两面纤维串连处开几个口子。这一步能防止肉片收缩，从而使成品的形状看起来更美观。

正式烹制

4 浸入酱汁

保鲜袋中放入 1、3，袋口扎紧密封，放入冰箱冷藏腌制 1 小时左右。预调味只需要将肉和酱料放进袋子里，操作简单。

5 揉搓入味

在用酱汁腌肉的过程中，为使酱料更好地浸润肉片，须揉搓保鲜袋几次。腌料在装盘时也能作为酱汁使用，因此另外放好备用。

6 烤制肉片

取出 5 中的肉片，沥干酱汁，烤炉小火烧烤 13～15 分钟。如需双面煎烤，可在中途翻面。

7 静置片刻

烤好后，静置肉片 3 分钟左右。余热继续煨熟肉片，并使口感更为绵软、湿润、多汁。

8 剪去焦块

烤肉时边角烤出的焦块味道较苦，因此我们用厨剪将它们全部剪去。滴落到烤架下面的酱汁也保存好。

9 切分叉烧

削切肉块，与你喜欢的蔬菜一同盛盘。5 和 8 中留下的酱汁按照 1 的方法高火加热 2 分钟，沸腾后，浇淋到肉上。

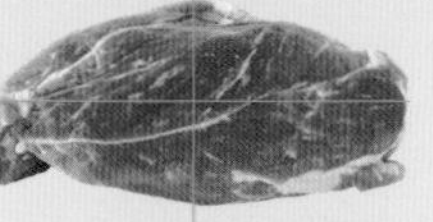

用水浴和余热完成料理

通过水浴煎烤这一低温烹制方式，从肉四周慢慢将热量传导至内部，成品的口感也在这一过程中变得更为丰润，肉汁充沛。最后用铝箔纸将肉包裹起来，余热煨透。采用这种做法，你做出来的烤猪肉将免受烤焦和烤老的风险！

用料（便于料理的分量）

猪腱肉（块）：500g
盐：1 小匙稍多
粗黑胡椒粒：½ 小匙
橄榄油：½ 大匙
迷迭香：2 根
A 大蒜（薄片）：1 瓣量
| 水：3 大匙
| 白葡萄酒：1 大匙
| 酱油：½ 大匙
| 清汤味精（颗粒）：½ 小匙
| 盐、粗黑胡椒粒：各适量

美味秘诀！

以橄榄油充分浸润后再煎烤

猪腱肉脂肪含量较少，口感较为清爽。用橄榄油腌制过肉块后，再进行低温烤制，会让成品风味浓郁，口感湿润。

预处理

1 腌制猪肉

肉块放置至恢复到室温，撒上盐和黑胡椒。解冻后，肉块更易熟透。

2 揉搓腌制

用手揉搓沾了腌料的 1，使之入味，再静置 5 分钟。这是让肉块更加均匀入味的诀窍。

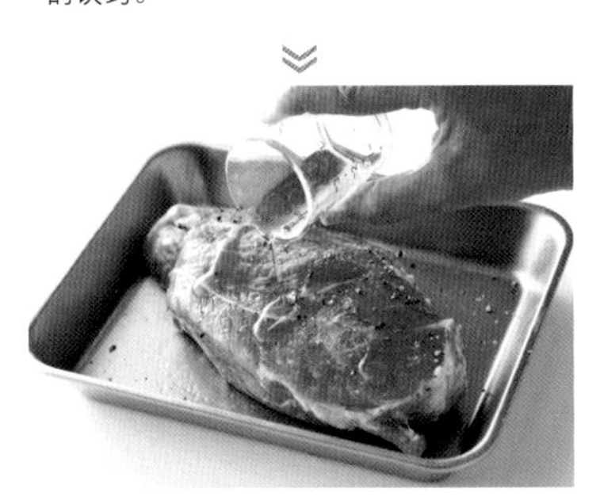

3 淋橄榄油

向 2 浇淋橄榄油，用手铺开至肉块表面均匀浸润。肉块经腌制调味，再涂上封层，将会更有效锁住鲜味成分。

正式烹制

4 架设烤架

把方盘放到烤盘上，上铺烤架，将一根迷迭香置于烤架上，再把 3 置于其上。

5 放置迷迭香

在 4 的肉块上方放置另一根迷迭香。上下夹击让迷迭香的香气更容易包裹住整块肉。

6 水浴烤制

盘中注入热水，注意不要接触到肉，在预热至 120℃的烤箱中隔水烤制 50 分钟左右。蒸气效果使肉质更加湿润。

7 铝箔纸包裹

将 6 的肉块连同迷迭香一起用铝箔纸捆扎两层。这样做可以充分保障肉中热量不散开，达到绝佳的保温效果。

8 煨熟内部

将 7 放在布巾上静置 20 分钟左右，使温度不会剧烈下降，煨熟后，再盛盘。烤出的肉汁备用。

9 制作酱汁

将 A 料与 8 中的肉汁适量混合放入耐热容器，不盖保鲜膜，直接在微波炉中加热 2 分钟使其沸腾，作为佐料盛盘。

彻骨绵软好滋味

猪菲力的特点是脂肪较少而肉质柔软，这里我们不急着直接放进锅里油炸，而是先充分拍打使其彻底软化后，制造绝无仅有的绵软口感。用这样料理过后的猪肉来制作炸猪排，不仅能享受到唇齿顺畅咬下面包与猪排的口感，还能体会其间夹杂的绝妙的面衣的油香与酱汁的丰厚。

用料（便于料理的分量）

猪菲力（块）：250g
盐、粗黑胡椒粒：各适量
小麦粉：适量
蛋液：适量
面包粉：适量
卷心菜（切丝）：适量
普通方包（6片装）：4片

A 黄油：30g
　研磨芥末酱：10g
B 猪排酱：4大匙
　番茄酱：½大匙
　酱油：1小匙
炸油：适量
装饰嫩叶：适量

预处理

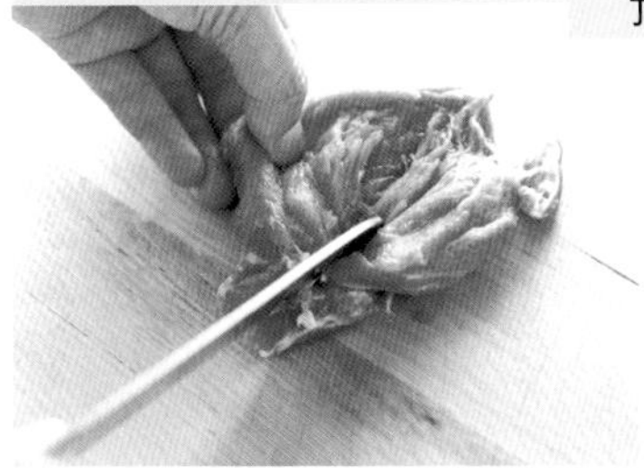

1 切开猪肉

肉块长边对半切开，再在厚度一半处下刀，不切断，展开猪肉。这样做使猪肉展平，便于料理。

2 拍打猪肉

为防止砧板受到污染，先铺上一层保鲜膜，再放上一块1的猪肉，用刀背拍打整块肉使其各处厚度一致。

3 继续拍打

将2转向90°，继续拍打至纹路呈格子状而猪肉四向延展开，纤维随之断裂。猪肉大小达到原先的4倍左右时，撒上盐和胡椒。

4 猪肉整形

另外一块猪排也经同样步骤料理后，用铺好的保鲜膜分别包起来，折叠并整形成与方包的大小形状相当的肉饼，严密包好。

5 裹上面衣

除去4的保鲜膜，依次裹上小麦粉、蛋液和面包粉。裹面包粉时，双手使力压紧。

裹蘸面衣的要点

注意勿使柔软的肉块崩散

整形完毕后的菲力肉饼仍然十分柔软，因此在裹面衣时要千万注意勿使形状崩散，小心操作！裹好面包粉后，最后双手用力按压肉饼表面，让面衣紧紧沾在肉上。

美味秘诀！

猪肉拍松后，更容易调整形状

一边拍打肉块一边延展，形成网格状纹路并敲断纤维，会使成品口感更佳柔软。这一步骤也利于调整猪排形状至与面包大小相适应，使成品外观也更好看。

正式烹制

6 油炸肉饼

平底锅中注入 1.5cm 深的炸油，加热至 170℃，煎制 5 的肉饼两面至金黄。注意煎制时不要过分翻动。

7 沥干油分

将肉饼移至放了烤架的方盘上，斜靠边缘使油分滴落。为了让成品呈现松脆口感，沥干油分的过程是最重要的。

8 面包调味

将 A 料充分混合，涂抹到方包的一面上。此处用的是三明治经典的芥末黄油调味酱，丰富三明治的味觉层次。

9 夹入猪排

在 8 上铺好卷心菜丝。在 7 表面大量沾上充分混合的B料，分别置于卷心菜上，再用剩下的面包夹紧。

10 静置

将 9 用保鲜膜包好，静置 10 分钟。包的时候一口气扎紧，这样，三明治的形状不会被破坏，后续切分也更容易。

11 切分三明治

用面包刀一边小幅移动，一边连保鲜膜切开三明治，至偏好的大小。盛盘，佐以装饰嫩叶。

美味秘诀!

油炸时谨慎翻动，炸好后充分沥干

猪肉刚下锅油炸时形状易散，因此须注意等到表面形状炸实后再去翻动。另外，炸好后斜立起来沥干油分，更能形成松脆口感。

MEMO

用菲力以外部位的肉来做炸猪排，也能做得美味吗?

猪菲力三明治的特点是外脆里嫩，与之相异，用油脂满溢的猪里脊排做三明治也是我们所推荐的。另外，不改变部位，但换用牛肉来做的牛菲力三明治也是风味绝佳。

唐扬鸡块

CHICKEN

鸡腿肉

制作专业级出品

在家中也能做出如专门店出品般表层松脆香酥、内里柔软多汁的唐扬鸡块！提升鸡块的成色，须在面衣裹蘸和油炸方法上下功夫。下面的这个食谱，会让你对于总是做出黏糊糊炸鸡块之类的烦恼全盘消解。

用料（便于料理的分量）

鸡腿肉（180g）：2块
盐、粗黑胡椒粒：各少许
A 酱油：1½大匙
| 味醂：1大匙
| 蚝油：½大匙
| 生姜（磨末）：½大匙
| 大蒜（磨末）：½大匙
B 蛋清：1个蛋分量
| 淀粉：1大匙
C 小麦粉：4大匙
| 淀粉：4大匙
炸油：适量
柠檬（米字切开成块）：适量

预调味方法秘诀！

撒盐与胡椒后，揉搓腌制以入味

首先在肉块表面撒上盐和胡椒，然后加入酱油基底的腌料并揉搓入味。这样，腌料的味道就会更好地附着在肉上了。

预处理

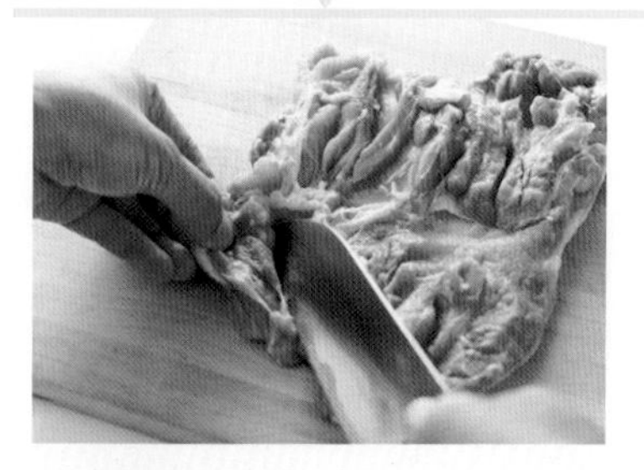

1 切刀口

一边在鸡肉上细细切刀口一边展平，让肉各处厚度统一。这一步是为了切断纤维。

2 除去脂肪

1肉块经过处理后，用厨剪剪去肉上剩余的脂肪。用剪子比刀更方便些。鸡肉料理的美味之处源于细致的预处理。

3 擦干水分

给2的肉块包两层厨房纸，充分吸收多余的水分。鸡肉的鲜美将通过这个小步骤浓缩下来。

4 切分肉块

经3处理后的肉块长边对半切开，再切成三等分便于食用。稍稍偏大块些正好。

5 预先调味

方盘底铺上厨房纸，放入4，继续吸收水分，一边在肉的两面各撒上盐和胡椒完成预调味。

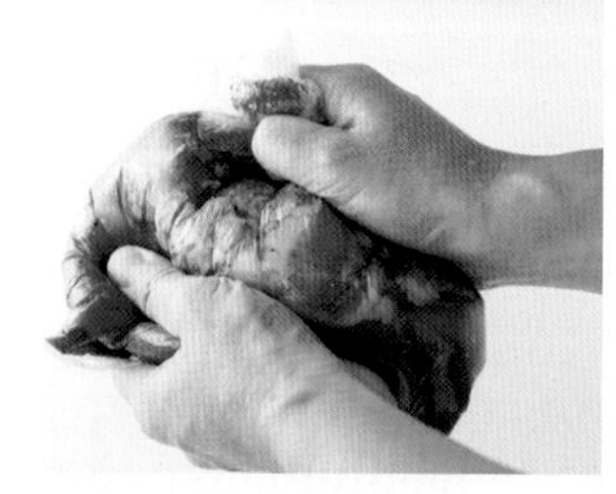

6 揉搓入味

将A料和5放入保鲜袋中，扎紧袋口密封好，双手用力揉搓便于调料入味。用保鲜袋的好处在于可以少洗些盘子。

7 冰箱冷藏

揉搓入味后，将6放入冰箱，静置30分钟以上。经过冷藏后，腌料会充分地渗入肉中。

美味秘诀！

鸡肉烹调前要经过严格细致的预处理

如不去除多余的脂肪筋络等就下锅，不仅会让菜品混入鸡肉特有的腥臭味，更会使口感下降一个层级。鸡肉表面挂着的多余鸡皮、泛黄的油脂、软骨、筋络等，都需要预先仔细除去。

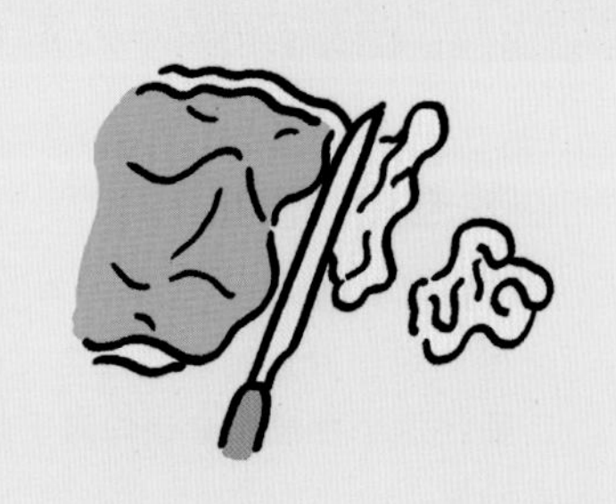

裹粉方法秘诀!

分两步裹蘸粉液

首先加入蛋清和淀粉揉搓，锁住鸡肉内部的鲜味。然后另外撒上淀粉和小麦粉，这样鸡肉炸过后就会更为松脆。

8 混合蛋清与淀粉

先裹打底面衣。将 7 从冰箱中取出，打开袋口，添加 B 料。充分揉搓以混合，再静置 10 分钟左右。

9 沾上余粉

C 料充分混合后在方盘上铺撒开，将 8 的表皮抻开，在粉上徐徐摊平并蘸裹。调整表皮形状，使炸出来的鸡块更好看。

美味秘诀!

油分要充分沥干

炸物出锅后，先立在方盘上充分沥干。这个步骤能让残留在面衣上的油分降低至最少。放平的话，余油会继续不断渗入面衣中，因此须注意找好角度。

油炸方法秘诀!

一次性往锅中投入大量肉块

炸油较少时，油温会上升至高于 160℃。此时我们投入大量肉块，液面上升，能有效帮助炸出松脆口感。

正式烹制

10 下锅

平底锅中加入 1.5cm 深的炸油，高火烧至 170℃，9 表皮朝下入锅。

11 油炸

按照 10 的方法将 9 大量下入锅中至填满，进行油炸。此时液面上升，浸没鸡块。

12 调高火力

底面炸实后，按照入锅顺序将鸡块各翻面一次。待到锅中涌出大量气泡后，调高火力使油温升至 180℃，将鸡块炸至金黄焦脆。

13 沥干油分

方盘垫上烤架，将 12 表皮朝上，找角度置于烤架上，肉稍稍陷入烤架的网眼里，以沥干油分。盛盘，佐以柠檬。

MEMO

如需用温度计控制油温，则要使用大量炸油

如果想要精确地控制油温，可以使用厨房温度计。这时，不管你是用平底锅还是普通炒锅，都需在锅中加入大量炸油。炸制方法为：首先用 160℃左右的油将肉炸至内部熟透，再升温至 180℃左右二次油炸，炸脆表面。

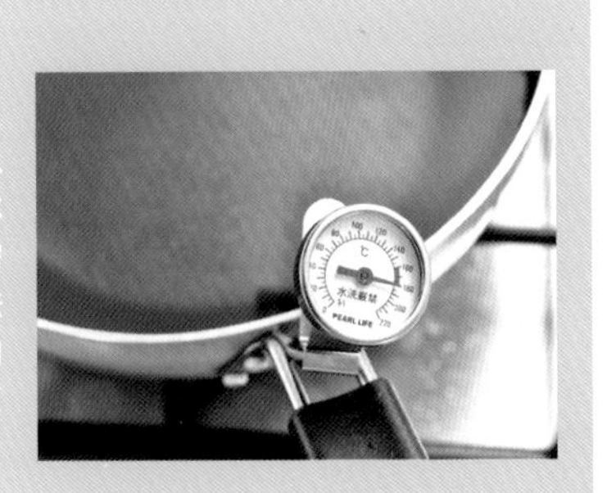

棒棒鸡

CHICKEN

鸡胸肉

肉汁一点儿也不落下

鸡胸肉的烹调手法与火候掌控似乎很难，稍有不慎就容易发干，这里我们就来学习一下如何烹调才能使其保持湿润柔软的口感。要保证肉的保水性始终维持在较高水平的话，水浴法是最关键的。保持合适水温加热鸡肉，会让肉汁全部锁在肉中，成为一道完美料理！

用料（便于料理的分量）

鸡胸肉（160g）：2 块
生姜（磨末）：1 小匙
盐：1 小匙

A 大葱葱青：1 根葱量
生姜皮：1 块量
酒（烧煮浓缩）：50ml
芝麻油：1 小匙

B 大葱（切末）：3 大匙
炒白芝麻：1 大匙
生姜（磨末）：1 小匙
芝麻油：1 小匙
酱油：½ 小匙

豆芽（焯熟）：¼ 袋
黄瓜（切丝）：½ 根量

加热秘诀！

水浴温度不要过分调高

鸡胸肉因为所含脂肪较少，过度加热更容易导致变得干硬。水浴温度保持在 65℃左右，就能让鸡胸肉更加柔软多汁。

加热过度变得干巴巴的状态

低温加热 & 余热煨煮后湿润多汁！

预处理

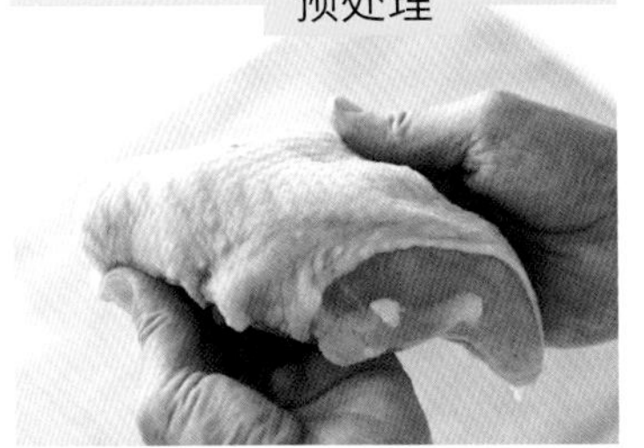

1 整理鸡皮

鸡肉加热时，鸡皮很容易先于肉收缩，因此我们需要事先将鸡皮展开，沿着肉的肌理形状进行调整。

2 擦干水分

将 1 用厨房纸包好，充分吸干多余水分。这些水分如果不去除干净会导致鸡肉发臭发腥，因此千万不要忘记这个步骤。

3 预先调味

在 2 表面撒上盐、涂上姜末，静置 10 分钟左右。生姜可以去腥，也能为料理增香。

正式烹制

4 装入袋中

取 2 个耐热料理袋，分别装入 3 中的肉各一块和 A 料各一半。注意放肉的时候尽量摊平伸展开。

5 密封包好

一边排出 4 的袋中空气一边密封包好。通过在这样类似真空的环境中腌制保存，鸡肉的鲜味和营养成分能更好地留在其中，使成品更可口。

6 水浴加热

锅中加入 1.5L 热水煮沸，连袋放入 5，关火，静置 30 分钟左右至水冷却。

7 解除水浴

待 6 冷却后，连袋从锅中取出。直接放入冰箱冷藏或冷冻保存均可。

8 切分鸡肉

取出 7 中鸡肉，削切成片，与豆芽和黄瓜丝一同装盘。另取 50ml 腌汁备用。

9 制作酱汁

将 B 料与 8 的腌汁充分混合，浇淋在 8 盘上。凝缩了大量鸡肉精华的腌汁继续用作酱料，美味程度倍增。

红酒炖牛胫肉

BEEF

牛胫肉

先煎后煮，成就绝品

我们来学习用烤箱充分炖出牛胫肉松软酥绵的口感。虽是炖菜，却不仅仅在于炖的功夫。首先要在肉块表面撒上小麦粉，并煎至金黄色。这样能让牛胫肉的鲜美被紧缩其中，同时增加了焦香风味。

美味秘诀！

利用好胶原蛋白的胶化现象

牛胫肉经过长时间的加热，所含的胶原蛋白会出现胶化现象，质地变得黏稠，因此通过适当的炖煮，肉质会更显柔软味浓。

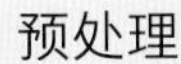

预处理

1 切分肉块

牛肉切分成较大肉块。1 块在 150g 上下为宜。

2 预先调味

1 上撒盐、胡椒，充分揉搓以入味。

3 撒小麦粉

在 2 表面均匀撒上小麦粉。

4 拍匀

一边轻拍肉块，一边让小麦粉完整又均匀地覆盖肉块表面。

5 处理蔬菜

洋葱西芹切末。大蒜去芯，拍碎。

美味秘诀！

预先在肉块表面撒上小麦粉

表面用小麦粉裹起来的肉块，下锅煎制后风味焦香四溢，也更容易上色。而再经炖煮，从肉上落入汤中的小麦粉又能增稠。

正式烹制

6 煎制肉块

选用能进烤箱的锅，加入色拉油，用较高的中火热油，再放入 4 煎制。

7 取出肉块

待所有肉块表面上色后，先盛出。

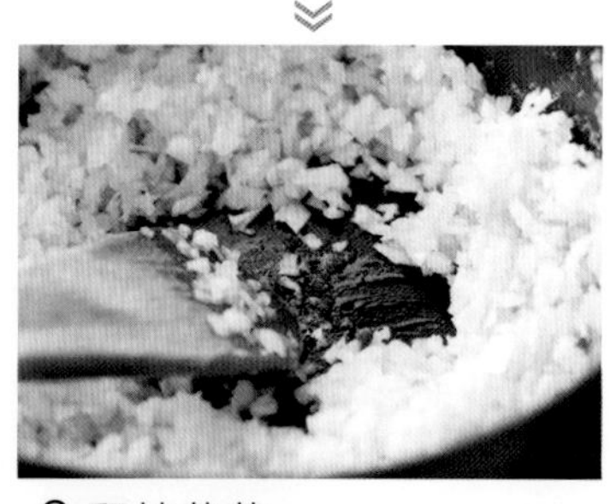

8 翻炒蔬菜

在 7 的锅中直接加入 5，以中高火翻炒蔬菜，与煎肉的油和底部焦块拌炒均匀。

9 炒至变色

继续翻炒至蔬菜微微变色。

10 添加汤料

放入 7 的肉块、A 料，加水浸没。

11 撇去浮沫

中高火加热，一边炖煮一边撇去上层浮沫。

12 盖上锅盖

水沸后关火，用烘焙纸做一个简易小锅盖盖到汤汁上，再盖上炖锅锅盖。

13 放入烤箱

烤盘上盛放 12 的炖锅，在预热至 180℃ 的烤箱内烤制 1.5～2 小时。

烤洋葱的做法

除了炖牛肉里所使用的，再另外准备一个带皮的洋葱做配菜。13 中烤箱加热 30 分钟左右时，在烤盘边缘空余处放置整个洋葱，一同烤制即可。

14 中途翻面

烤箱加热 1 小时左右时，给肉翻面，注意不要划破肉块。

15 取出肉块

重新放回烤箱加热，待肉完全软化，将肉从锅中取出。

16 清理汤汁

用勺子撇去浮在汤汁表面的脂肪。

17 煮干汤汁

用中高火加热 16 炖锅，煮至汤汁发稠，再加入盐和胡椒调味。

18 与肉同煮

再放回 15 的肉块，用微火慢煮 15 分钟左右。

19 加入黄油

加入黄油，充分搅拌。盛盘，佐以合口味的面包丁等。另外配上烤箱烤过的洋葱来盛盘也是可以的。

美味秘诀！

中间先将肉取出一次

烤箱加热完毕后，先将肉取出，明火煮汤至发稠。如这个过程中肉还在汤里，则容易煮散，肉块体积会变得过小。为了保持肉块分量，汤汁煮干后再放回同煮是最好的。

MEMO

如用明火炖煮

如果家里没有烤箱，直接放在明火上炖当然也是可以的。炖煮时间在 2 小时左右，同时注意调整火力勿炖焦。因与烤箱相比更容易将肉煮散，料理时，要时刻注意锅中状态，完成料理。

黏在锅底的焦块成分

煎肉后出现在锅底的焦黑固体，其实是肉的鲜味成分。清洗时可以用锅铲等轻擦刮除。煎完肉，与蔬菜同炒，也能为蔬菜增添鲜香美味。

味噌渍牛肉

BEEF

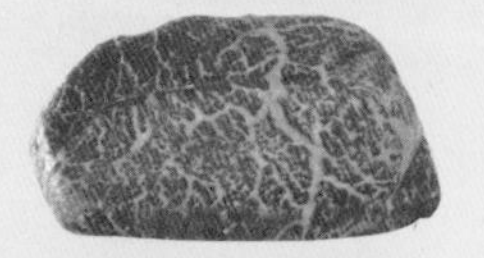

精瘦牛排肉

牛瘦肉与味噌完美兼容

用味噌缸腌渍肉类、鱼类和蛋类等，食材也会浸染上味噌的风味，变得更加可口。渍肉时，一般我们会选用猪肉，而像下面这个食谱一样渍牛肉也有办法创造美味。我们推荐使用瘦肉来腌渍。

用料（便于料理的分量）

精瘦牛排肉（150g）：2 片

A 味噌：2 大匙

味醂（烧煮浓缩）：1 大匙

大蒜（磨末）：1 小匙

绿芦笋：2 根

彩椒（红、黄）：各 ½ 个

B 橄榄油：½ 大匙

盐：少许

胡椒：少许

美味秘诀！

牛排静置恢复至室温

冷藏过的肉直接下锅，容易出现外层已熟而里面夹生的现象。从冰箱中取出后，先静置 30 分钟再加热是最好的。

预处理

1 包裹肉排

用厨房纸包裹肉排。我们推荐选用质地较为厚实坚硬、以天然纸浆作为原料制作的厨房纸。

2 涂抹味噌

将 A 料充分混合后，涂抹在 1 的一整面上。用硅胶刀或者勺子等进行涂抹比较方便。按这个食谱制作的味噌腌料，含大蒜风味，十分美味。

3 保鲜膜包裹

用保鲜膜紧密地将 2 包好。这样能让味噌腌料充分渗入肉中，达到效果。

4 入袋静置一晚

在保鲜袋中放入 3，密封，置于冰箱冷藏一晚。这样不仅能防止干燥，从卫生层面来说也令人放心。你也可以直接将保鲜袋放进冷冻室保存。

5 恢复到室温

将 4 从冰箱取出，打开保鲜袋，静置恢复至室温。要想煎肉不失败，这一点也是至关重要的。

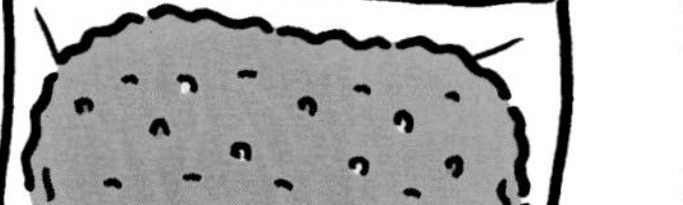

涂抹味噌腌料的秘诀！

隔着厨房纸涂抹

如直接将味噌腌料抹到肉上，则在煎肉之前还要费心去清理肉上多余的腌料，而清理不充分带到锅中也容易煎焦。隔着厨房纸涂抹就能解决以上的烦恼了。

MEMO

适合味噌腌渍的食材有哪些？

肉类当中，猪肉不必说，鸡肉也是适合的。鱼类中，马鲛鱼、鲑鱼、鳕鱼、鰤鱼等白肉鱼也非常适合。另外，你也可以腌渍白煮蛋或豆腐等，自成一道别致的小菜。而牛油果、马苏里拉奶酪等食材也是可以用来腌渍的。

美味秘诀!

酶的作用让肉质更柔软

作为味噌原料之一的米曲当中，含有种类众多的酶。这其中，就有一种叫作蛋白酶的酶类可以分解蛋白质，通过这些酶的活动，肉中的蛋白质会被分解，肉质变得更加柔软。

预处理

6 除去包装

5 恢复到室温后，除去保鲜膜与厨房纸的双重包装。之后肉排可以直接上锅，免去清洗等烦琐步骤。

7 准备蔬菜

一同装盘用的芦笋和彩椒切成便于入口的大小，撒上 B 料进行预调味。

正式烹制

8 煎制肉块

烤架上摆好 6，在 6 周围摆上 7，用烤炉中火烤制 5 分钟左右。如需煎制两面可在中途翻面。

9 静置

烤好后，在烤架上静置 5 分钟左右，以余热煨熟内部。蔬菜可以先取下来。

10 切分肉排

按住肉排两端，削切以切断纤维。这种切法无损肉的分量感，也让口感更加柔软。与蔬菜一同盛盘。

煎烤方法的秘诀!

最后以余热煨熟

牛肉所含蛋白质加热到 65℃以上就容易发硬，因此要避免加热过度。想要做出来的牛肉口感更湿润，首先烤制 5 分钟左右，之后利用余热慢慢煨熟就可以了。

美味秘诀!

根据喜好选择增色蔬菜

肉和蔬菜一同煎制，操作便捷。你也可以自由选用食谱记载以外的蔬菜，如南瓜、莲藕、茄子等便于煎烤的食材。

MEMO

味噌腌渍食材可以保存几天?

在食材上抹好味噌腌料，放入冰箱可以保存 1~2 天。如想保存更久，放进冷冻室也是可以的。冷冻后，即使存放 3 个星期，也能用来制作美味的料理。

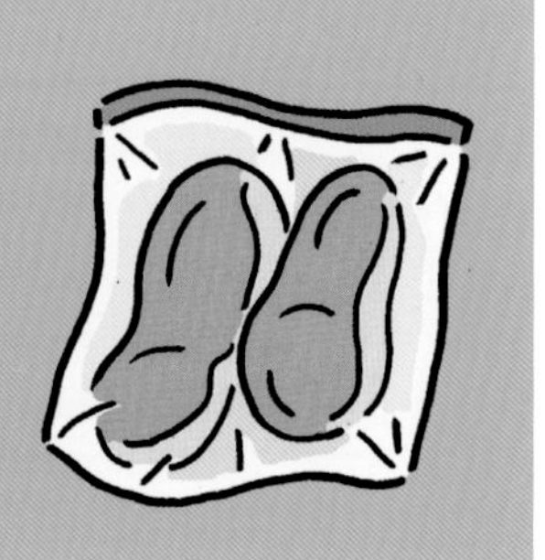

吐司肉饼

BEEF & PORK

混合肉末

口感、鲜度、香气均是绝佳

包裹着颗粒分明的葡萄干和核桃，美味更突出的吐司肉饼！用培根包裹其他食材再煎，故而充满了各种食材的鲜香调和。再加入切碎的西芹，香味更显馥郁。混合肉末的加入，为这道菜增添了松软多汁的口感。

用料（9cm × 14cm × 6.5cm 的一块量）

A 混合肉末：250g
- 西芹（茎秆与叶片）：¼ 根量
- 洋葱：⅙ 个
- 鸡蛋：1 个
- 面包粉：½ 杯
- 清汤味精（颗粒）：1 小匙

葡萄干：3 大匙
核桃仁（切碎）：3 大匙
培根：8～10 片

B 番茄酱：2 大匙
- 红酒：2 大匙
- 中浓酱[1]：1 大匙
- 水：1 大匙
- 芥末粒：1 小匙
- 盐、粗黑胡椒粒：各适量

粗黑胡椒粒：½ 小匙
色拉油：适量
面包丁：适量

预处理

1 准备材料

将 A 中的西芹、洋葱切丁。A 中其他材料和葡萄干、核桃一起备用。

2 混合均匀

碗中加入 A 料，充分混合。用力揉搓，让所有材料都黏到一起。

3 揉搓上浆

揉搓至发黏，显出如图一般发白的颜色时，再揉搓成团。这样，我们就做出了弹性绝佳的馅料。

4 继续添加食材

往 3 中加入葡萄干和核桃碎混合好。酸甜的葡萄干和有嚼劲的核桃会成为吐司肉饼的独特风味。

5 准备模具

模具里涂好色拉油，垫上厨房纸，再一条一条铺上培根，注意条与条之间稍稍重叠，并与模具形状贴合好。

准备模具的秘诀！

准备稍大张的厨房纸 & 两端暂作固定

这里我们准备的是大小可以将模具环绕包裹住的厨房纸。在铺培根时，将厨房纸的两端在模具外侧用胶带等暂时固定，这样更方便后续的料理步骤。

6 填入肉馅

在 5 中填入 4，注意排出空气并压实。可以用勺子或硅胶刀等将肉馅填入模具后，再用手握拳将肉馅压紧压实。

7 折叠培根

培根两端往里折叠包住肉馅。这样可以使吐司肉饼形状固定，防止崩散。

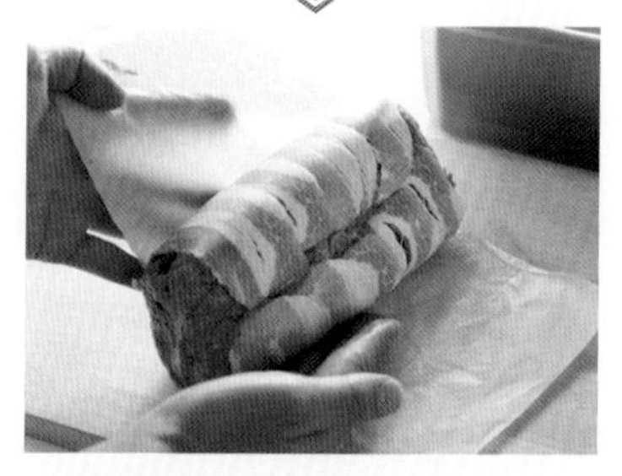

8 翻面

连同厨房纸将 7 从模具中提起，上下翻转后移至厨房纸中心位置放好。

1. 为日式炸物常用的调味酱汁。中浓酱汁由蔬果炖制而成，浓度和甜味介于伍斯特酱汁与浓厚酱汁之间。

美味秘诀!

使用增香提鲜、促进口感的食材

肉馅中加入香辛类蔬菜西芹，有增香的效果。而葡萄干和核桃等进一步提升了口感和味觉层次，配上培根，鲜度更佳。

正式烹制

9 放回模具

抬起厨房纸两侧，与中间的肉馅一同放回模具。这样做既不沾手，也不会破坏肉馅的形状。

10 撒上胡椒

在 9 表面撒上胡椒。胡椒不仅能提味增香，也能在视觉上让人耳目一新。

11 盖上铝箔纸

在模具上如扣碗一般盖上铝箔纸，包装严实。这样，不仅肉的表面不会烤焦，更能让内部都熟透。

12 烤制肉饼

烤盘上放好 11，在预热至 180℃的烤箱内烘烤约 20 分钟。

13 除去铝箔纸继续烘烤

除去 12 中的铝箔纸，继续烘烤 15 分钟左右，在表面稍稍烤出焦痕，也进一步激发出了培根的鲜味。之后静置散热。

14 取出肉饼

连同厨房纸将肉馅脱模，切成便于入口的大小盛盘。取 3 大匙烤出来的肉汁备用。

15 制作酱汁

锅中加入 B 料和 14 中的烤肉汁，中火稍稍煮干。将酱汁浇在 14 的吐司肉饼上，佐以面包丁。

制作酱汁时的要点

以烤肉汁为基底制作酱汁，美味再利用

肉饼烤好后，残留在模具底部的肉汁也充满了浓厚鲜香精华。白白丢掉就浪费了，我们可以将其制作成酱汁，搭配吐司肉饼，提升美味。

3

了解食用肉的全部种类！

食用肉的品种与部位百科全书

在本章中，你将再次认识到，我们平常食用到的肉类都是何品种、品牌，又分别对应什么部位。对于在初次购入或烹饪某种肉类之前想要增进了解，也是十分有用的。另外，我们还将向你介绍名店的羊肉料理食谱。

牛肉的基本知识

从奢侈的品牌牛肉到价格适宜的日本国产牛肉、进口牛肉等，牛肉的品种数不胜数。知道它们每一种的特征，享用牛肉的乐趣也会增加不少。

牛肉的分类

主要分为“和牛”“日本国产牛肉”和“进口牛肉”3 种

日本市售的牛肉主要可以分为进口牛肉和日本国产牛肉，国产又可以分为和牛和其他国产。和牛有黑毛和种、褐毛和种、无角和种、日本短角种等众多杂交种类。其他在日生产的牛肉均为日本国产牛肉，而从美国或澳大利亚等地引进的品种就是进口牛肉了。每一种牛肉的味道、脂肪、肉质都有其不同特性，适合做成的料理也各不相同，更进一步说，部位的不同也能对肉质和料理带去影响。了解这些知识后，你就可以更为聪明地挑选适合的牛肉了。

标签上都是这么写的！

原产地

标明了是和牛、日本国产牛肉或进口牛肉的何种部位。生产商有标明该肉类属于日本产或外国产，以及具体产地的义务。

部位

从部位来判断口感和肉质。有些还会特别标注用于牛排、寿喜烧或烤肉等，可以参考。

国产牛腱肉切片
（解冻品）
个体识别号
1457891097
保质期限 19.5.20（4℃以下保存）
107080 910027
每100g价格 650
净重量（g）180
1170
价格（日元）
中央区筑地0丁目00番00号
朝日畜产株式会社

个体识别号等

基于牛肉可追溯制度，在日本国内饲养的牛每一头都会有各自的编号，登录相应数据库，即可查询到品种、性别、饲养地等信息。

关于和牛统一标识

此标识仅供在日本国内出生并进行饲养、可通过追溯制度进行确认的和牛使用。涉及到日本国产和牛肉的出口时，为方便被识别为日本产品，及出于对品质和美味的宣传效用，2007 年，该标识应运而生。

图片来源：公益社团法人中央畜产会

和牛与其他日本国产牛肉有何区别？

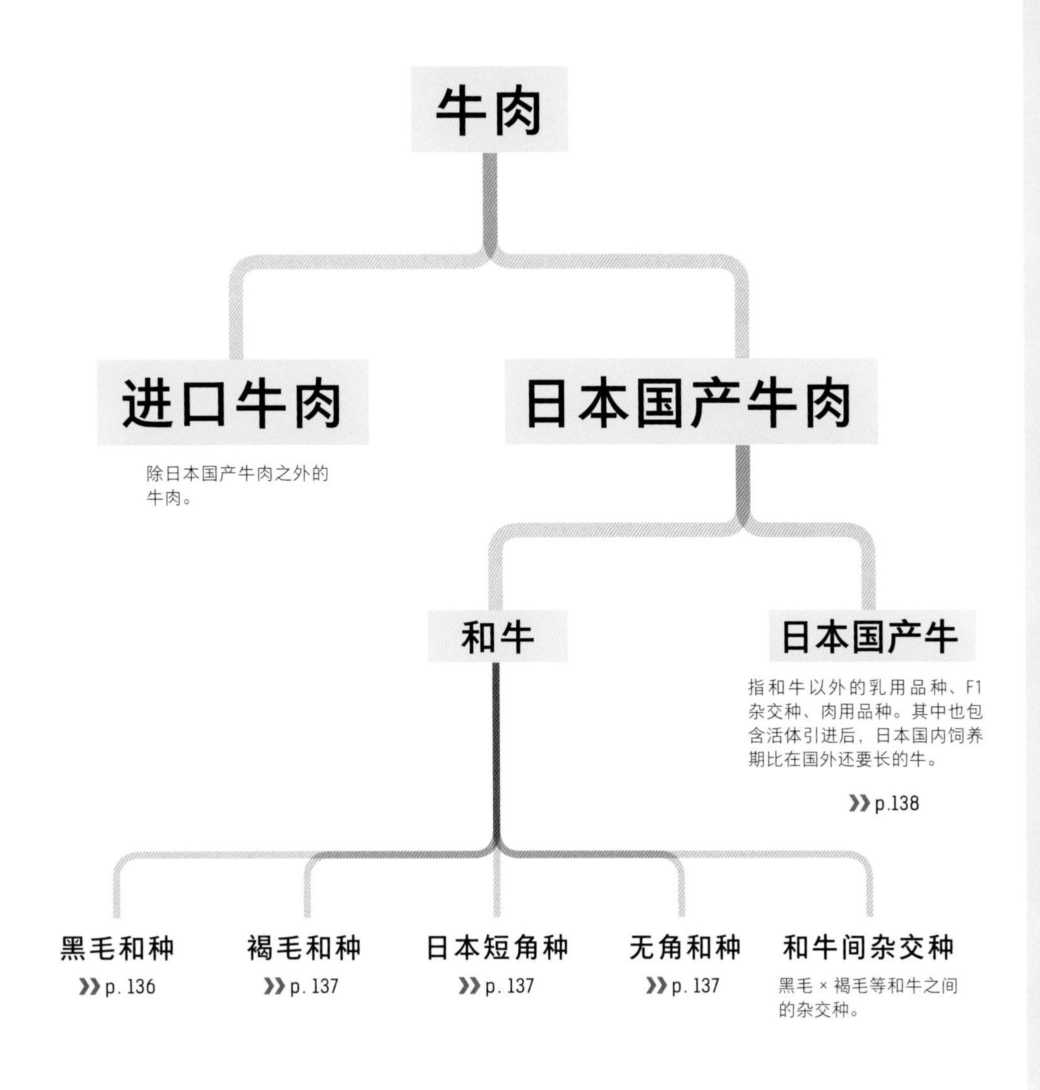

和牛是专用的肉牛，而日本国产牛肉则是乳用牛或乳用牛杂交种

日本产的牛肉从明治时代[1]开始经历多次品种改良和饲育方法提升，最终成就了当今举世瞩目的好品质。其代表就是和牛的 4 个品种。我们见到的绝大多数和牛都是黑毛和种，其他品种虽然产量较少，味道和肉质也是各有特点的。

日本国产牛肉通常指称乳用牛和乳用牛杂交种。另外，来自海外的专用肉牛经进口和饲育，条件达到要求后，也有可能被称为日本国产牛肉。

日本的牛肉生产量中，黑毛和种约占 40%，荷斯坦奶牛[2]约占 30%，剩下的均为除黑毛和种外的和牛与杂交牛等。

日本为牛肉建立了可追溯制度，这在当今世界都是少有的，在日饲育的牛全都带有个体识别号，方便检索到血统等信息。

1. 公元 1868 年—1912 年。
2. 乳用牛品种之一，原产国荷兰，通常身上有黑白花纹，体型较大，产奶量较高。

和牛的种类

了解 4 种和牛各自的特征

和牛的 4 个品种，为明治以前用于农耕的本地品种和外国产的多品种交配后，再经多次品种改良而成。比如，黑毛和种就是本地品种与进口的西门塔尔牛[1]和瑞士褐牛等交配得到的品种。此外，在日本东北地方[2]育肥的日本短角种，就是南部牛与英国的短角种交配而成的。就像这样，通过在品种改良和饲育方法上下足功夫，和牛才获得了合日本人口味的口感与肉质。

黑毛和种

产地 日本全国　品牌 松阪牛、近江牛、但马牛等

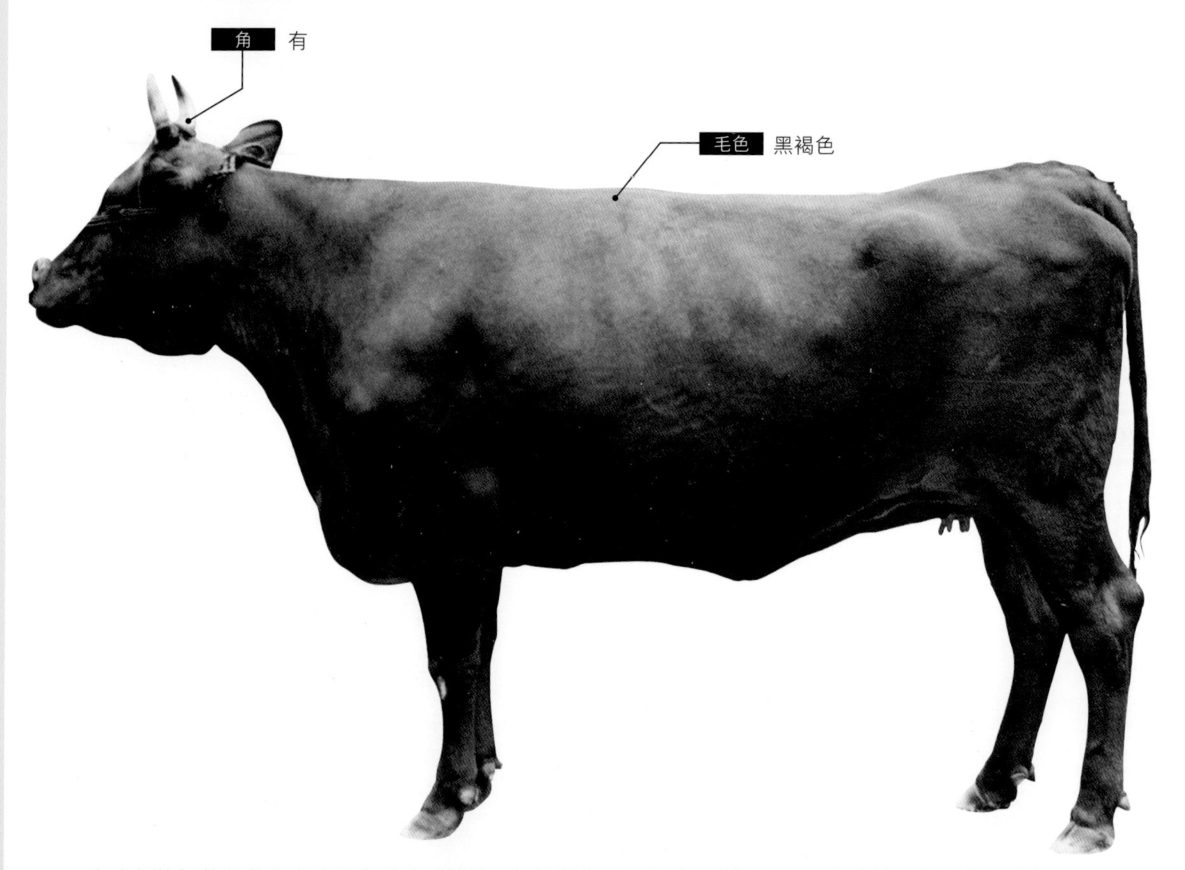

为我们熟知的品牌牛肉几乎全是黑毛和种，如松阪牛、近江牛、但马牛、米泽牛等，它们在日本各地多有生产。这种牛肉最大的特点是，瘦肉中夹杂着细密的脂肪，即是我们说的“雪花”和“霜降牛肉”。也因此，它肉质柔软，风味良好。黑毛和种的脂肪比乳用牛等所含的不饱和脂肪酸要多，因而熔点较低，能带给人入口即化的舌感。另外，黑毛和种还有一个特点是保水性较高。屠宰后，畜体在冷却过程中的水分蒸发较少，相比其他肉种不易发干发硬。

1. 原产国瑞士，与下文瑞士褐牛均为乳肉专用品种。
2. 位于日本本州岛北部，包括青森、岩手、秋田、山形、宫城、福岛六县。

褐毛和种

产地 熊本县、高知县等　　品牌 熊本红牛、土佐红牛等

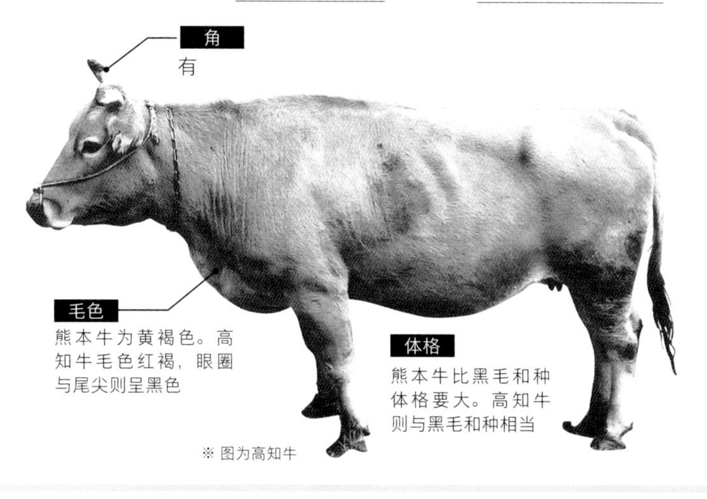

※ 图为高知牛

也被称为红牛，牛如其名，毛色呈红褐色。熊本牛与高知牛都是各自的本地品种与西门塔尔牛交配后得到的品种。通过放养和喂食草料（粗饲料），它的一大特点是瘦肉比例较高而霜降部分较少。瘦肉中含有丰富的氨基酸，甜味与鲜味较重，给人一种健康清爽的口感。

日本短角种

产地 岩手县、青森县等　　品牌 岩手短角和牛、八甲田牛等

日本东北地方的本地品种南部牛与美国进口的短角品种交配得到日本短角种，主要产地在岩手县。毛色为深红褐色，在和牛中属于体型较大的品种。它的特点是抗寒，放养喂草好饲育。肉质为瘦肉较多、肌理不过分细腻，是有嚼劲的类型。

无角和种

产地 仅在山口县生产　品牌 山口县特产 无角和牛

角
无

毛色
黑色

无角和种为山口县本地品种与阿伯丁安格斯牛[1]交配后，经品种改良得到。毛色乌黑，肉质总体与黑毛和种相似，不过皮下脂肪较多而霜降纹理较少，特点是肉质柔软、鲜味浓郁。目前生产量已经非常少了，不过作为稀有瘦肉再次受到了世人的注目。

资料来源：一般社团法人（日本）全国肉用牛振兴基金协会

1. 原产地为苏格兰北部的阿伯丁等地，为肉用牛。

日本国产牛肉的秘密

几乎全是乳用牛或杂交种的肉

我们所说的日本国产牛通常是指除和牛以外在日本育肥的牛类品种。除了乳用品种及其杂交种，还有外国产的专用肉牛，以及在日本国内育肥期间足够长的进口牛。乳用品种有荷斯坦、泽西奶牛等，公牛被当作肉牛饲养，母牛如产乳状况不佳，也会成为食用牛。杂交种指的是乳用品种与和牛交配后得到的品种。乳用品种与杂交种的生产量占到总产量的约 60%，它们不仅以实惠的价格在市场上占有一席之地，更作为加工食品或半成品等发挥用途。

除和牛之外的都是日本国产牛肉！

乳用品种的肉

荷斯坦种饲育头数较多，占到日本国产牛肉的大部分，甚至还有些品牌牛肉取得了相当的人气。泽西种的饲育头数较少，肉量也不高，被作为稀有瘦肉在市场上售卖。

荷斯坦种

公牛在月龄较小时即被屠宰，亦被称为小牛肉。瘦肉多而脂肪少，无肉腥味，口感清爽。

泽西种

脂肪较少但不饱和脂肪酸较多，因此较容易在口中融化。此外还有鲜味浓香醇厚的评价。

杂交种的肉

这一品种几乎都是由乳用母牛与雄性和牛交配而成，也被称为 F1 种。综合了乳用品种抗病能力强、成长迅速，以及和牛容易形成霜降和肉质柔软的特点，价格合宜，因此产量也在上升。

黑毛和种
×
荷斯坦种

这个品种的魅力在于有适度的雪花纹理和实惠的价格。市面上也有很多品牌牛。含“黑毛牛”“黑牛”等标识的牛肉亦是出于这一交配组合。

资料来源：一般社团法人（日本）全国肉用牛振兴基金协会

MEMO

杂交种品牌牛肉二三事

不仅仅是和牛，有品牌的杂交种牛肉也遍布日本各地。比如黑毛和牛与荷斯坦的杂交种，就有神奈川县的“天香百合牛”、鸟取县的“鸟取 F1 牛”等众多品牌牛肉。这些品牌指称的牛肉品种都有其独特的定义，规定了育肥地区和农场、饲料、发运上市时的月龄及体重等规格。

进口牛肉的秘密

日本人食用牛肉的约 60% 都是进口的。这其中，又有约 50% 是澳大利亚产，约 40% 是美国产，剩下的则是产于新西兰或加拿大等地。与日本国产牛肉相比，这些进口牛肉价格较低，因此不仅家庭乐意购买，外食行业和加工食品也多有使用。近来，这些牛肉的生产者也在考虑改进饲育方法和饲料以贴近日本人口味，进而输出本地特有瘦牛肉的魅力，改善进口牛肉的形象。

主要由牧草育肥的品种

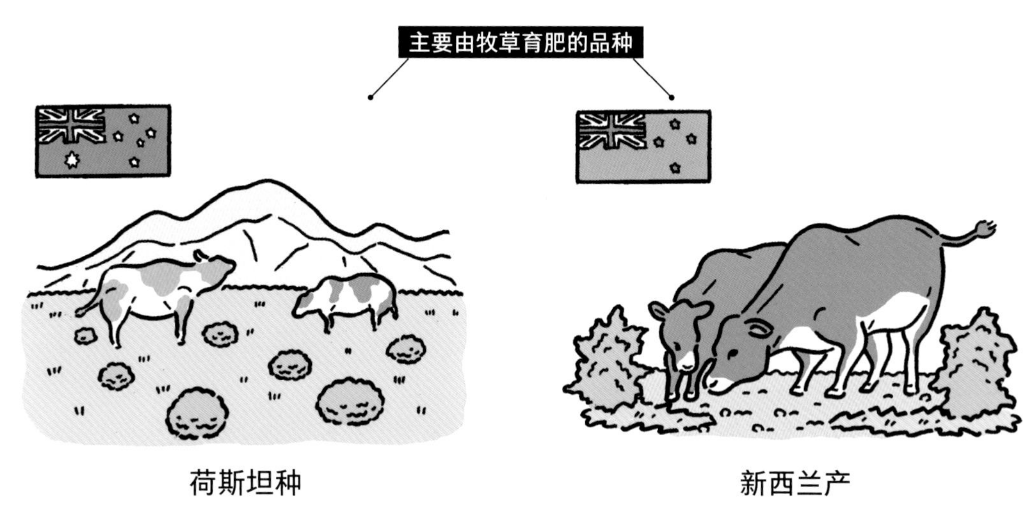

荷斯坦种

也被称作“澳牛”。以前的澳洲牛肉有草食动物特有的味道，不过最近因为投喂谷物饲料的饲育方法改进，澳洲也生产出了符合日本人口味的牛肉。

新西兰产

利用一年四季都适宜放牧的气候，通过喂食牧草和干草生产出的草饲牛肉大受关注。肉质为鲜度很高的瘦肉。

主要由谷物育肥的品种

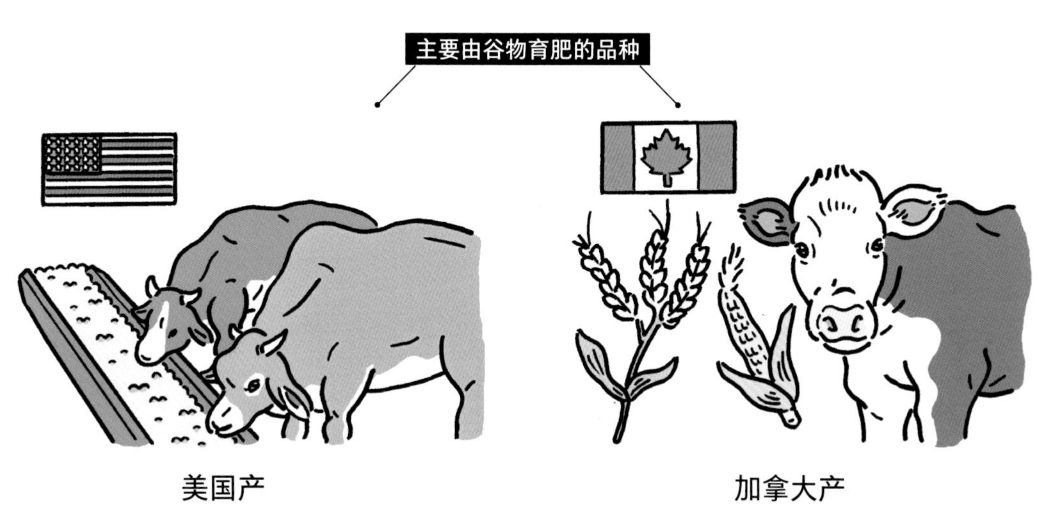

美国产

谷物饲料育肥，养出来的牛肉雪花与瘦肉条理分明。一般的美国进口牛肉都是低脂肪，其特点是比和牛的热量要低。

加拿大产

饲料中添加了大麦和玉米等谷物，肉质柔软甜美，不过没有和牛那样的雪花纹理，脂肪较少而瘦肉较多。

了解分级系统

说到高级牛肉，你也许会想到经常能看见的 A5 级别等等说法，那这里的 A5 具体是什么意思呢？我们来仔细研究一下肉质的判定方法。

评价“枝肉”的质量并给出等级

动物屠宰剥皮后，除去头尾内脏，剩下的畜体净肉部分在日语中被称为“枝肉”。牛肉的评级系统，就是为枝肉敲定与品质相应的公正价格而设立的。

A、B、C 等字母表示的是牛肉的步留[1]等级。从原始的枝肉上能获取的肉的比例越高，则步留等级也越高，A 表示最高的等级。

1～5 的数字表示的是牛肉的肉质等级。除了表示霜降比例的脂肪交杂度，还有肌肉色泽、肉质紧致度与肌理、脂肪色泽与质量等 4 项指标，用来评价牛肉的肉质。

分级由这两项内容决定！

A3

步留等级

步留等级的区分如下表所示，牛肉将被划分为“A”“B”“C”这 3 个等级。

等级	步留基准值	步留
A	大于 72	出品率高于标准的肉
B	69～72	出品率在标准范围内的肉
C	小于 69	出品率低于标准的肉

这项指标评价的是，继续去除枝肉上的皮下脂肪和筋络等，从肌肉与脂肪厚度计算得出的数值。能获得的肉的比例越高，对肉的评价也就越高。

肉质等级

肉质等级对于脂肪交杂度、肌肉色泽度、肉质紧致度与肌理及脂肪色泽与质量这 4 项指标进行评价，每项指标按 1～5 评分，其中最低的一项即为肉质等级评分。

项目	评分
肉质等级	3
脂肪交杂度	4
肌肉色泽度	4
肉质紧致度与肌理	3
脂肪色泽与质量	4

能获得 4、5 等级的基本上都是和牛。而乳用品种的母牛多数只能获得 1、2 等级，被用作加工食品。

1. 步留即出品率，一般指可上市部分与原始材料部分之间的比率。

肉质的判定基准

1 脂肪交杂度的等级区分

基于 B.M.S.（Beef Marbling Standard，牛肉脂肪交杂标准）进行判定。

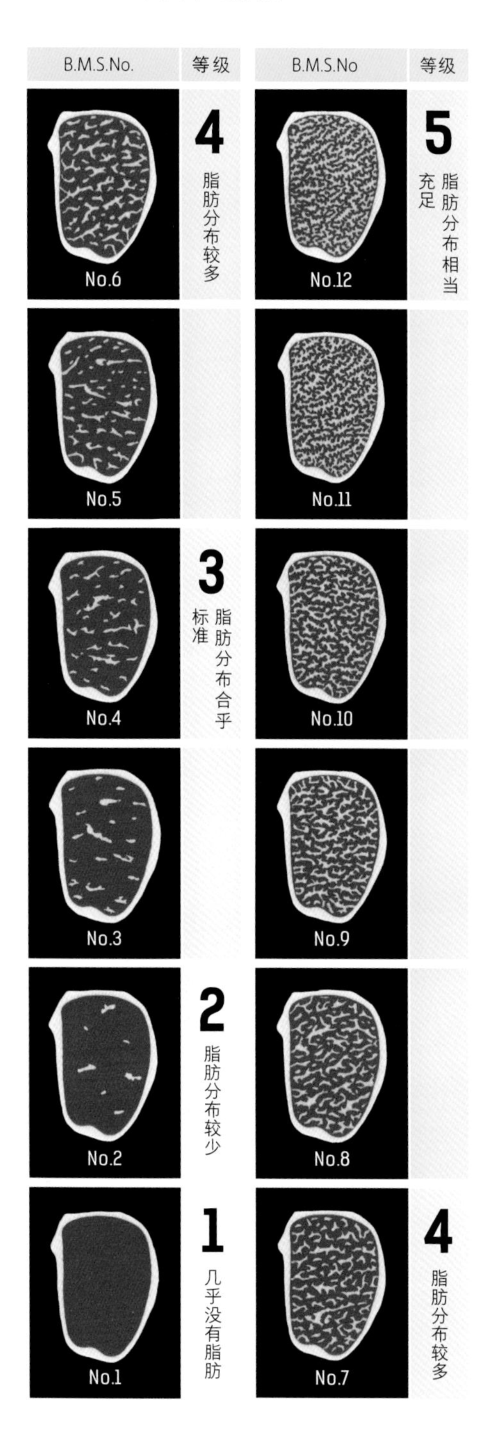

2 肌肉色泽与光泽的等级区分

基于 B.C.S.（Beef Color Standard，牛肉色泽标准）进行判定。

No.1 No.2 No.3 No.4 No.5 No.6 No.7

等级		肌肉颜色（B.C.S.No.）	光泽度
5	相当好	No.3～5	相当好
4	较好	No.2～6	较好
3	合乎标准	No.1～6	合乎标准
2	未达标准	No.1～7	未达标准
1	较差	不在等级 5～2 范围内	

3 肉质紧致度与肌理的等级区分

这一项指标没有其他项目那样严格的标准，而是由分级员个别检视牛肉的状态来判断。

等级	紧致度	肌理
5	相当好	相当细致
4	较好	较为细致
3	合乎标准	合乎标准
2	未达标准	未达标准
1	较差	较为粗糙

4 脂肪色泽与质量的等级区分

基于 B.F.S.（Beef Fat Standard，牛肉脂肪色泽标准）进行判定。

No.1 No.2 No.3 No.4 No.5 No.6 No.7

等级		肌肉颜色（B.C.S.No.）	光泽度
5	相当好	No.1～4	相当好
4	较好	No.1～5	较好
3	合乎标准	No.1～6	合乎标准
2	未达标准	No.1～7	未达标准
1	较差	不在等级 5～2 范围内	

资料来源：公益社团法人 日本食用肉分级协会

了解牛肉的部位

以牛排为例，我们想要品尝到的是『富有嚼劲』的牛肉，还是『入口即化般柔软』的牛肉，选择的部位不同就会产生很大的影响。因此，我们就来了解一下包括副产物在内的各部位牛肉的特点，从而选择出最适合料理的那种吧。

这块肉来自哪个部位？
有着怎样的口感？味道如何？

尾根肉

臀肉

友三角（后腱前伸肌）

贝身（胸腹板）[1]

1. 即牛腹腩中最靠近里脊的部分，兼具里脊与腹腩的特点，肥瘦适中。日语称“贝身”，因形状与贝肉相近。

牛肉的部位图鉴（肉）

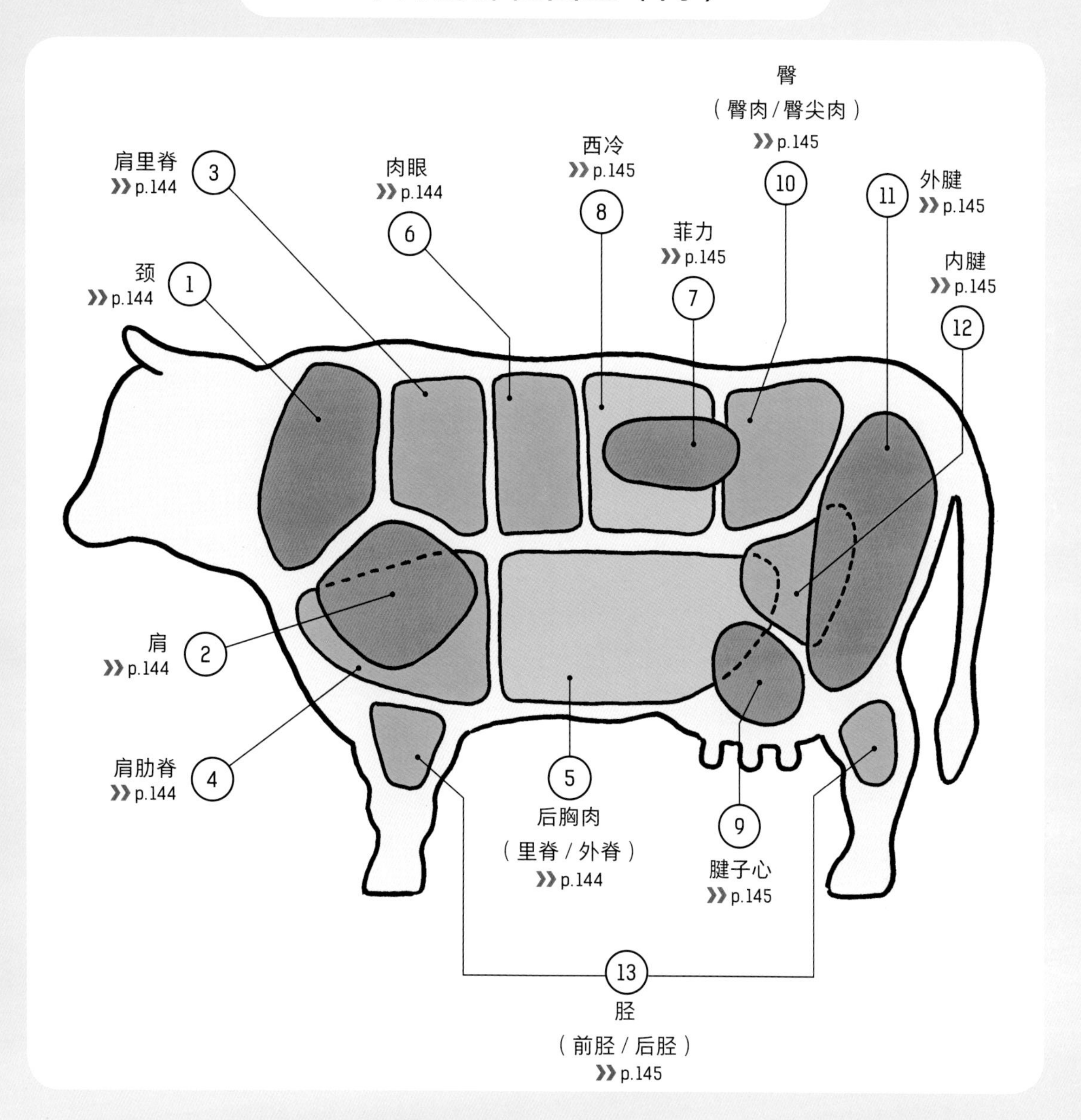

了解烤肉店和牛排店里经常见到的牛肉部位

说到牛肉部位，你可能知道那些最常见的里脊、腱肉、西冷、菲力等，不过最近，三筋（前腿内肩肉）、臀肉这些新品种也渐为人知。牛肉部位被分得很细，而且都有各自的特征。不过这也是因为牛的体重达到了约 700kg 的缘故，即使是分解前的枝肉[1]也超过 400kg。牛是体型很大的家畜，比起鸡肉，部位的种类也自然会多很多。

更需要注意的是，牛肉的某一个部位也可能相当大块。比如，肩里脊当中，靠近头部的部位肉质较硬，适合切薄片涮锅，而越是靠近背脊肉质就变得越柔软，也更适合做烤肉或牛排了。请记住，即使是来自同一个部位的肉，适合的料理也可能是多种多样的。

1. 枝肉在日语中指带骨的腿肉、腿棒、肘子。

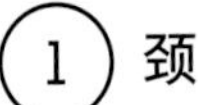

① 颈

肉质偏硬，因此适合的料理方法较少

颈肉属于牛头附近运动较多的部位，因此脂肪也较少。肌肉纤维多而肌理粗，肉质颇硬。味深而浓厚。位于颈椎前部的颈长肌部分，适合切薄片后做成烤肉。颈肉本身可以成块或切片后用作炖煮，或是剁成肉末使用。

适合的料理

BBQ/ 烤肉　炖煮　寿喜锅

② 肩

包含三筋等小的部位

颜色口感都深浓的瘦肉。交杂有纤维筋膜都较多的硬质部分和柔软的部分。硬质部分适合炖煮料理。而在烤肉菜单中见到的“上三筋”或“三筋”等也包含在肩肉里，它们的肉质就比较软。用作牛排或涮涮锅都是十分适合的。风味突出的“辣椒肉”[1]也是肩肉的一部分。

适合的料理

   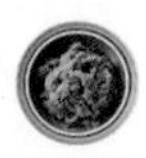 

BBQ/ 烤肉　牛排　炖煮　寿喜锅　涮涮锅

③ 肩里脊

越靠近肉眼，肉质越柔软

脂肪含量适中，有一定的雪花，肉质柔软，风味良好。靠近颈部一边纤维较多而肉硬，常用于炖煮或切薄后做火锅材料。而离颈部较远的中间部位及离肉眼较近的一边，则常被用来做牛排或烤肉。

适合的料理

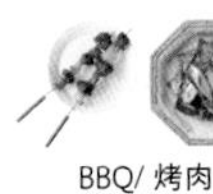    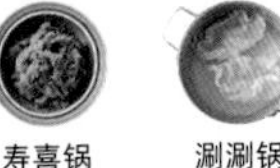

BBQ/ 烤肉　牛排　炖煮　寿喜锅　涮涮锅

④ 肩肋脊

不同部位的肉能带给人不同的口感

胸肋骨附近靠近肩部的部位。其中的“三角肩肋脊”更是常见雪花，风味绝佳。其他部分再细分，有脂肪较多但肉硬、适合涮锅或炖煮的部分，也有虽是瘦肉但质软、非常适合烤肉的部分。

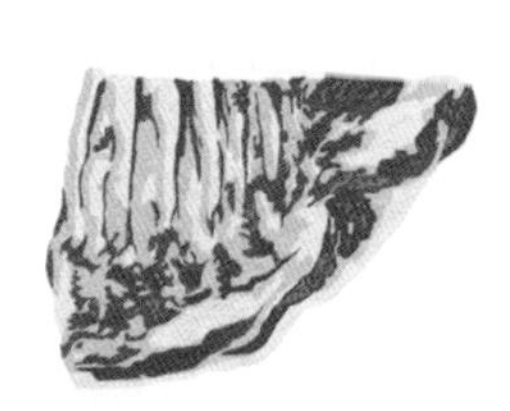

适合的料理

BBQ/ 烤肉　炖煮　寿喜锅　涮涮锅

⑤ 后胸肉（里脊 / 外脊）

里外脊都是浓郁口感

脂肪和瘦肉的分层带来浓郁的口感，肌理较粗。从中分为上下两个部分，上面即是里脊，内有瘦肉较多但也含肥肉的“贝身”牛腩。下面是外脊，含有肥瘦适中的“竹叶”牛腩（flank）[2]

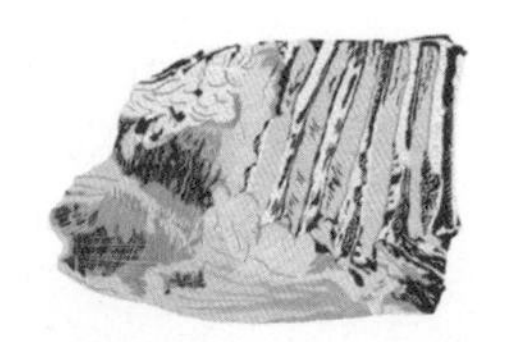

适合的料理

BBQ/ 烤肉　炖煮　寿喜锅

⑥ 肉眼

能让人品尝到肉之本味的优质部位

雪花最为明显的部位。肌理细腻而质软，风味丰富而浓郁。除了直接切大片用作火锅材料、外侧的“双层肉眼肉”[3]用作 BBQ 或烤肉，常见做法还有将剩下的肉眼成块做成牛排等。也适合做烤牛肉。

适合的料理

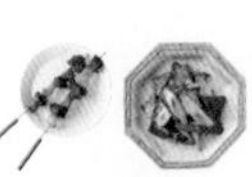   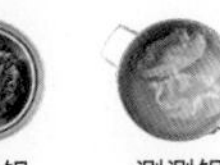

BBQ/ 烤肉　牛排　烤牛肉　寿喜锅　涮涮锅

1. 靠近肩胛骨的一块形似辣椒的肉，又叫上腿肩胛肉、扒手等。
2. 牛腹部外侧的一块形似竹叶的牛腩五花肉，又叫内群肉。
3. 指霜降牛肉的上方还覆盖着一层脂肪。

⑦ 菲力

包含夏多布里昂的珍贵部位

位于脊骨内侧，是脂肪较少的瘦肉。肌理细腻，肉质柔软。口感清淡，风味良好。菲力分为“免翁牛柳”（filet mignon）、“夏多布里昂”（Chateaubriand）和尾段，每一段都是最适合用来做牛排的。其中，位于中部的夏多布里昂牛排，商品价值尤其高。

适合的料理

BBQ/ 烤肉　牛排　烤牛肉

⑧ 西冷

质感良好，适合做形状规整的牛排等

有一定的雪花和适度的脂肪。香味、风味较好，肌理细腻而肉质柔软的高级部位。不止如此，它的形状还很规整，切块后大小比较统一，因此一般被用作牛排。而切成薄片做火锅材料也是可以的。

适合的料理

BBQ/ 烤肉　牛排　烤牛肉　寿喜锅　涮涮锅

⑨ 腱子心

特点是呈球状，可以分为 4 块

腿部的肉，呈球状。细分一下，有颜色更深质地柔软的“丸皮”、虽有纤维感但肌理细腻柔软风味良好的“芯芯”（膝圆肉）、色深味浓的“龟甲”，还有状似霜降却并不怎么柔软的“友三角”。

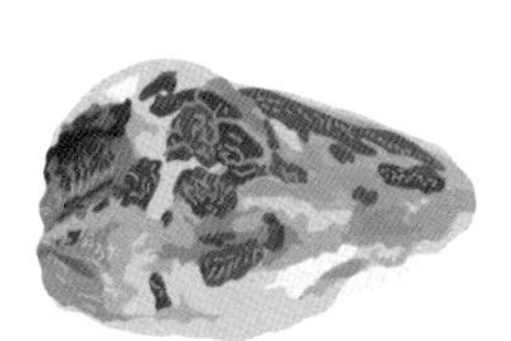

适合的料理

BBQ/ 烤肉　牛排　烤牛肉　寿喜锅　涮涮锅

⑩ 臀（臀肉 / 臀尖肉）

质地柔软，尤其适合做成牛排

位于西冷后方的臀肉与外腱上方的臀尖肉组成的部位。所谓“臀肉”，其实是含有适量脂肪质地柔软的瘦肉，而且几乎适用各种烹调方法，都能做出美味佳肴。“臀尖肉”则色深，有独特风味。一般我们会把这两个部位合称为牛臀。

适合的料理

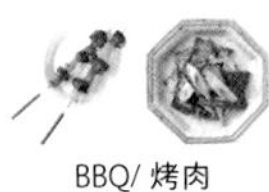

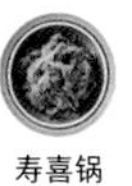

BBQ/ 烤肉　牛排　烤牛肉　寿喜锅　涮涮锅

⑪ 外腱

适合的料理

BBQ/ 烤肉
烤牛肉
炖煮
涮涮锅

肌理较粗，质地坚硬的瘦肉

这一部分因为运动较多，因此较为精瘦。肌理粗壮，质地坚硬。分为颜色浅而有弹性的“金棒”、肉块较大的“中肉”、纤维较多的“千本筋”，以及相对较为柔软的“辐木”这四个部位。

⑫ 内腱

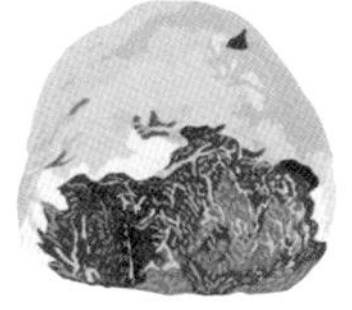

适合的料理

BBQ/ 烤肉
烤牛肉
炖煮
涮涮锅

不同部位有不同肉质

比较大的一块肉。虽然表面附着了脂肪，内侧却几乎都是精肉。适合切片后用作涮锅材料。外腱容易形成雪花，但肌理却比较粗厚。与之相反，靠近腱子心的内侧肉质比较柔软。

⑬ 胫（前胫 / 后胫）

适合的料理

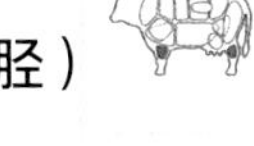

BBQ/ 烤肉

烤牛肉 炖煮

也可以用作炖煮之外的料理

纤维非常多，味浓的瘦肉。前腿所含部分称前胫，后腿则是后胫。这两块肉可以成块用来炖煮，也可以剁成肉末使用。前胫中包含适合烤肉的“子枕”（前小腿肉）。

牛肉的部位图鉴（副产物）

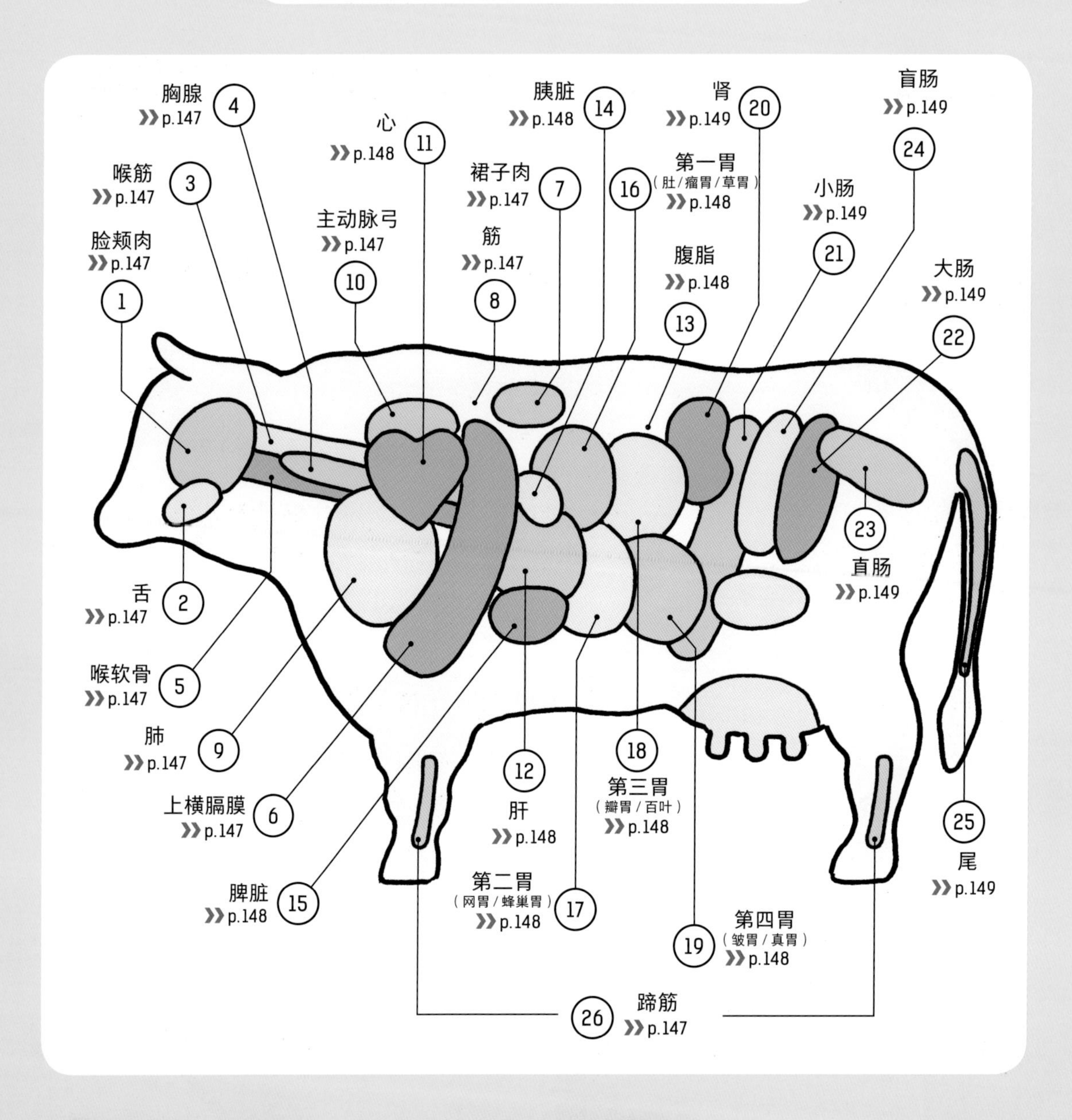

正因为是牛身上的副产物，才能焕发出意想不到的新鲜美味

副产物指的是家畜屠宰至枝肉时从体内取出的心肝等内脏，以及舌头、尾部等众多部位的总称。牛身上的副产物十分富于多样性，可以用来做出各种各样强调它们独特口感的料理，感受它们与牛肉的区别。日本人古来就对脏器、牛杂这些内脏类颇为熟悉，而在法国料理中也多有用到脸颊肉和胸腺等部位。

这些副产物不仅味道与口感都富有魅力，营养学价值也很高，比如，肝脏就富含维生素 A 及铁，牛尾富含胶原蛋白等。

家庭料理中用到这些副产物时，请注意在值得信赖的店铺选购，并在购入后尽快处理，充分加热后食用。

① 脸颊肉

来自头部的美味牛肉

脸颊部分的肉。作为头部的肉却不受疯牛病影响，因此人气颇高。胶原和脂肪较多，具有鲜味。也被称为“脸肉”。适合做成法式蔬菜炖牛肉（Pot-au-feu）之类的炖煮料理。

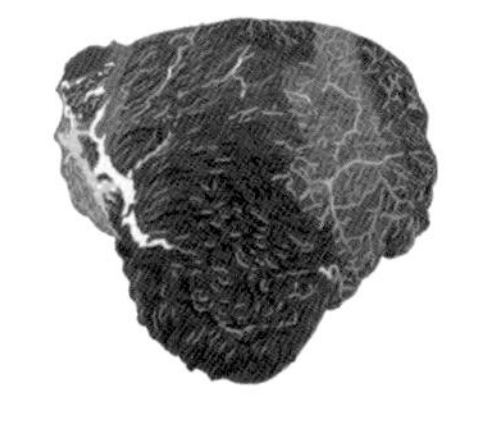

② 舌

除去表皮后进行料理

牛舌头的肉。市面上出售的牛舌有很多都已经除去了不能食用的表皮。脂肪较多，肉质硬实。一整块炖煮之后肉质会软化。切薄后也可用作烤肉。

③ 喉筋

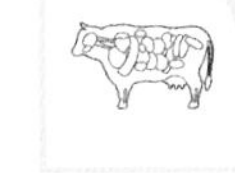

味道与瘦肉相近

即食道肉。有的地方也会直接写作“食道”。是几乎没有脂肪的肌肉。因质地较硬，适合用作炖煮。另外，也可以做成烤肉。

④ 小牛胸腺

只能从小牛身上获取

小牛的胸腺。没什么腥臭味，质地柔软。牛类成长之后，胸腺会退化。

⑤ 喉软骨

脆韧的气管软骨

即气管。几乎由软骨构成。很少在市面上出现的稀有部位。

⑥ 上横膈膜

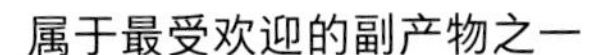

属于最受欢迎的副产物之一

一般指的是横膈膜当中位于胸肋和腕骨附近的肌肉。含有适量脂肪，肉质厚实柔软，口感多汁，因此很受欢迎。最适合做成烤肉或炖煮料理。

⑦ 裙子肉

与上横膈膜略有不同

指的是腰椎以下部分的横膈膜肌肉。含有适量脂肪，肉质柔软。也有地方把上横膈膜和裙子肉合称为横膈膜的。

⑧ 筋

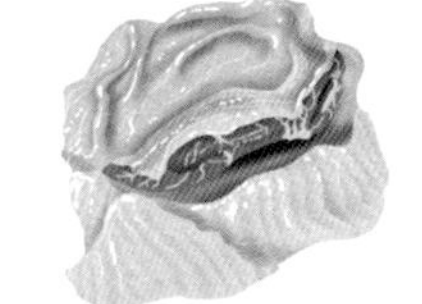

炖煮至发稠

横膈膜当中除去肌肉以外的筋腱部分。因质地坚实，一般的做法是充分炖煮至黏稠。

⑨ 肺

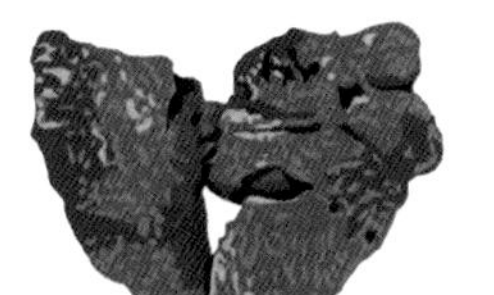

名副其实[1]的松软口感

即牛肺。口感蓬松又柔软，味道清淡。也曾被用来制作香肠。

⑩ 主动脉弓

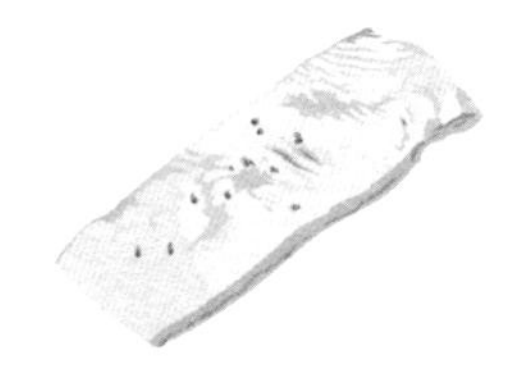

口感脆韧的大动脉

位于心脏前端的大动脉弓状弯曲部分。为下行大动脉。适合切细之后用作炖煮料理或烤肉。

1. 肺的日语名称叫フワ，意为蓬松柔软的。

11 心

弹牙的口感，清爽的味道

牛的心脏。肌纤维较细，口感弹牙。腥臭味少，口感清淡。易入口，因此可以做成烤肉、炖煮菜和其他等众多类型的料理来享用。

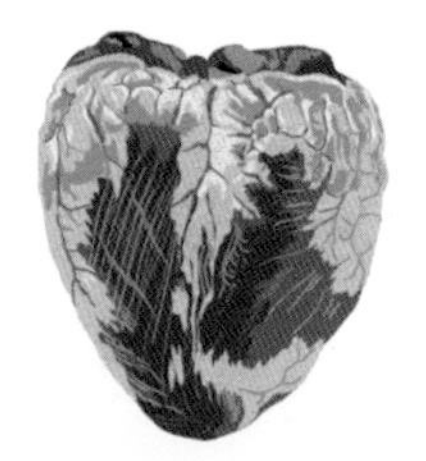

12 肝

充分调味后再烹煮

牛的肝脏。重量约有 5kg～6kg，属于比较大型的内脏。腥臭味较强，因此需要事先充分排出血水。另外，用香辛类蔬菜和调味料等进行预先调味后更方便入口。适合做成炒菜、炸物和肉饼[1]等。

13 腹脂

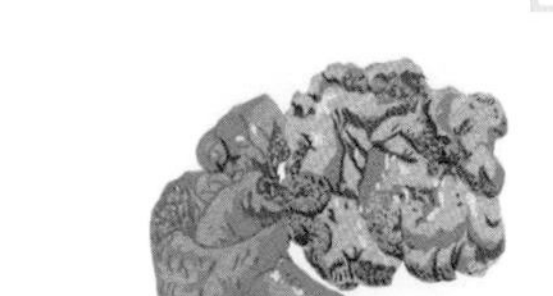

为料理增添浓郁风味

指的是位于肾脏和胃肠周围的腹部脂肪。切细之后加入各种料理，能增添味觉层次。肾脏周围的厚实脂肪也被称为“肾脂”。

14 胰脏

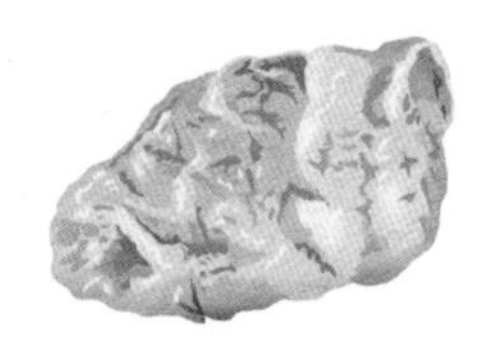

近似鹅肝的稀有部位

牛的胰脏。味道浓厚但不黏腻。被誉为“牛中鹅肝”，是极为珍稀的部位，基本不在市面上流通。

15 脾脏

类似牛肝的稀有部位

牛的脾脏。在日本又被称为“太刀肝”。稀有部位。比起牛肝质地要更软，肌理更细腻。稍带苦味。

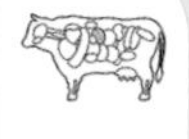

16 第一胃（肚 / 瘤胃 / 草胃）

需要去皮料理

牛的第一胃。四周纤毛丛生，因此需要连带外皮一同去除后再进行使用。口感清爽。在牛的四个胃中是最大的，也是肉最为厚实的。尤其厚实的那一部分被称为“上瘤胃”。

17 第二胃（网胃 / 蜂巢胃）

胃如其名，状似蜂巢

牛的第二胃。内侧呈现蜂巢一般的孔洞密集状，因此也叫“蜂巢胃”。富含胶原蛋白。口感清爽，富有弹性。适合做成炒菜、拌菜和炖煮料理。

18 第三胃（瓣胃 / 百叶）

褶瓣之间需要仔细清洗

牛的第三胃。外观上像是由上千的褶瓣拼接而成，因此在日本被称为“千枚”。咀嚼口感十分独特，脂肪含量较少。适合做成炖煮料理和拌菜。预处理时可以焯煮或是用水漂洗干净，会让口感更上一层楼。

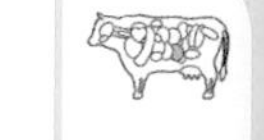

19 第四胃（皱胃 / 真胃）

比起其他的胃，质感更加柔滑

牛的第四胃。比起其他胃，表面更加柔滑，纤薄而柔软。脂肪较多，口感浓醇。经常被做成炖煮料理或烤肉食用。也被称为“赤千枚”。

1. 这里的肉饼（パテ）指处理成肉糜后裹上派皮再进行煎烤的食物。

20 肾

特点是它独特的气味

牛的肾脏。外观上看着像葡萄串。脂肪较少。含腥味与杂味，不过与小牛的肾脏比起来相对好些。经常被用作烤肉材料。特点之一是口感很耐嚼。

21 小肠

脂肪肥厚，口感绝佳

牛的小肠。也被称为“纽”（绳子）。比起其他脏器，质地更坚硬，上面附着了一层厚厚的脂肪。口感滑溜。市面上也经常把它与大肠打包以“白牛杂”的名号进行售卖。

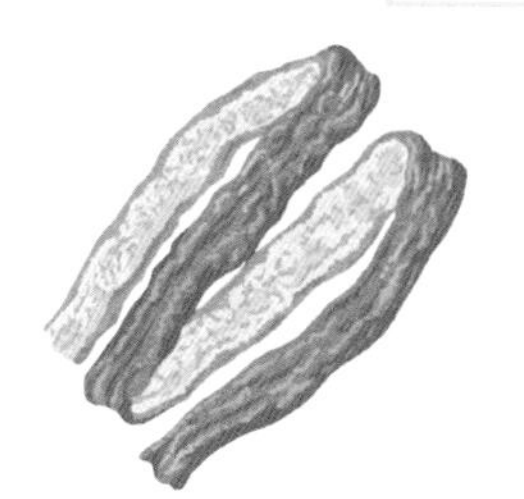

22 大肠

脂肪较少，易入口

牛的大肠。因表面有斑点状的白痕，也被称为“斑肠”。比起小肠，肉质更厚实且坚硬耐嚼，脂肪较少，但口感鲜甜。适合做成炖煮料理或烤肉。

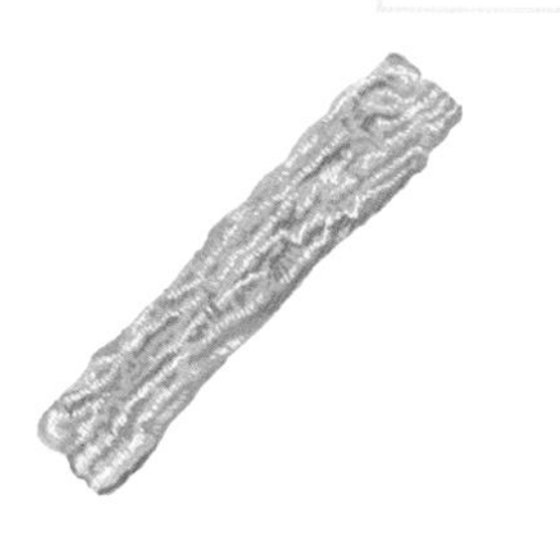

23 直肠

口感弹牙，鲜味出众

牛的直肠。位于肠子的末端。因其展开后的形状又得名“长枪”。鲜味较强，口感弹牙。最适合炖煮料理，也被用作香肠表面的肠衣。

24 盲肠

适量的脂肪尤其美味

牛的盲肠。含适量的脂肪，质地偏硬。除了用作炖煮料理之外，小牛的盲肠也会被当成香肠肠衣使用。

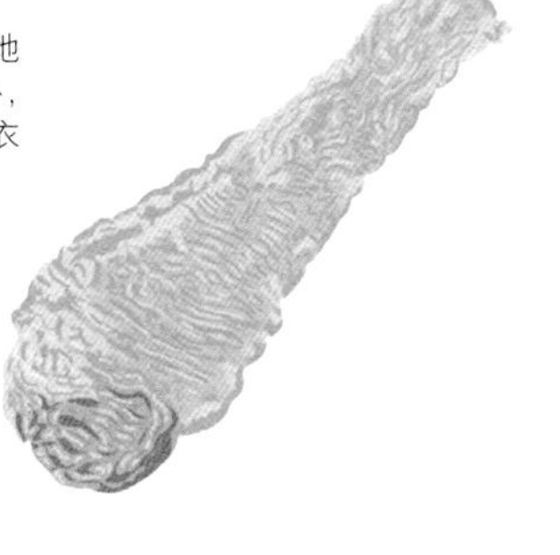

25 尾

以关节为单位切段后进行料理

牛尾。富含胶原蛋白，由于长时间加热后容易胶化，因此很适合做成牛尾汤等炖煮料理。尾部有关节联结，因此需要一一切分成段再进行料理。

26 蹄筋

长时间炖煮做成汤料

位于后肢的阿基里斯腱。经过长时间加热会胶化。用于炖煮，可以做成风味浓郁的汤品。

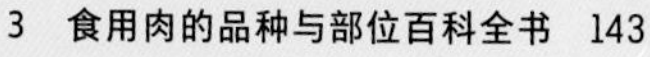

猪肉的基本知识

不管是在家庭料理还是外食当中，猪肉都是最受欢迎的肉类之一。了解了品牌猪肉和进口猪肉的相关知识，在品尝的过程中，你一定也能体味到更多不同味觉带来的乐趣。

猪肉的分类

大致分为“日本国产猪肉”和“进口猪肉”两类

在日本，为人们食用的猪肉不到一半是来自国产，而剩下的都是国外进口的产品。日本全国范围内饲养着超过九百万头国产猪，其中生产量最高的当属鹿儿岛县。另一边，进口猪肉多由美国、欧洲、加拿大、墨西哥等地进口而来。

猪一般是多品种杂交的，最近常见的是由 3 个品种相互交配而来的“三元猪”(>>p.157)。其他还有四元猪等。而口感突出的黑猪则是纯种。

日本全国大约饲养着多少头猪？

900万头以上

日本各都道府县猪的饲育头数 best 5

	都道府县	头数	饲养户数（参考）
1	鹿儿岛县	1,272,000	535
2	宫崎县	822,200	449
3	北海道	625,700	210
4	千叶县	614,400	288
5	群马县	612,300	221
	全国合计	9,189,000	4,470

资料来源：根据 2018 年 2 月 1 日日本农林水产省“畜产统计”项目绘制

猪肉的加工品

世界各国都从很久以前就开始饲养猪了，除了用猪肉做菜，人们还会把猪肉加工成火腿或香肠等产品。这样，猪身上下无一不得到有效利用，加工品的制造不但将猪内脏的副产物考虑在内汲取了整头猪的营养，还让猪肉保存更为便捷，因此从古就有很多传统的猪肉制品。

日本国产猪肉和进口猪肉的量级如何？

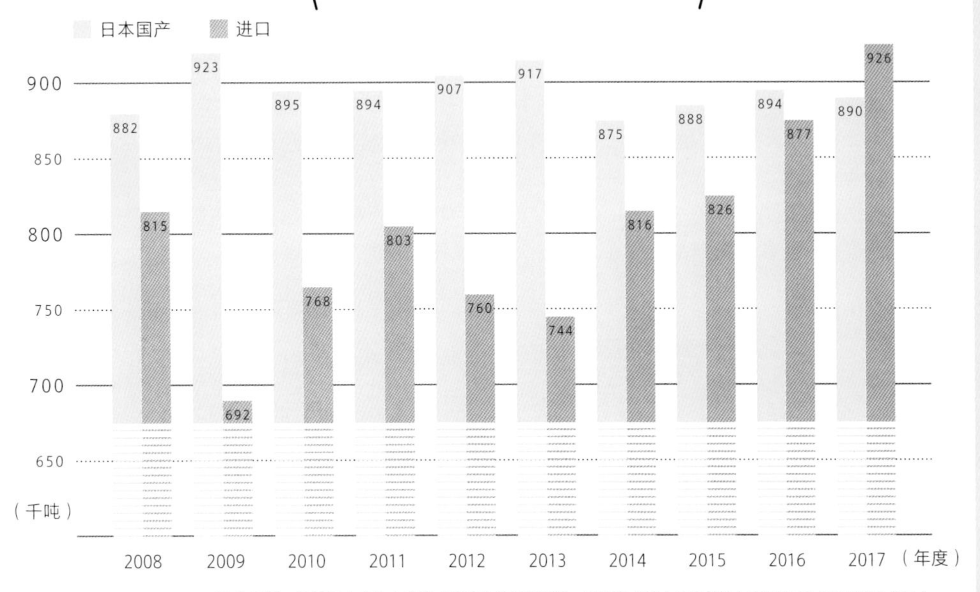

资料来源：根据日本农林水产省“畜产物流通统计”、财务省“日本贸易统计”项目绘制 / 数值经四舍五入

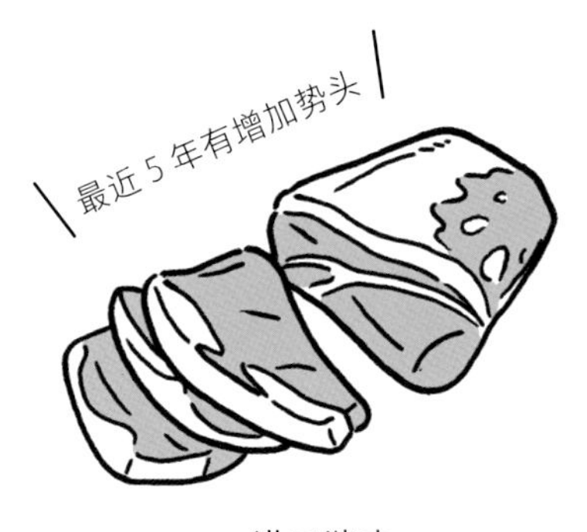

进口猪肉

细分起来，进口猪肉中，冷藏肉以美国和加拿大产居多，而冷冻肉则从丹麦、西班牙、墨西哥等地也多有进口。

日本国产猪肉

除了最常见的普通猪肉，品牌猪肉、SPF 猪[1]肉，以及以它们为原料制作的火腿、香肠和培根等都受到关注。

日本国产猪肉产量几乎稳定 进口量则在近年逐渐增加

猪肉的进口量正在连年增加，根据 2017 年的统计数据，已经超过了日本国内产量。这其中当然有市场价格以及各地供需等种种原因，不过值得一提的是，与牛肉相异，最普遍的日本产猪肉（普通猪肉）与进口猪肉的品质相差无几，所以价格差也没有牛肉那么大。而且在进口猪肉中，冷冻肉可以作为火腿和香肠等加工产品的原料使用，这也增加了一部分需求。

另一边，往后的日本产猪肉，应当也会在以黑猪为代表的品牌猪肉、无特定病原体的 SPF 猪肉，以及双方的加工品品质之间展开竞争。与牛肉一样，当我们了解了猪肉的产地、品种、饲育方法的详细特征，就可以轻松选出偏好和适合某种料理的猪肉了。

1. 指的是用无菌接产等方式在未被病原体污染的环境中饲育的无特定病原体猪群。

猪肉的品种

肉猪基本分为 6 个品种

全球约有 300～400 个猪的品种，这其中，中国有大约 60 种。在日本，主要有长白种（Landrace）、汉普夏种（Hampshire）、大约克夏种（Yorkshire，亦称大白种）、中约克夏种、杜洛克种（Dulock）、巴克夏种（Berkshire）这 6 种。普通猪肉是通过这些品种的杂交饲育而生产出来的。

杂交的原因在于，杂交后的品种往往继承了双亲的优良品质，从而肉质更佳、子嗣数量更多、发育期更早。不过，巴克夏种里的黑猪倒是没有经过杂交，而是纯种繁育的。

大约克夏种

原产地　英国约克郡

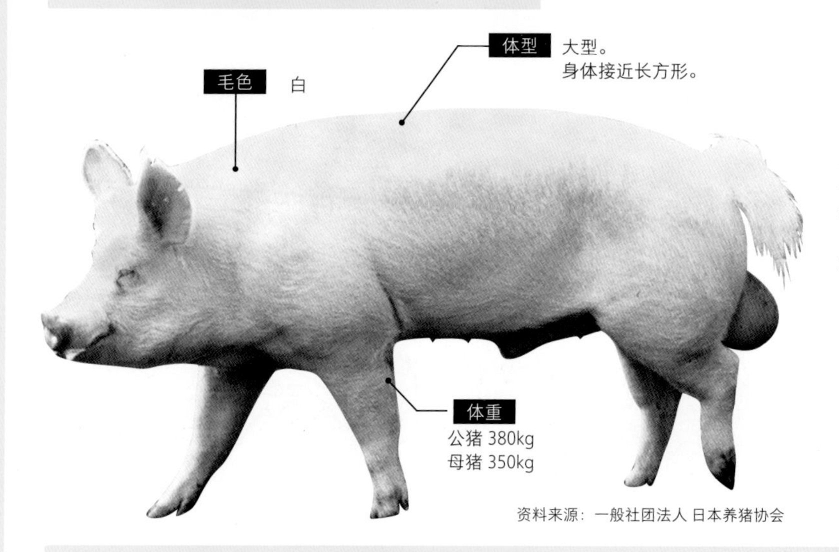

原产于英国约克郡，属于大型猪种。拥有纯白的毛色和近乎长方形的身材。特点是脸型偏长，下巴稍有前突。因瘦肉率较高，作为加工品原材料获得了较高的评价。发育较早，因此作为纯品种饲育数量仅次于长白猪。

资料来源：一般社团法人 日本养猪协会

中约克夏种

原产地　英国约克郡

与大约克夏猪来自同一原产地的中型猪种。毛色白，下巴前突明显。因为性情比较温和沉稳，且肉质美味，从 20 世纪 30 年代至 50 年代中期左右都是日本主要猪肉来源。肉的特点是肌理细腻柔软，肥肉味美。在大型猪种成为主流的现在，饲育头数已急剧减少。

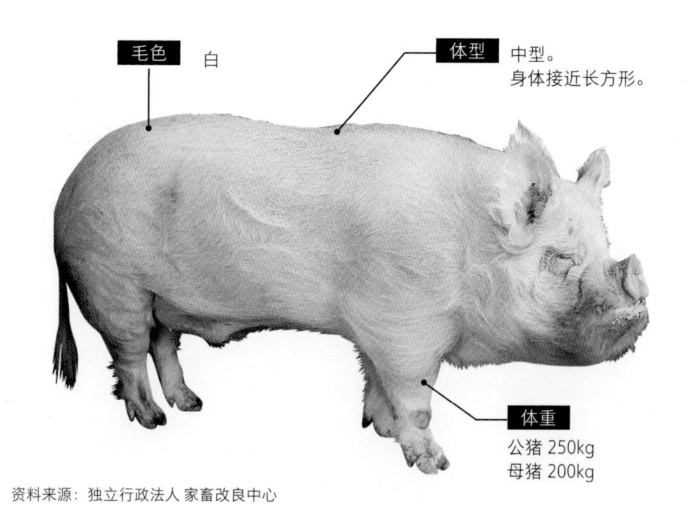

资料来源：独立行政法人 家畜改良中心

巴克夏种

原产地　英国巴克郡

毛色　身体为黑色。鼻部、四肢、尾部呈白色。

体型　中型。身体接近长方形。

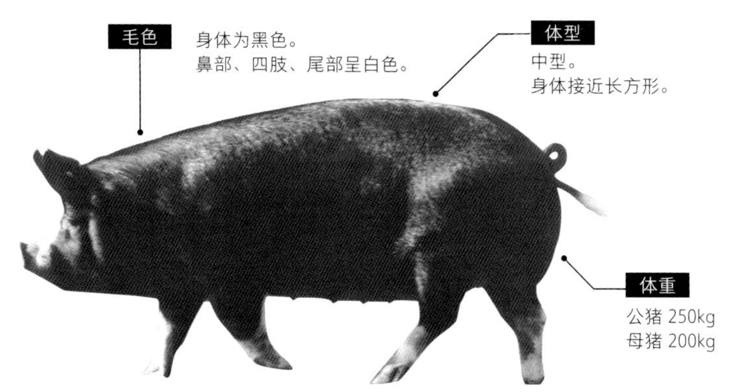

体重　公猪 250kg　母猪 200kg

资料来源：一般社团法人 日本养猪协会

用英国巴克郡的本地种与中国种等品类交配后诞生的中型种。特点是通体毛色为黑色，只有鼻尖、四肢肢端和尾巴尖有白毛。肉稍显暗红，肌理细腻，质地柔软。氨基酸丰富，鲜度强。在日本，通常称“黑猪”的都是巴克夏纯种。

长白种

原产地　丹麦

毛色　白

体型　大型。身长较长，全身近似流线形。

由丹麦本地种与大约克夏种交配后诞生的大型种。毛色白，耳朵下垂，身材较长而结实。就肉质来说，其特点是背部脂肪层较薄，从而精肉率较高。这一品种不仅发育极早，而且繁殖能力也很优秀，因此在日本多有饲育。日本最多的是美国长白猪。

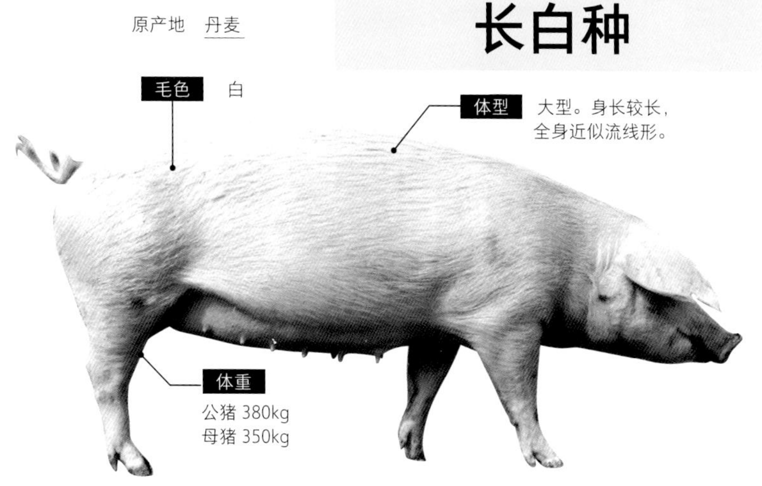

体重　公猪 380kg　母猪 350kg

资料来源：独立行政法人 家畜改良中心

汉普夏种

原产地　美国

毛色　黑色。从肩膀到前腿以及胸部有一圈白毛。

体型　大型。身体呈弓形。

体重　公猪 350kg　母猪 250kg

为英国原产的品种在美改良后形成的大型种。毛色呈黑白，据说是非常适合放牧的品种。肉质偏精瘦，脂肪较少。

资料来源：一般社团法人 日本养猪协会

杜洛克种

原产地　美国

毛色　有深有浅的红褐色。

体型　大型。身体呈弓形。

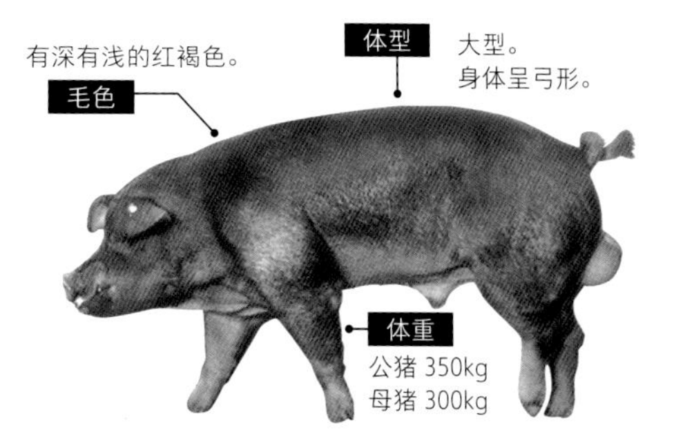

体重　公猪 350kg　母猪 300kg

原产美国的大型种。毛色呈红色，特点是里脊肉块较大。肉质为有光泽的粉红色，因较容易形成雪花，适合切片使用。

资料来源：一般社团法人 日本养猪协会

品牌猪肉到底有多少？

据称，日本全国的品牌猪肉约有近300种。我们来了解一下这些品牌猪肉的特点，选购喜欢的猪肉吧。

品牌猪肉的特性是由生产地的特产来决定的?!

品牌猪肉，是遵从了各生产地的协会规定、严格按照交配方式和血统、饲育方法、饲料、肉质等条件的标准进行生产的。生产后，还会在各地的畜肉市场接受审查，经过品牌猪肉评定获得资格后才能开始在零售店铺进行贩售流通。

而日本各地之所以诞生了许多的品牌猪肉，可以说也是源自将产地的特产物品当作饲料来喂养猪这一饲育方式。比如，在饲料里掺入绿茶茶叶，或是喂食甘薯等，就结果而言，不同的食料也形成了独特的猪肉特性。

近年来，在日本的猪肉料理专门店中，向客人出售多种品牌猪肉料理的情况不在少数。你可以去这些店铺里多多品尝对比，寻找对自己胃口的品牌猪肉。

鹿笼猪　实际上是日本最早的品牌猪肉

资料来源：引自枕崎市观光协会官网“枕旅”

虽然现在只是鹿儿岛黑猪下面的一个品牌，其实，据说鹿笼猪可以算作黑猪种类的鼻祖。名称来自于产地枕崎附近的鹿笼站，鹿笼猪都是从那里发运的。猪肉的特色是肌理细腻，肉质柔软易嚼，且富于油脂香味。猪饲料中通常掺入一定量的甘薯，并需要经过230～370天的长时间饲育。

特色饲料 甘薯

和豚饼猪[1]　由养猪农家合营公司生产的猪肉

由位于群马县的全球猪肉农场（Global Pig Farm）公司所生产的品牌猪肉。选育猪群中最优秀的5%作为种猪（即作为后代繁育的亲猪）进行管理，也同时提供屠宰和包装等一系列服务。其特点是猪肉脂肪含甜味，后味不油腻，即使经过烹饪也不太容易发硬发干。

特色饲料 玉米、豆粕

资料来源：全球猪肉农场株式会社

1. 日语中“饼”指糯米蒸制的富有黏性、形状松软的糕团，类似年糕。

粟国猪（黑琉猪） 冲绳本地品种，据说得名于“粟国岛”[1]

资料来源：冲绳粟国品牌猪推进协议会

这种黑猪在冲绳被称为“岛猪”，其始祖是600年前从中国渡来的猪种。它的成长比起普通猪要慢，体型也更小，因此受到大型且生育早的猪种压制，一度濒临绝种，是很珍稀的品种。猪肉肌理细腻质地柔软，而且雪花较多、脂肪熔点低，有入口即化、鲜香甘美的口感。

特色饲料 玉米、泡盛[2]酒粕、菠萝等（各农场有别）

伊比利亚猪 产自西班牙伊比利亚半岛的黑猪

西班牙产猪种，为黑猪。猪肉具甜味，脂肪有独特风味。只有继承了50%以上伊比利亚猪血统的个体才能冠称伊比利亚猪，其中，仅食用自然饲料而养成的猪又被称为“贝罗塔”（Bellota）。贝罗塔猪只能在秋冬季节森林里落橡子时放牧，因此生产时期仅限于1～3月。

特色饲料 橡子（仅限贝罗塔）

资料来源：引自兵库通商株式会社官网“THE STORY”

资料来源：一般社团法人 日本SPF猪协会

SPF猪 指不含特定病原体的猪，与具体品种无关

SPF为Specific Pathogen Free（不含特定病原体）的简称。将在无菌环境里经剖腹产产出的仔猪，放在经杀菌处理的特殊环境下饲育，再由这样的猪交配并自然分娩，娩出子代SPF猪。饲料中不掺入或仅使用微量疫苗或抗生物质。肉腥味较少，味佳，但不能生食或近生食用。

特色饲料 玉米、小麦、大米等（各农场有别）

1. 这种猪的日语名称为“Agu”，与粟国（Aguni）相近。也称阿古猪。
2. 产于琉球群岛的一种烈性蒸馏酒，原料为大米。

乳清猪　指饲喂乳清的猪种

日本的乳清猪主要是在北海道等地进行饲育的，饲料中掺入了奶酪制作过程中能大量产出的牛奶副产物——乳清。这种饲育方式是意大利的传统，它提高了熔点较低的不饱和脂肪酸含量，提升了猪肉保水性，使猪肉经烹饪亦能保持肉汁丰润。品种有肉质柔软的金保罗（Camborough）等。

特色饲料　乳清

鹿儿岛猪　知名度最高的黑猪品牌

发源于江户时代[1]从琉球引入的猪种。到了明治时代，因为英国巴克夏品种的引入，鹿儿岛猪也进行了品种改良。白猪火爆时期，一度被逼到了存亡关头，最终因县内保护政策得以存续。食料中掺入了甘薯，也因此肉质紧实，拥有浓郁鲜甜口味的同时，口感不会发腻。

特色饲料　甘薯

TOKYO X　日本最早的合成猪种，实现了霜降猪肉

在东京的畜产试验场，由肥肉质优的北京黑猪、肉质细腻的巴克夏与容易形成雪花的杜洛克杂交，产出的三元猪继续经过 5 个世代的繁殖和选育，耗费 7 年时间合成出的品牌猪。肉质上，舌感滑润，风味绝佳，味道、肥肉质量都具有独特性。

特色饲料　米、大豆粕等

1. 公元 1603—1868 年。

关于三元交配和四元交配

几乎所有的日本国产猪肉都是由 3 个品种交配而成的

在日本，几乎所有的国产猪肉都是产自三元交配而成的三元猪之身。三元交配，是利用了从杂种第一代（不同品种杂交生产的仔猪）身上很容易辨识出其优于双亲的特性（杂种优势），故而以三个品种的亲猪进行杂交的交配方法。三元猪均为肉用，不用来繁殖，因此终于一代。

而另一边，在国外经常见到的四元交配，则是用了 4 个品种进行杂交的方法。日本市面上也有名为“丝滑”（Silky Pork）的猪肉品牌，这种猪肉就是在美国进行饲育生产再进口而来的。

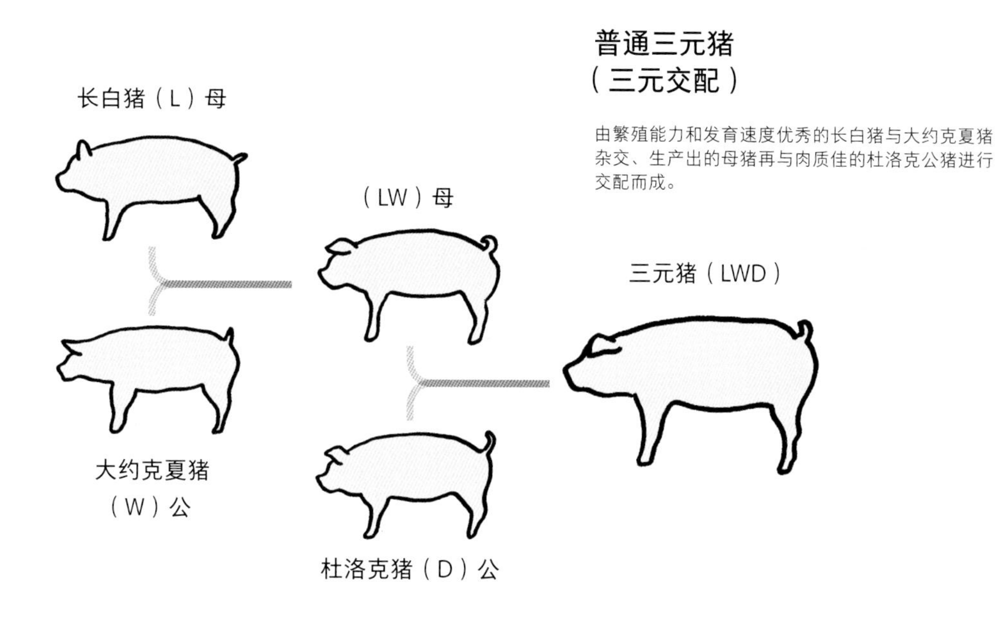

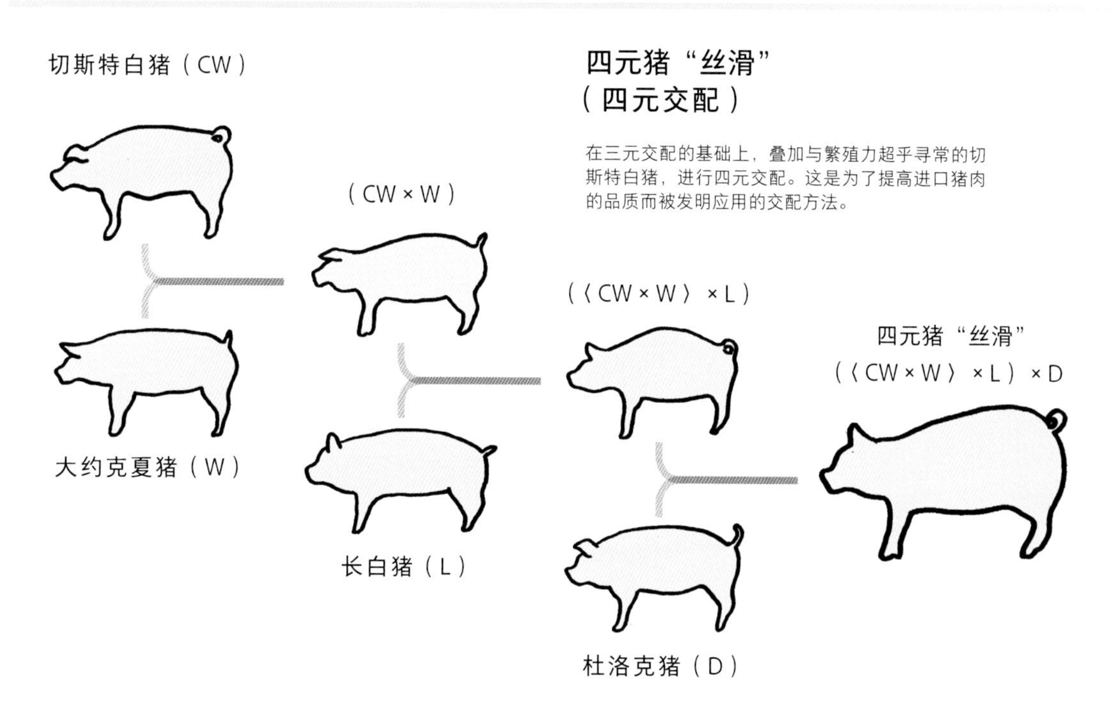

了解分级系统

牛肉的分级系统常被我们挂在嘴边，而实际上，对于猪肉也存在着这样的标准规格划定。我们将在这里为你详细介绍有关内容。

不仅是牛肉！猪肉也有对应的分级

猪肉与牛肉一样，对于按规定屠宰方法得到的枝肉，也会根据肉质状态进行分级。

牛肉分级中如 A5 之类的标记，由以 A、B、C 表示的步留等级及从 5 到 1 的数字表示的肉质等级组成，比起来猪肉就相对简单了，分为极上、上、中、普、外这五个等级。

具体的判断指标，分为重量与背脂肪的厚度范围、外观（匀称度 / 带肉程度 / 脂肪附着度 / 处理水平）、肉质（肉的紧实程度与肌理 / 肉的色泽 / 脂肪的色泽与质量 / 脂肪堆积）三大类。猪肉在这三大类中获得的最低评级即是它的最终评级。

共分为 5 个等级！

格 極上 協 付　　格 上 協 付　　格 中 協 付　　格 並 協 付　　外

分别考量猪肉重量与背脂肪厚度、外观和肉质这 3 个项目进行评价。如不满足极上、上、中、普等级条件，则会被评为“外”。

1 半扇肉重量与背脂肪厚度的范围

以去皮或热水脱毛后的冷却枝肉或温枝肉为评判对象，根据其半扇肉的重量与背部脂肪的厚度，对照等级判定表进行评级。背脂肪的厚度指的是第 9～第 13 胸椎关节正上方对应背部脂肪最薄处的厚度。

去皮猪肉

等级	重量 /kg	背脂肪厚度 /cm
极上	35.0～39.0	1.5～2.1
上	32.5～40.0	1.3～2.4
中	30.0～39.0 39.0～42.5	0.9～2.7 1.0～3.0
普	不足 30.0 30.0～39.0 39.0～42.5 超过 42.5	不足 0.9 或超过 2.7 不足 1.0 或超过 3.0

焯烫猪肉

等级	重量 /kg	背脂肪厚度 /cm
极上	38.0～42.0	1.5～2.1
上	35.5～43.0	1.3～2.4
中	33.0～42.0 42.0～45.5	0.9～2.7 1.0～3.0
普	不足 33.0 33.0～42.0 42.0～45.5 超过 45.5	不足 0.9 或超过 2.7 不足 1.0 或超过 3.0

2 外观

分为猪肉的匀称度、带肉程度、脂肪附着度及处理水平这 4 个项目进行评价。

均称

极上	长宽适中，有一定厚度，腿部、里脊、腹部、肩部各处肉质相当饱满，肉质搭配极为平衡
上	长宽适中，有一定厚度，腿部、里脊、腹部、肩部各处肉质饱满，肉质搭配不错
中	长宽厚度、整体形状及肉质搭配上，没有明显优点，也没有硬伤
普	整体的形状及各部位肉质平衡度上缺陷较多

评价猪肉整体形状的长度、宽度、厚度等，肉质是否饱满，搭配是否平衡。

带肉程度

极上	肉厚而柔滑，肉的附着相当扎实，就带骨腿肉而言，精肉比例明显高出脂肪与骨头
上	肉厚而柔滑，肉的附着扎实，就枝肉而言，精肉比例略高于脂肪与骨头
中	无明显优点，精肉含量一般，也无较大缺陷
普	肉薄，肉附着较差，精肉比例较低

评价猪的肉量以及脂肪、骨头相对的精肉含量。

脂肪附着度

极上	背脂与腹脂适度附着
上	背脂与腹脂适度附着
中	背脂与腹脂的附着上没有较大缺陷
普	背脂与腹脂的附着上存在缺陷

评价背脂与腹脂的附着程度。

处理水平

极上	放血充分，无疾病带来的肉质损伤，无不恰当处理带来的污染及损伤等缺陷
上	放血充分，无疾病带来的肉质损伤，几乎没有不恰当处理带来的污染及损伤等缺陷
中	放血程度一般，较少疾病带来的肉质损伤，没有较大的不恰当处理带来的污染及损伤等缺陷
普	放血不算充分，肉质有一定损伤，可见不恰当处理带来的污染等缺陷

评价放血是否充分及肉质是否损伤。

3 肉质

分为肉的紧实程度与肌理、肉的色泽、脂肪的色泽与质量，以及脂肪堆积这 4 个项目进行评价。

肉的紧实程度与肌理

极上	肉质尤为紧实，肌理细腻
上	肉质较为紧实，肌理细腻
中	肉质紧实程度与肌理无较大缺陷
普	肉质紧实程度与肌理存在缺陷

肉的色泽

极上	肉色呈浅灰红，颜色鲜明，光泽上佳
上	肉色呈浅灰红或相近色，颜色鲜明，光泽上佳
中	肉色与光泽度无较大缺陷
普	肉色相当深浓或过于浅淡，光泽不佳

猪肉颜色标准（Pork Color Standard）（以胸最长肌为标的部位进行肉色判定）

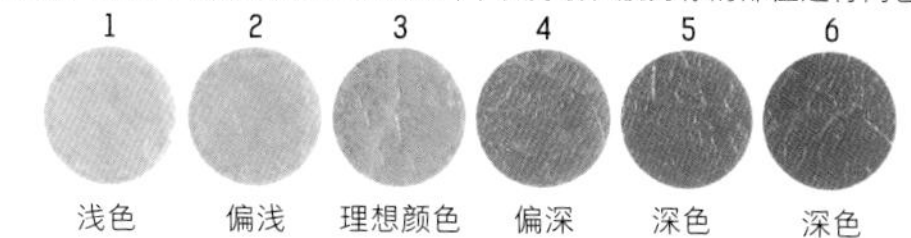

脂肪的色泽与质量

极上	色白，有光泽，紧实度与黏度极佳
上	色白，有光泽，紧实度与黏度佳
中	色泽一般，紧实度与黏度无较大缺陷
普	稍有杂色，光泽度一般，紧实度与黏度均不足

猪肉颜色标准（Pork Color Standard）（脂肪颜色判定）

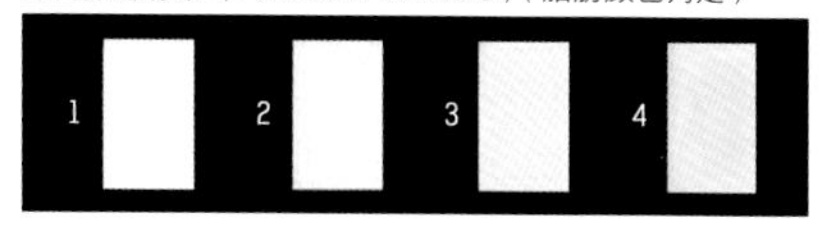

脂肪堆积

极上	适度
上	适度
中	一般
普	过少或过多

资料来源：公益社团法人日本食用肉等级协会

了解猪肉的部位

猪肉各部位的特征，由肌理、鲜度，以及脂肪交杂的不同特点所组成。同样的猪肉生姜烧，用猪肩里脊和用猪五花来做，呈现出来的效果就完全不同。至于猪肉的副产物，你也可以参考本节的猪杂料理等。

这块肉来自哪个部位？
有着怎样的口感？味道如何？

肩肉

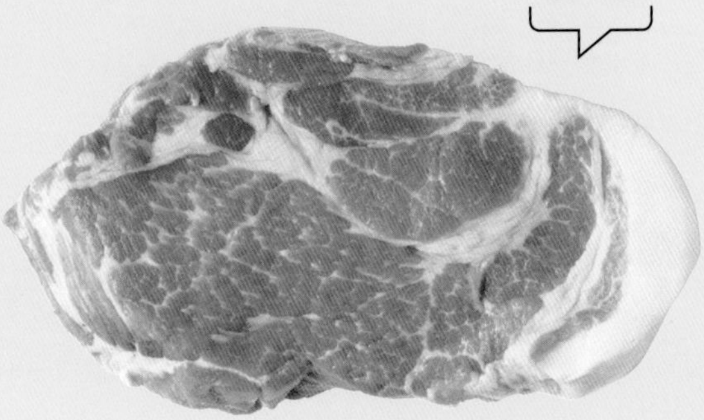

猪菲力

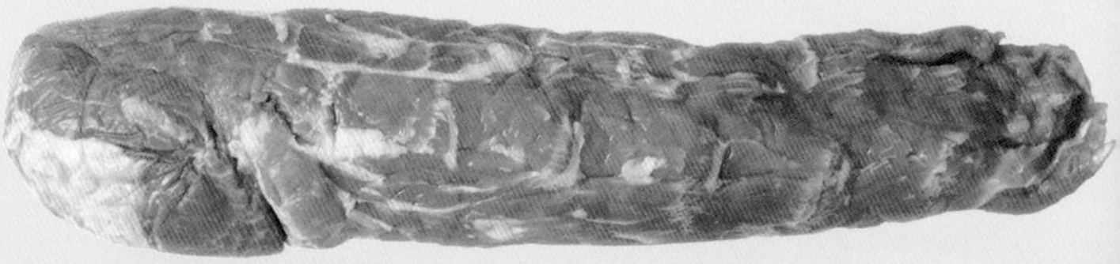

猪头肉

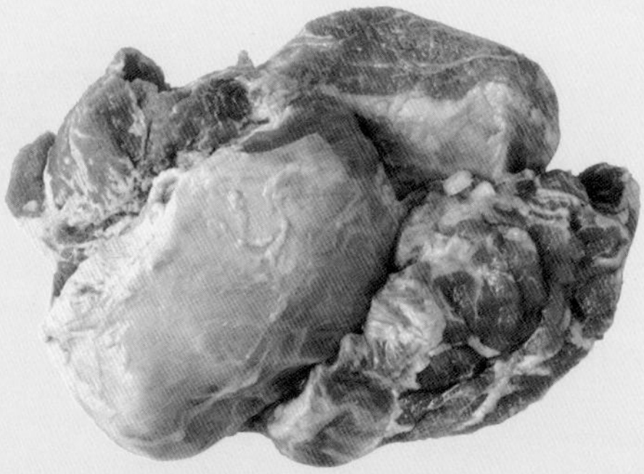

猪耳

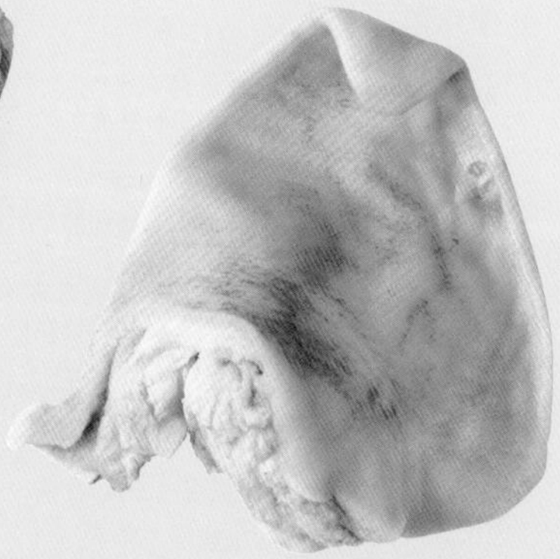

猪肉的部位图鉴（肉）

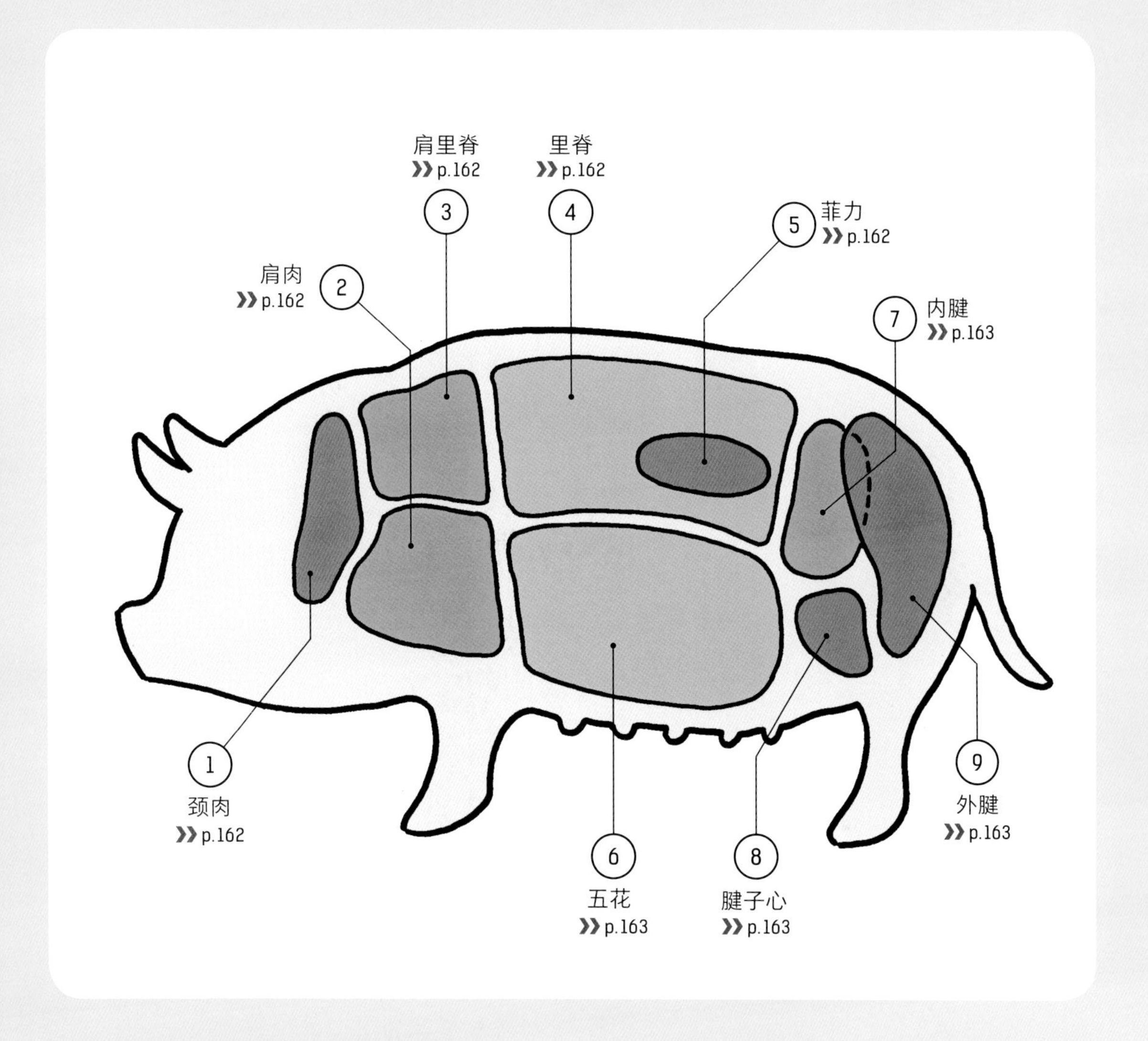

将我们熟知的部位根据肉质和营养成分的不同进行区分使用

整猪屠宰后，与牛肉一样，去除副产物后即是纯肉了。不过与单体体重约在 100kg 的牛相比，猪要更轻一些，饲育时间也较短，因此部位区分也没有那么复杂。猪肉部位可大致分为里脊、五花、肩肉、肩里脊、腱肉、菲力等。这当中，块型较大的腱肉又可分为外腱与内腱，而更有一些猪肉专门店会继续细分出腱子心、腰臀肉等部位的肉。

想要更好地区分使用各个部位的猪肉的话，一大要点在于掌握每种肉的硬度标准，亦即它的肌理和脂肪含量。你可以根据想要制作的料理来选择合适的猪肉。另外，还可以从营养学的层面来进行挑选，比如首先着眼于脂肪较少的部位；再比如，我们知道维生素 B_1 有助于缓解疲劳，而菲力中的维生素 B_1 含量约为肩里脊的两倍。

① 颈肉

几乎全是肥肉，含少量瘦肉

猪颈一周的肉。脂肪含量高，瘦肉部分质地坚硬。附着的脂肪层有如金枪鱼腹脂，因此也被称为“猪颈脂”。这种肉在被我们分类到副产物中的猪头肉上也能获取到。在日本也有取 pork 的首字母 p，管它叫“P 脂”的。

适合的料理

烤肉

② 肩肉

炖煮后胶原蛋白就会溶出

这一部分因为经常能够得到运动，故而肉厚质坚，肌理略粗。肉质精瘦颜色深，这也是运动量大的肌肉所呈现出来的特点。含有一定量的脂肪，鲜味成分丰富。切成方块用作炖煮，内含的胶质能赋予料理浓郁的口感。

适合的料理

嫩煎、热炒

炖煮

③ 肩里脊

对想要品尝猪肉之味的人来说是最合适的

肥瘦相间较为均匀。表面含脂肪，肥瘦肉之间有肌肉纤维相连。含浓度与鲜味，是尝起来猪肉味浓郁的一个部位。将整块肉用作烤猪肉、煎猪肉等，或切薄后用作生姜烧、涮涮锅，都是十分合适的。

适合的料理

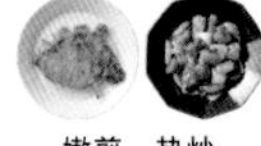

嫩煎、热炒

烤猪肉 · 煎猪肉

涮涮锅

④ 里脊

肉块整体肉质均一，形状也很完美

表面附着了适度的脂肪层，极具风味。肌理细腻，肉质柔软。整体肉质较为均一，猪里脊并不会像牛里脊肉那样依然可以细分再进行区别使用。而且，即使是切片，形状也能较好地统一起来。不管是整块肉还是切成片，这一部位能被用于多种多样的料理。

适合的料理

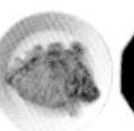

嫩煎、热炒

烤猪肉 · 煎猪肉

炸猪排

⑤ 菲力

口感清爽，有益健康的稀有部位

位于里脊内侧，猪身体左右各有 1 块的棒状部位。能从每头猪身上获得的菲力只有极少一部分。肌理细剔，在各猪肉部位当中最为柔软。几乎没有脂肪，口感清淡，因此适合添油进行料理。推荐做成猪排。

适合的料理

嫩煎、热炒　　炸猪排

专栏

什么是“三层肉”？

我们有时候也会管五花肉叫“三层肉”。究其原因，是来自于脂肪层与瘦肉层相互交织重叠形成了三个层次。大多情况下指的是猪肉的五花，有时候我们也会管牛五花叫三层肉。

6 五花

推荐肥瘦肉量相当的五花

位于肋骨四周，由肥肉和瘦肉均匀地组合成层状，具有浓度和风味。切成方块用作炖煮，或是切成薄片用作嫩煎都是很合适的。也可以不去骨，与肋骨一同切厚块，这就是我们常说的“排骨”。

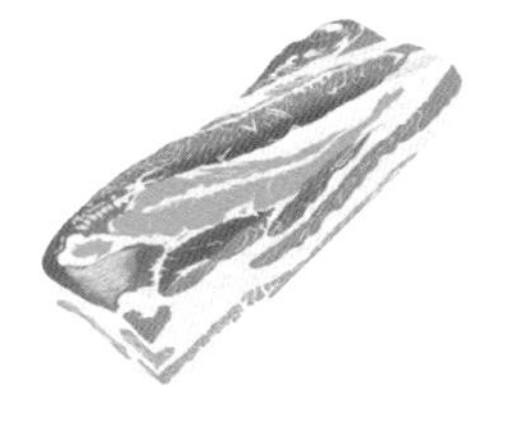

适合的料理

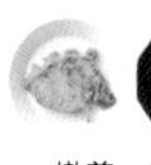

嫩煎、热炒

炖煮

7 内腱

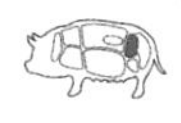

灵活运用肉块的大体积进行料理

靠近后腿根的部位。体积较大，多由瘦肉组成，脂肪较少。是猪瘦肉中具有代表性的部位。肌理细腻，肉质柔软。适合做成煎猪肉、烤猪肉等料理，或整块进行蒸煮，让人品味到块肉独有的风味。也可作为无骨火腿的原料进行加工。

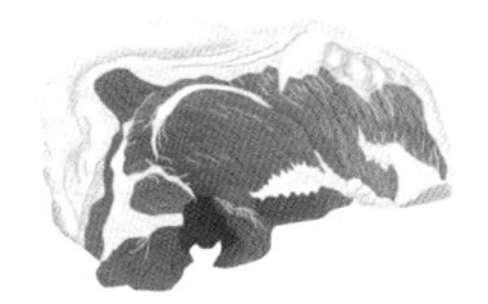

适合的料理

烤猪肉、煎猪肉

8 腱子心

也有人将它与内腱合称为腱肉

位于内腱下方，为瘦肉。肉质与内腱几近相同，瘦肉肌理细腻。一般将它与内腱合在一起称为腱肉。常见的处理方法是作为碎肉片进行料理，或用作炖煮。

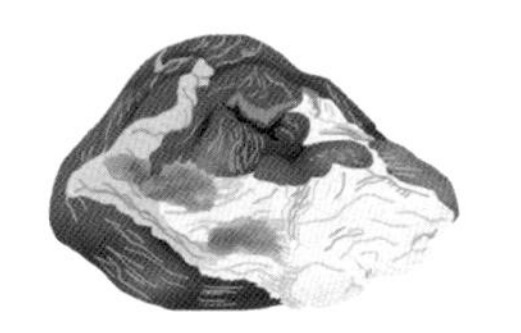

适合的料理

烤猪肉、煎猪肉

炖煮

9 外腱

按照肉色深浅相应地调整烹饪方法

这一部分也经常得到运动，因此脂肪较少，肌理微粗、质地坚硬。也因此，我们推荐切片做成炒菜。也适合做成炖煮料理。

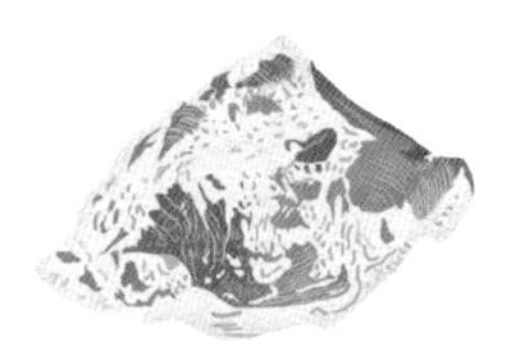

适合的料理

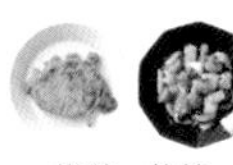

嫩煎、热炒

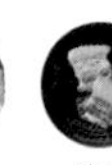

炖煮

涮涮锅

专栏

碎肉条与碎肉片有何区别？

碎肉条和碎肉片的魅力在于价格实惠，且当作餐间小菜的食材来用又十分方便。要大致述说二者之间的区别，碎肉条是将各种不同部位切剩下的肉条杂碎集中在一起，而碎肉片是在处理烤猪肉的肉材或是块肉切片时因形状不均而多出来的部分。不过，不同的肉店里能买到的产品差别也很大，说是碎肉条买到手一看却有切五花多出的碎肉片，说是碎肉片却尽是细碎杂陈的肉条，这种情况也是时有发生。不管你想买哪一种，我们建议你在购买前都要仔细确认脂肪状态、红肉色泽等，再进行挑选。

猪肉的部位图鉴（副产物）

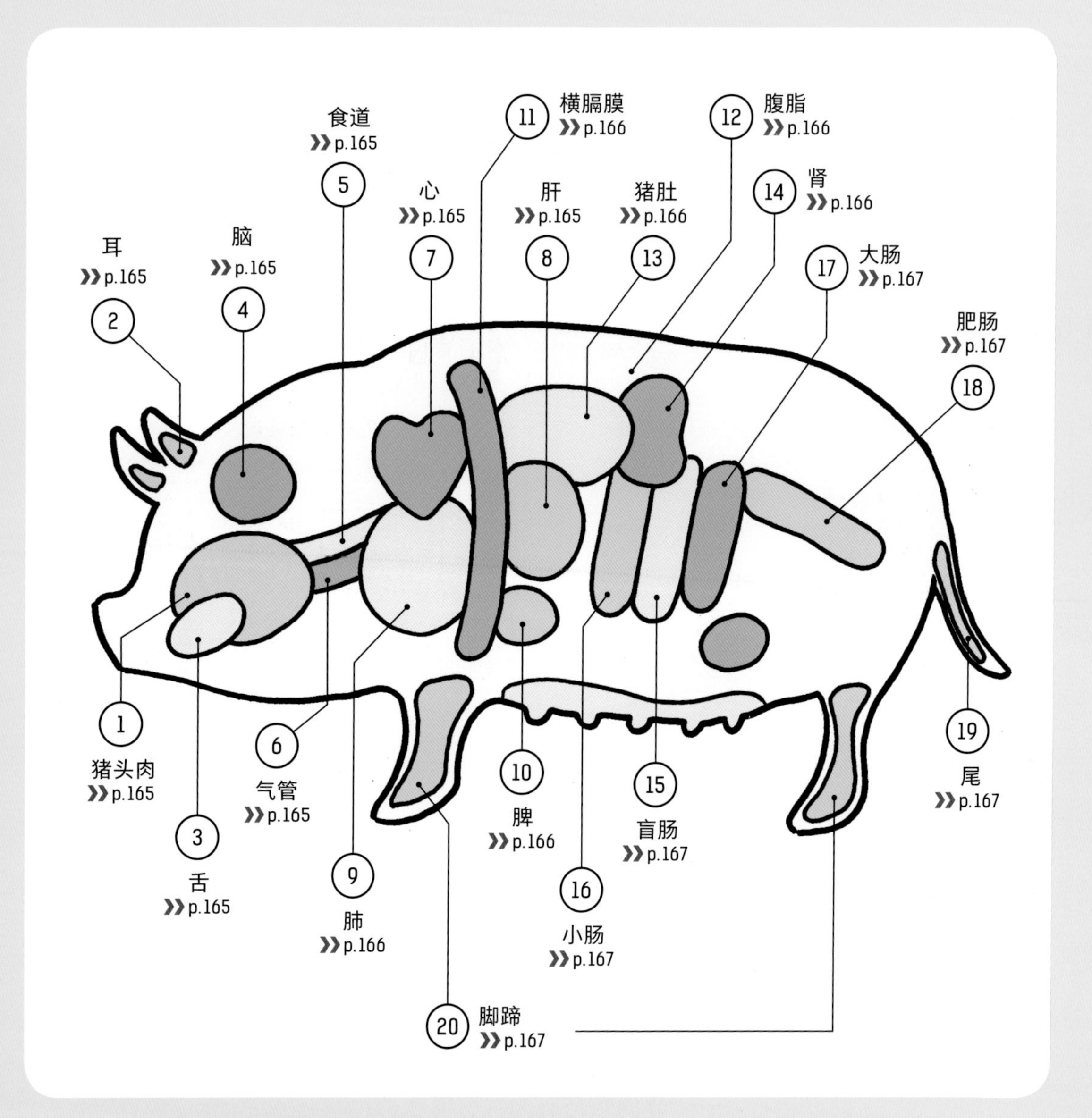

了解猪杂菜单上常见的副产物

说到猪身上的副产物，也许你常在居酒屋等处的烤猪杂菜单上见到。从猪舌、猪肝、猪心等熟悉的部位，到肥肠、子宫、猪肾、猪肚等稀有部位，种类可谓十分丰富。了解了关于这些部位的知识，相信你定能在享用烤猪杂、烤内脏时收获更多乐趣。

猪的副产物与牛一样，都是鲜度为上。屠宰后，它们被迅速分送到商户，并高效进行清洗、杀菌、切割检查等步骤，方可最终上市。超市出售的猪杂锅材料包大多经过加热处理，因此比生鲜产品保质期更长久。这些副产物用来做炒菜或是炖煮都很美味，让人足不出户亦能轻松做出猪杂料理。

1 猪头肉

猪头上的肉，含一部分颈肉

猪头肉，也被称作脸颊肉等，肉色深浓，口感较硬。常被切成薄片或是肉末使用。猪头肉富含脂肪，也包含了一部分被称为“猪颈脂”的颈肉。

2 耳

包含猪皮与软骨的脆韧口感

猪的耳朵。基本由猪皮与软骨组成，口感脆韧。胶质较多。市售的是经过汆烫脱毛处理后的猪耳。除了做成炒菜、炸物，还可以变身为冲绳名料理——冲绳凉拌猪耳。

3 舌

与牛肉不同，外皮也可食用

猪舌头上的肉。口感较为清淡。接近根部处脂肪较多而质软。如果比较在意，也可以去皮后再食用。适合做成烤肉、炸物或炖煮。

4 脑

炖煮后尽情享用绵软口感和独特风味

猪脑。质地绵软，风味独特。适合做成炖煮，或做汤。牛脑作为易受 BSE（牛海绵状脑病）病菌感染的危险部位，一般被弃置不用，而猪脑在普遍认知中是不具有这种风险的。

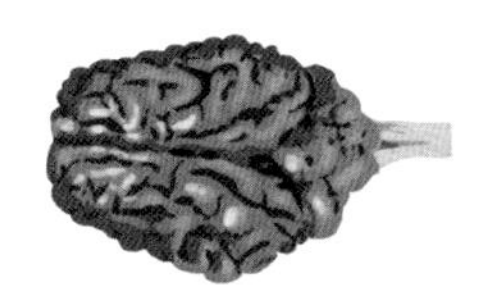

5 食道

口感仿佛瘦肉

猪的食道。含瘦肉较多。市售的是对半切开除去中间的黏膜与脂肪后的食道。可以做成炖煮或烤肉。

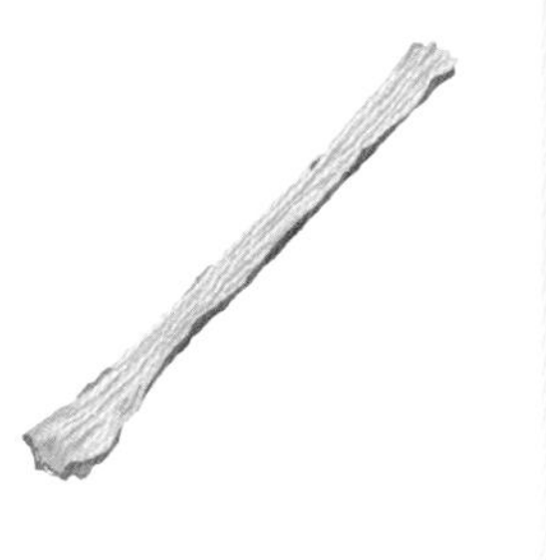

6 气管

口感脆韧，做成烤肉绝佳

猪的气管。几乎全是软骨，因此口感脆韧。适合切段后做成烤肉。

7 心

口感独特，清爽易嚼

猪的心脏。肌肉纤维较细，质地坚硬，拥有独特口感。脂肪含量较低，味道清淡。烹饪时须注意充分放血。除了用在烤肉上，也很适合做成煮菜。

8 肝

形状特殊，味道独特

猪的肝脏。其扁平的形状很有特点。因杂味很重，须用香辛类蔬菜或调味料、牛奶等浸泡，稀释臭味后，方可用作嫩煎或炸物。还可以磨成泥使用。

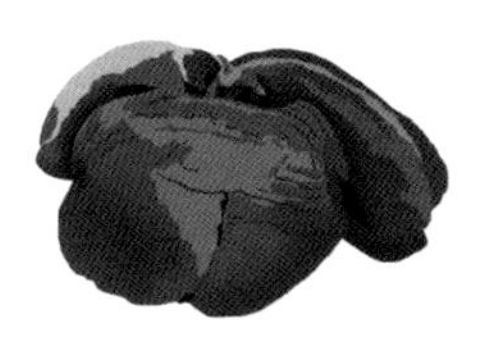

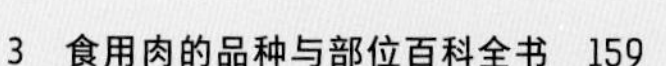

9 肺

兼具松软与弹牙两种口感

猪的肺脏。口感蓬松绵软。须注意烹饪前充分放血。如果不去掉中间的气管直接料理，还能享受到它的软弹口感。

10 脾

注意鲜度，勿使发臭

猪的脾脏。口味清淡，口感柔软。日语中又叫“太刀肝”。烹饪时须注意使用腥臭度不影响食用的新鲜脾脏。适合做成烤肉等。

11 横膈膜

不像牛的横膈膜那样进一步细分

猪的横膈膜肌。虽然是副产物，却与肉的口感相近，易入口，料理简单。没有牛的横膈膜那么大，也不分上横膈膜和裙子肉。这也是一个经常被做成肉末的部位。

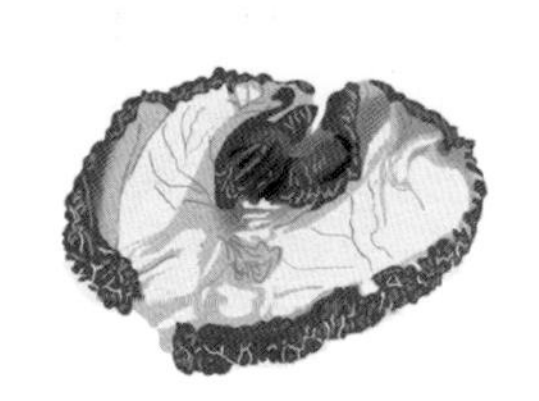

12 腹脂

可以包裹食材做出豪华料理

指的是猪肾和胃肠四周的脂肪。尤其是位于大小肠之间的腹脂，因状似网络，又被称为“网脂”。网脂经常被用于包裹食材，然后进行煎烤或油炸。

13 猪肚

在副产物当中，具有易被人接受的味道

猪的胃部。在副产物当中也可算是腥臭味较淡而容易入口的部位。质地稍硬，口感具弹性。烹饪前须去除脂肪。适合做烤猪杂、炖煮，或与橙醋凉拌。

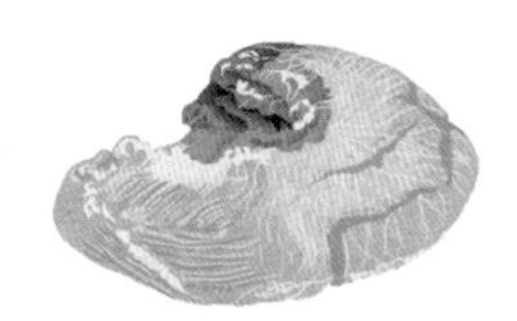

14 肾

去除白色筋络便于美味料理

猪的肾脏。整体形似蚕豆。是脂肪较少的部位。去除表皮后对半切开，将白色筋络状的尿管剥除，可有效缓解腥臭味，方便入口。非常适合做嫩煎、炖煮和凉拌菜等。

专栏

将全身是宝的猪肉用到极致的冲绳乡土料理

关于猪，在冲绳有着“叫声以外都能吃”的说法。诚如此言，在冲绳的乡土料理中，你可以品尝到猪的方方面面。五花肉切块炖制的冲绳黑糖排骨、带骨五花与白萝卜等食材同煮而成的排骨汤——种种纯肉料理自不消说，其余更有：将猪耳和猪脸皮焯煮后与掺了花生酱的粗味噌拌在一起的猪耳刺身、猪脚炖的猪脚汤、胃肠内容物做成的中身汤、猪肝煮制的胡萝卜猪肝汤……将猪肉副产物物尽其用的料理数不胜数。除此之外，还有用猪油和猪血做的料理。

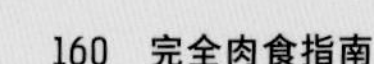

15 盲肠

可以做成猪杂锅享用

猪的盲肠。因为质地较为坚硬，可以通过炖煮转变为颇具嚼劲的口感，品尝它的美味。在日本有时也与其他的胃肠部位合称“白猪杂”。

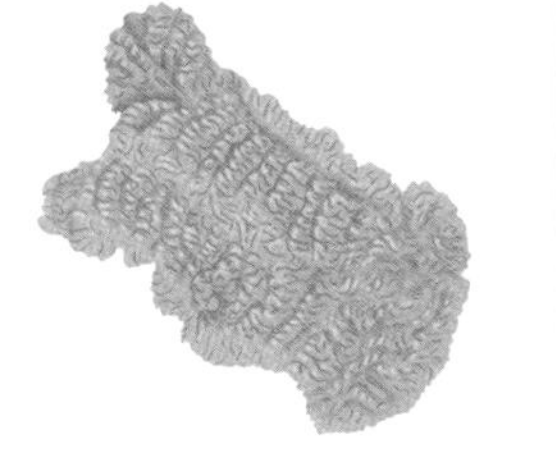

16 小肠

去除脂肪和杂味后进行烹饪

猪的小肠。别名“绳子”，来自于其细长菲薄的形状。脂肪较多，市售产品已将脂肪去除。烹饪时须注意去除杂味。质地稍稍偏硬，适合做炖煮或烤肉。

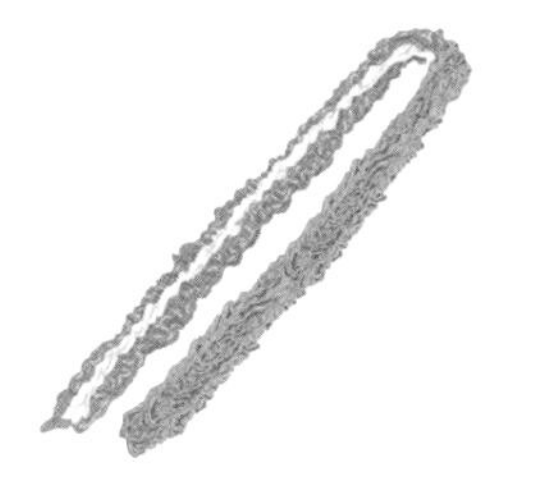

17 大肠

脂肪较多，有韧劲

猪的大肠。整体呈肠壁褶皱堆叠状，富于脂肪。比起小肠口感更韧。推荐用作炖煮或烤猪杂。

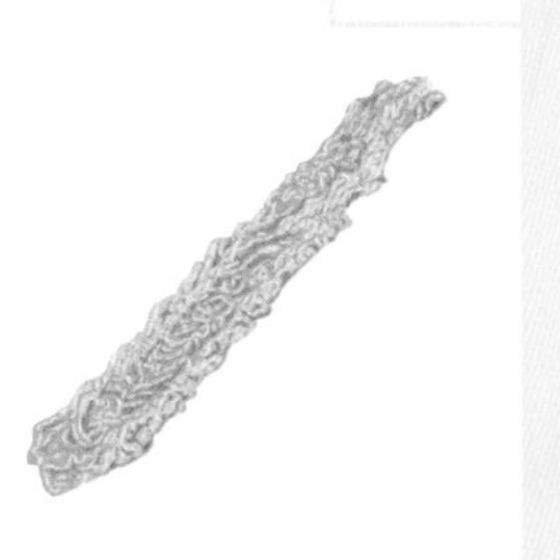

18 肥肠

形状与长枪无二致

猪的直肠。亦即猪肠末端部分。在日语中被称为“长枪”，来自于其打开后的形状。有一定嚼劲，适合做成炖煮料理。

19 尾

慢炖至黏稠

猪的尾巴。与牛尾相比关节更不明显，因此用市售切段猪尾进行料理会比较方便。流水洗净用于烹饪。极富胶原，因此很适合做成炖煮料理。

20 脚蹄

皮、肉、筋、软骨皆可食用

猪的足部。极富胶原，经长时间炖煮则软化。除硬骨和指爪外皆可食用。市面上有的猪脚还会残留体毛，可以用明火炙烤等方法去除干净用于料理。可以做成冲绳料理“猪脚汤”。

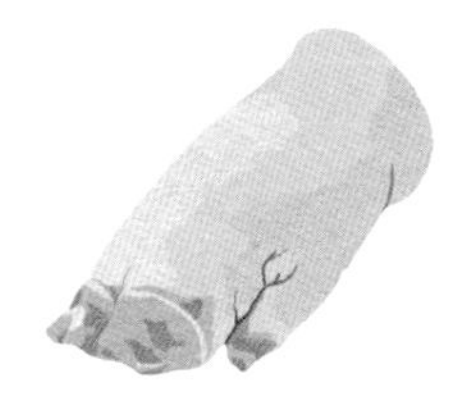

鸡肉的基本知识

肉鸡、本地鸡、品牌鸡的区别究竟在哪里？近年来，我们也经常能见到进口鸡肉的影子。让我们来了解一下各种鸡肉的特点，方便挑选适合料理的种类。

鸡肉的分类

肉用鸡可大致分为“肉鸡”“本地鸡”和“品牌鸡”

食品生产中所用的鸡可分为肉用种（肉鸡）、卵用种（蛋鸡）和卵肉兼用种。专作肉用的肉鸡并非品种名称，而是为了适应短期出品而被改造出来的肉用嫩鸡的总称。在日本多见的肉鸡主要是白色康沃尔种和白色普利茅斯岩石种的杂交种。

而与之相异，本地鸡和品牌鸡是作为品种分类存在的。本地鸡的冠名有着严密的规定，品牌鸡则并无此种规定。除此之外，市面上也多见进口鸡肉。

品种和进口地是？

白色康沃尔种

成长迅速
胸肉饱满

作为配种用公鸡在美国进行了品种改良。就成长速度而言，40～50 日公鸡可达到约 5.5kg，母鸡可达到约 4kg。这一速度在各品种鸡当中是最快的。

资料来源：独立行政法人 家畜改良中心

产卵数多
被用作交配母鸡

美国诞生的品种。本身是卵肉兼用品种，也被作为肉鸡的交配用母鸡。公鸡能长到 5kg 左右，母鸡能长到 3.6kg 左右。

资料来源：独立行政法人 家畜改良中心

白色普利茅斯岩石种

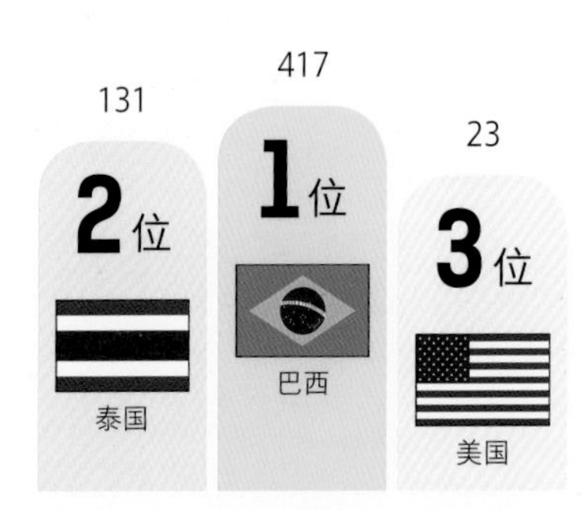

（单位：千吨）/ 根据 2017 年日本财务省“贸易统计”项目绘制

日本的鸡肉进口量中，巴西产鸡肉具有压倒性优势。泰国产也在逐年增加中

日本的鸡肉进口量正在逐年增加。进口地中，巴西在数量上占压倒性优势，接着是泰国和美国。另外，作为日本国产肉鸡来源的母鸡也有从国外进口的，大多是英国产。

怎样的鸡才是本地鸡？与品牌鸡又有何区别呢？

本地鸡

满足 JAS 各项规定的鸡

日本各地的本地品种经过改良之后的鸡。成为本地鸡的条件由 JAS（日本农林规格）标准定下了严格的规范。本地鸡生产量大约在市售鸡肉的 1%。

品牌鸡

并非本地鸡，而是“美味鸡”

针对饲料和饲育时长下功夫，力求肉质美味的鸡。并无规定条件。一般指继承了本地鸡血统但并未通过本地鸡规范测定的鸡，或严格按照饲育法生产的肉鸡等。

在日本具有代表性的本地鸡

日本全国有 60 多种本地鸡，其中最有名的是以下 3 种。

名古屋科钦鸡

名古屋种的纯种鸡。肉质紧实，口感良好，特点是肉味浓郁鲜甜。鸡蛋也浓郁味美。

资料来源：名古屋市农业中心

萨摩地鸡

将天然存在的萨摩鸡进行改良产生的本地鸡品种。鸡肉肌理细腻，鲜度与甜度较高。也常被用来做半生烤料理。

资料来源：鹿儿岛县地鸡振兴协议会

比内地鸡

做烤米棒[1]不可或缺的一味材料，是秋田的本地鸡。这个品种生产的都是严格满足 JAS 规定条件、鸡肉味道香浓弹力佳的鸡。

资料来源：秋田县比内地鸡品牌认证推进协议会

花费大量时间，由本地原有品种细心培育而来的本地鸡

成为本地鸡的条件主要有三：①为本地品种（明治时代日本已确认存在的品种，目前已确认 38 种）的纯种鸡，或至少一方亲缘来自本地品种且能证明其出生路径；②饲育时长在 75 日以上；③自孵化后第 28 日起，所处饲育环境每平方米平饲（即饲养个体可自由运动）的数量在 10 只以下。

不符合这些条件就无法被称为本地鸡。肉鸡一般也用平饲法来进行饲育，而本地鸡所处的饲育环境远比其来得宽敞，可以慢悠悠地花上大段时间来成长。本地鸡固然有血统的保证，而这些耗费心力的饲育方法才是其肉质紧实、肉味香浓的成因。另外，饲料也因地制宜，混合了海藻、木醋液[2]、牡蛎壳等，这种做法又包含了不借助一般混合饲料或抗生物质等的一番用心。

1. 为秋田特色料理，做法是将煮至稍硬的米饭捣散，裹在杉木棒上烤至酥脆。也有烤完后用作火锅食材使用的。
2. 木材中能萃取到的天然醋酸成分。

品牌鸡肉究竟什么样？

品牌鸡肉，指的是我们在肉店和超市等地货架上见到的具有特定品牌的鸡肉。了解这些品牌鸡肉的特征，就能在挑选合适鸡肉时派上用场。

力求美味，针对饲料选择和饲育时长下功夫的食用鸡

品牌鸡虽然没有像本地鸡那样严格的甄别基准和条件，却也是各生产者凝聚努力为追求美味而生产出来的鸡肉。其定义为："在日本国内进行饲育，与本地鸡相比体重增加，饲育方法（饲料内容、出品时间等）与普遍方法有所不同、别出心裁的品种。"（出自：日本食用鸟类协会官网）

与较难入手的本地鸡相比，各地的品牌鸡在超市就很容易买到，你也可以与无品牌鸡肉比较品尝一下。

资料来源：株式会社 大山鸡

大山鸡

来自鸟取县和岛根县的山麓

在空气和水质较好的环境中以相对长期的平饲法进行饲育。出生 28 日以后，导入不含抗生物质的专用饲料，以调整肠内细菌环境，生产出较为肥瘦相间的鸡肉。出品后采用了减少碎肉掉落的处理方法。

森林鸡

"森林精华"所养育的体质健康的品牌鸡

来自宫城县、冈山县和宫崎县的品牌鸡。以添加了森林精华（木醋液、树皮炭）的饲料哺育，使鸡的肠内细菌活动更为活化。这样饲育出来的鸡既保证了健康，肉质也美味。鸡肉多汁味鲜，腥臭味较少。另外还有一个特点是含有丰富的维生素 E。

资料来源：株式会社 WellFarmFoods

南部鸡

鸡肉多汁、脂肪入口即化的岩手县产鸡肉

这种鸡是由以法国引进红鸡为祖亲的红色康沃尔种与白色岩石种杂交而成的。饲料中使用了纳豆菌与草本植物精华等来替代抗生物质。此外，还加入了含有大量中链脂肪酸的椰油，以便形成入口即化的鸡肉脂肪。

富士朝日鸡

健康成长、安全性得到提升的静冈县品牌鸡

其实，不仅仅是在静冈，山梨县、长野县、群马县等地也有饲育。在保证卫生的环境中，以高粱作物中的黄芦粟（milo）为基底调配饲料进行哺育。鸡肉皮下脂肪较少，口感及风味俱佳。另有一个特点是脂肪颜色较淡白。

伊势红鸡

将原产自法国的鸡雏放在三重县饲育

以炭吸附从阔叶树树皮中提取的木醋酸，然后添加到专用饲料里，使生产出来的鸡肉鸡腥味较少，更易入口。比一般肉鸡的饲育时间要长20天左右，因此肉质也更紧实，口感上弹力更佳。

日南鸡

在宫崎县与熊本县的开放鸡舍中饲育而成。饲料配合以维生素 E 和益生素

为了保证鸡的健康成长，在原始饲料中加入了丰富的维生素 E 和益生素枯草菌进行饲育。这样做，鸡肉脂肪会有所减少，但氨基酸等鲜味成分的含量却能得到提升。肉质弹牙且多汁。

地养鸡

日本全国各地均有生产的品牌鸡

岩手县、千叶县、静冈县、德岛县的品牌鸡。饲料中添加了混合饲料物材，有地养素、树汁、海藻、艾草粉末等，以去除鸡腥，使鸡肉更易入口。鲜甜味及浓郁感更强。脂肪与胆固醇较少，也被称作健康鸡肉。

草本红鸡

吃草本植物长大的红褐色长崎品牌鸡

为红色康沃尔种和罗德岛红鸡的杂交种。饲料中添加了南瓜和芭蕉的种子，以及红花、金银花等草本植物。饲育方法参照了法国传统，并进行了平饲。肉质弹力适中，肉汁丰富。

了解鸡肉的部位

这块肉来自哪个部位？
有着怎样的口感？味道如何？

鸡颈肉

鸡尾肉

胸尖软骨

鸡胗

鸡本身就是体型较小的家禽，因此鸡肉部位本身不算很多，不过副产物的种类却多到超乎意料，且各自充满魅力。了解鸡肉不同部位的相关知识，在烤肉串店点单时也能享受到更多乐趣，同时，家庭料理可选种类也会增加许多。

在烤鸡肉串店，试着寻找每个部位不同的味道与口感

如今，鸡肉已经超过了猪肉，成为日本食用肉年消费量第一名。数据显示，日本每人每年的鸡肉消耗量从 1960 年的不满 1kg 增加到了 2016 年的 13kg，已达到原先的 13 倍左右。再详查一番，我们发现与猪肉相比，鸡肉在外食上的消耗量更大，鸡肉消耗的一大特点就是，烤鸡肉串、炸鸡、唐扬鸡块等代表性料理，都是在包含了外带的外食领域大放异彩的。

鸡肉部位有鸡腿、鸡胸、鸡里脊、鸡翅等，副产物有内脏、软骨等。不管是纯肉还是副产物，各个部位的鲜味、口感、脂肪含量各有不同，可以享受到它们特点迥异的味道。而且，鸡肉带皮和去皮的情况下味道也会有所变化，还有仅用鸡皮制作的鸡肉料理，这也是鸡肉的一大特点。你可以活用鸡肉、鸡皮和副产物各自的味道特点，做出心仪的料理。

鸡肉的部位图鉴（肉／副产物）

肉

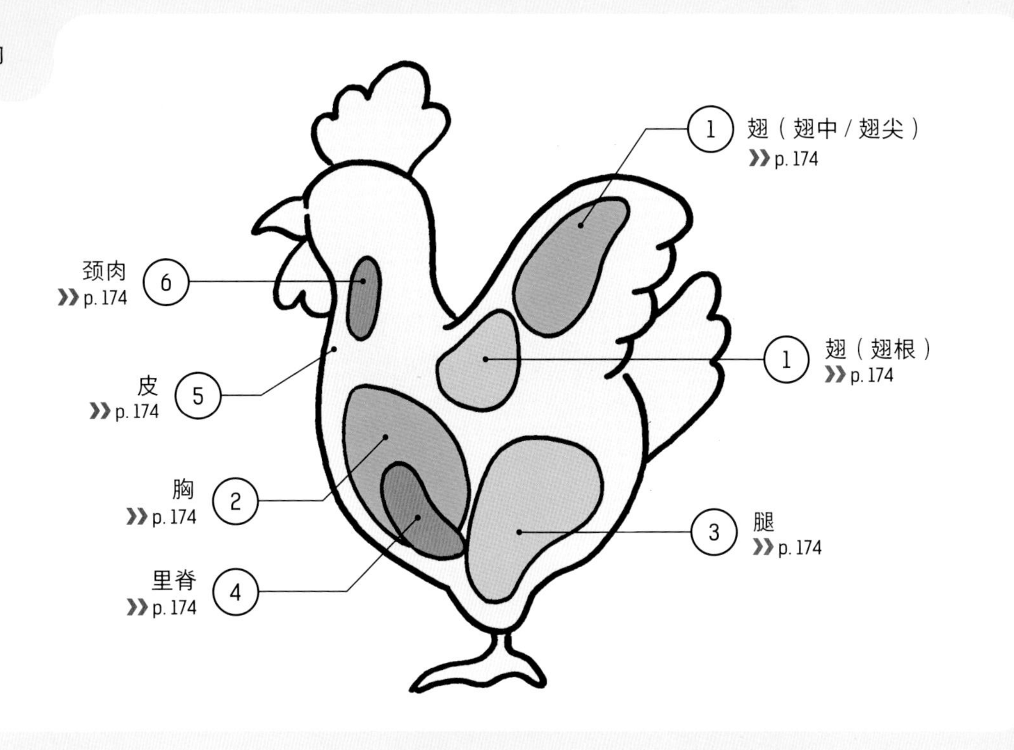

副产物

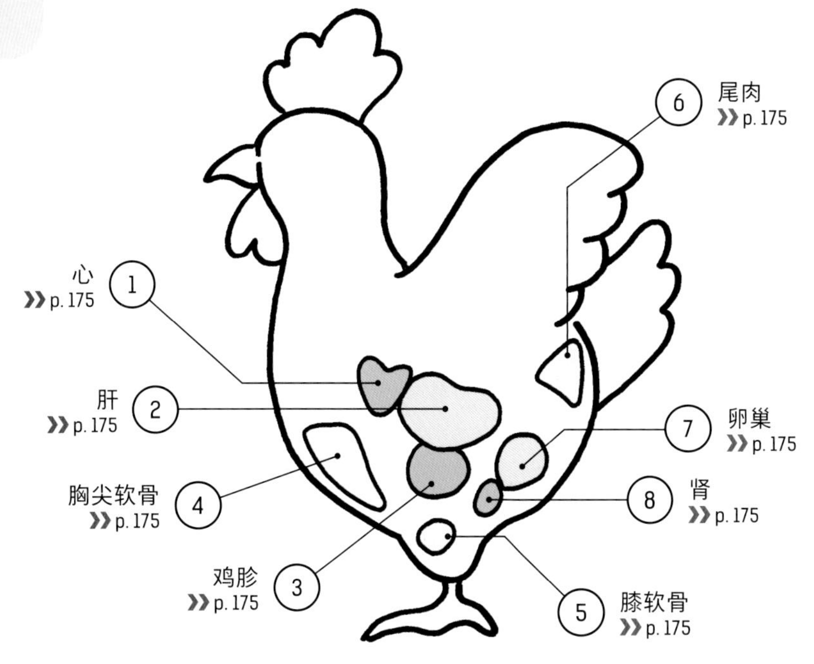

① 翅

翅根

肉量饱满，味道清淡

鸡翅是靠近躯体连接处的部分。脂肪较少，比起翅尖味道较淡，也更柔软。在鸡翅中是肉量最饱满的区域。

翅中

是翅尖包含的一部分

翅尖除去尖端后剩下的部分。市面上也有对半切开、一边保留一根骨头的翅中出售。

翅尖

鸡翅尖端部分，鲜味十足

指鸡翅带肉部分中最尖端的区域。其尖端基本只有骨头和鸡皮。含较多胶质和脂肪，鲜味十足。

② 胸

味道清淡，极易入口

脂肪较少。几乎没有什么鸡腥味，味道清淡，口感柔软。在快手料理鸡丝沙拉中多有见到。需注意肉鸡的鸡胸如炖煮时间过长容易变硬。而本地鸡的一大特点就是，即使稍稍炖煮过头了也不会过分发硬。

适合的料理

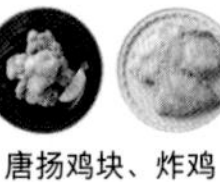

嫩煎、热炒　唐扬鸡块、炸鸡　蒸菜

③ 腿

可以品尝到浓郁肉味的部位

脂肪较多，味道浓郁深厚。比起其他部位更显肌肉质感，纤维较多，质地较硬。膝盖以上部分被称为“大腿”(thigh)，膝盖以下则称“小腿”(drumstick)。带骨鸡腿很适合做成烤鸡、炸鸡等。

适合的料理

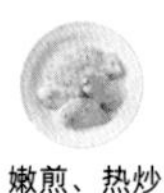

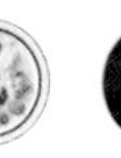
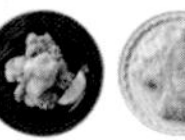

嫩煎、热炒　炖煮　唐扬鸡块、炸鸡

④ 里脊

适合的料理

唐扬鸡块、炸鸡

蒸菜

较为常见的健康食材

是鸡肉中脂肪最少的部位。质地湿润柔软，味道偏清淡。利于消化，蛋白质含量高。要想做得肉质蓬松，须注意加热时间不能过长。因形似竹叶，故在日语中被称为“竹叶肉”。

⑤ 皮

适合的料理

嫩煎、热炒

烤鸡肉串　炖煮

煎烤程度会改变口感

鸡的皮肤。含相当多的脂肪，味道浓郁，鲜味丰富。如煎烤充分会变得十分焦脆。在烤鸡肉串中经常使用的是头颈部分的鸡皮。

⑥ 颈肉

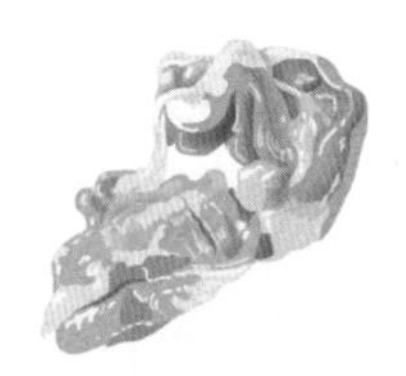

适合的料理

烤鸡肉串

含大量肌肉与脂肪

鸡颈部的肌肉。因为经常运动，这部分的肉质十分紧实，且具有弹性。脂肪含量也较高，鲜味十足，肉质柔软。亦被称为最适合做成烤鸡肉串的部位。每只鸡身上仅能获取少量。

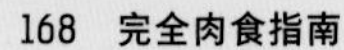

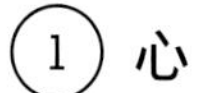

① 心

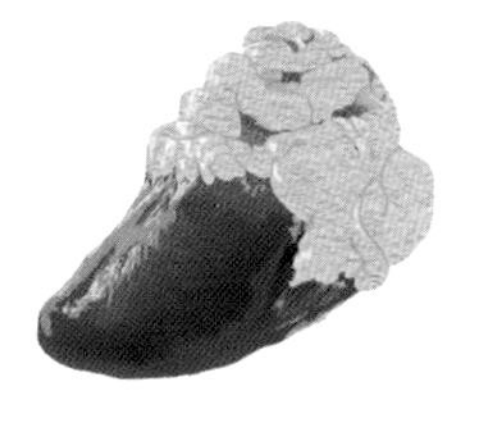

常和肝合并为“心肝”出售

鸡的心脏。口感充满弹性。须充分放血后再进行烹饪。也与鸡肝合称为“心肝”，一起出现在市面上。

② 肝

方便料理，颇具人气的部位

鸡的肝脏。用冷水或牛奶辅助放血可有效去除腥臭。适合做成炒菜、烤串、炖煮，或磨成泥使用。

③ 鸡胗

对于没有牙齿的鸟类来说是独特的脏器

鸡的肌胃。为了更好地消化食物，鸡的肌胃中蓄了沙石。也叫砂囊。口感颇具嚼劲。

④ 胸尖软骨

口感韧中带绵

位于鸡胸骨尖端的软骨，口感较为脆韧。日语中名为“药研软骨”，是因为形似中药制作中研磨草药的捣杵。

⑤ 膝软骨

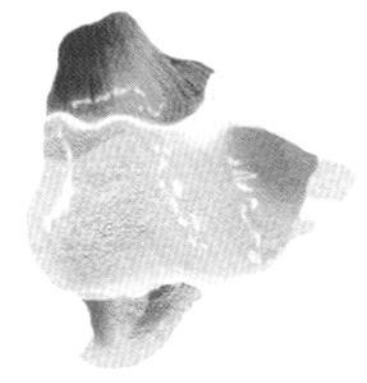

质地稍硬，有味道的软骨

比起胸尖软骨更具嚼劲，口感脆韧。带有胶原蛋白和脂肪的味道。日语中又名“拳骨”。

⑥ 尾肉

每只鸡身上仅能获取少量

靠近尾骨四周的肉。属于鸡的稀有部位。脂肪较多，弹性适中，较为多汁。适合做成烤串或油炸。

⑦ 卵巢

蛋壳蛋白成型前的鸡蛋

鸡的卵巢。整体呈念珠紧密相连状，是还在发育中的卵。日语中名为“金桔”，也是因为它的形状跟这种水果颇为相似。适合做成炖煮或烤串。

⑧ 肾

总想品尝一次的珍味

鸡的肾脏。属于鸡的稀有部位。脂肪较多，鲜味十足，有一定甜味。口感蓬松绵软。适合做成烤串或炒菜。

MEMO

在处理整鸡的店铺，你也许能遇到鸡的稀有部位

日本的有些店铺获得自治团体的食用禽类处理资格认定，能够处理出售整鸡，如一些批发直营店和精肉店等，去到这些店铺，你就有可能遇到如鸡翅根最根端的“振袖”、名为“鸣喉”的喉管、和鸡腿上的腰骨凹陷肉（sot l'y laisse[1]）等。

1. 日语中的叫法源自法语，意为“只有傻瓜才会把它剩下”。

羊肉的基本知识

羔羊肉与羊肉、国产与进口等，羊肉身上多得是我们不了解的事。那么，我们就来学习一下关于羊肉的基础知识，品尝美味的羊肉吧。

羊肉的区别

根据成长阶段的不同，羊肉的叫法分为“羔羊肉”（lamb）和“羊肉”（mutton）等

说起羊肉，当然会想到羔羊肉等，其实羊肉的分类并非品种差异，而是成长阶段不同。在日本，羊的成长一般可以分为4个阶段。另外，羊肉也分等级，等级根据枝肉的重量、皮下脂肪含量、肉与脂肪的肌理和色泽等来确定，皮下脂肪较厚的羊肉等级较高。

在日本你能品尝到的羊肉，几乎都是从澳大利亚和新西兰进口的，国产羊肉大约只占到0.4%。不过最近，日本产的新鲜羔羊肉也广受好评，需求量有上升趋势。

羊肉的叫法区别在这里！

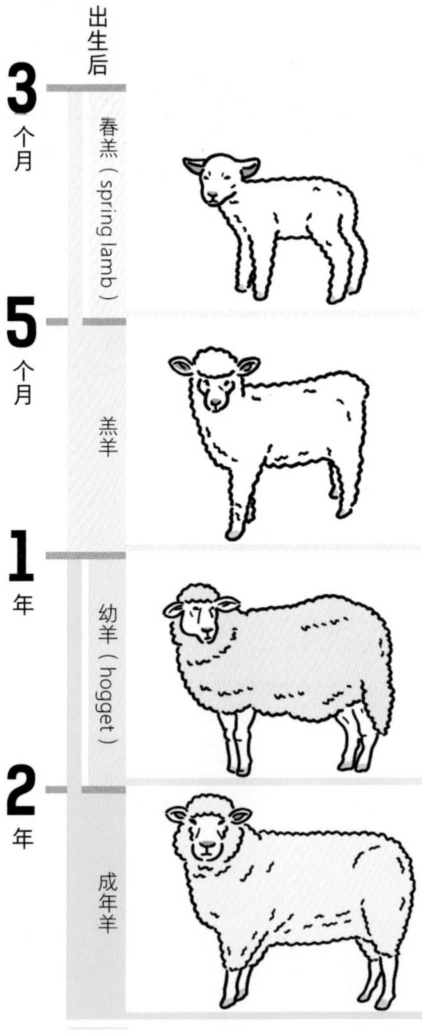

出生后

3个月 | 春羔（spring lamb）

春羔肉

是羔羊肉的一种，为出生3~5个月、仅由母乳喂养的小羊的肉。也有出生4~6周的称为乳羔羊（milkfed lamb），而出生6~8周的称为小羔羊（young lamb）的叫法。

5个月 | 羔羊

羔羊肉

出生不满1年的小羊的肉。有时也指未长出恒牙的小羊的肉。另外，经过3个月的母乳喂养后开始吃草的小羊的肉也叫作草饲羔羊（grass-fed lamb）。

1年 | 幼羊（hogget）

幼羊肉

出生满1年而不足2年的羊肉。在国外，有的地方也把长出1~2颗恒牙的羊称作幼羊的。这个成长阶段的羊很难被分类为单纯的羔羊或成年羊，而这种羊肉的味道也介于羔羊与成年羊之间。

2年 | 成年羊

成年羊肉

出生1年以上的成年羊的肉。有时也指长出1颗以上恒牙的羊的肉。比起羊羔肉则肉质更硬、杂味更强，不过日渐提升的冷冻技术也在逐渐消除它的膻味。

日本出售的羊肉产自哪里？

羊肉的进口地在哪里？

其他
1.8%

新西兰
38.6%

澳大利亚
59.6%

根据 2017 年日本财务省“贸易统计”项目绘制

MEMO

北海道的成吉思汗烤羊[1]，用到的肉也几乎都是来自进口

北海道是日本国产羊肉的最大产地之一，而这里的店铺主要出售的也是进口羊肉。这是因为，国产羊肉会接到来自日本各地料理店的订单。不过，在牧场直营的成吉思汗烤羊店当中，羊肉自不必说，有一些也是会提供羊内脏等食材的。

日本各都道府县羊的饲育头数 best 5

	都道府县	头数	饲育户数（参考）
1	北海道	8,630	210
2	长野县	1,014	67
3	栃木县	651	22
4	岩手县	621	48
5	千叶县	611	17
	全国合计	17,513	965

根据 2016 年公益社团法人畜产技术协会的绵羊统计绘制

澳大利亚羊肉进口量遥遥领先，接下来是新西兰 日本国产羊肉则以北海道产居多

在日本你能吃到的羊肉，几乎都是进口商品，产自日本的极其少量。近年来，羊肉的进口量整体逐渐下降，不过这些减少的部分主要是来自面向加工的冷冻羊肉，而成吉思汗烤羊等料理中所用的冷鲜羊肉需求还在急速增加。另外，人们一般会认为成年羊肉有一股独特的膻味，但其实随着冷冻技术的提高和冷鲜肉的进口，在日本也能享受到膻味较轻的美味羊肉了。

羊肉的进口地主要是澳大利亚和新西兰，而此前因疫病问题暂时中止出口的欧洲国家及美国也重开了出口通道[2]。日本产羊肉因为产量较少，已成为珍稀食材，只有在专门店里才能一品其味。因生产规模较小，每个牧场产的肉也有其独特的个性。

1. 一种将羊肉与蔬菜放在铁板或铁锅等工具上进行烧烤的料理，是北海道名菜，据说做法来自成吉思汗。
2. 原书出版于 2019 年 4 月，故有此说。

羊肉的品种

肉用羊基本是 4 个品种。此外还有毛肉兼用种

羊肉的品种据说达到了 3000 种以上，除肉用之外，还有乳用、毛用等不一品种。主要食用品种有萨福克种（Suffolk）、罗姆尼种（Romney）、美利奴种（Merino）、多塞特种（Dorset）等。每种羊肉都有其独特味道，但随着日本国产羊肉产量的减少，想要买到这些羊肉没有那么简单。要想感受这些品种的差异，就要去到法国料理或者成吉思汗烤羊餐厅，或是通过羊肉专门店的邮购业务进行购买，就可以一边品味一边对比了。

萨福克种

原产地　英国 萨福克郡

肉用种

原产自英国萨福克郡。由本地品种有角诺福克羊和南丘羊交配而来的大型肉用种，头部与四足覆盖有黑色短毛。成长讯速，能产出品质优良的羊羔肉。在世界各国作为羊肉生产用的交配种多有饲育，在日本则是主要的肉用种。肉多有霜降，软硬适中。

罗姆尼种

原产地　英国 肯特郡 罗姆尼

毛肉兼用种

原产地位于英国东南部，面临多佛尔海峡。以本地品种旧型罗姆尼沼泽羊为基础，在 18 世纪进行改良而来。毛长，脸与四肢为白色。除了与萨福克等品种进行杂交以生产羔羊肉之外，它的羊毛也大有用处。是新西兰的代表性品种。

美利奴种

原产地　西班牙

毛用种、毛肉兼用种

在美、德、法、澳、南非等世界多国有所饲育，而这些国家的品种均是基于西班牙的美利奴种各自改良而来的。在所有品种的羊中，拥有最白、最纤细、品质优秀的羊毛，因此成为羊毛产业的代表性品种，偶尔也会作肉用。

多赛特种

原产地　英国多塞特郡

毛肉兼用种

由温和的气候以及富于谷类和牧草的土地养育出来的品种。一般的羊都在早春出生，不过多赛特羊的交配期很长，全年上下都有幼崽出生，是高产品种。适合产肉，在澳大利亚生产的羔羊肉，几乎全都是来自与多赛特的杂交品种。

MEMO

肋排肉（French rack）+ 前腰肉（short loin）= 腰脊肉（long loin）

肋排肉指的是后背靠近胸肋部分的肉。前腰肉指的是胸肋往后靠近腰部的肉。这部分也含菲力，还可以做T骨肉排等。将这两部分的肉合在一起，也可称作腰脊肉。

了解羊肉的部位

成吉思汗烤羊的传播让羊肉一举成为了大众熟悉的食材。而在法国料理店与烤肉店里，带骨羔羊排也是人气之选。让我们来看看羊肉各个部位的特征和副产物的味道，解锁羊肉更多的魅力吧。

羔羊排在料理前是这样的！

肋排肉

后背靠近胸肋的肉。带骨上烤架烤好，可以享受到带骨肉的美妙滋味。

MEMO

直接用上肋排骨的料理

在以肋排肉为原料的料理中，有许多都是带肋排骨的。沿着骨头缝切开做成简单的烤羔羊排，或者取带 10 根骨左右的羊排肉做成王冠形状进行烤制的“王冠羊羔”，带骨肋排肉能做成许多外形亮眼的奢华菜色。

羊肉的部位图鉴（肉）

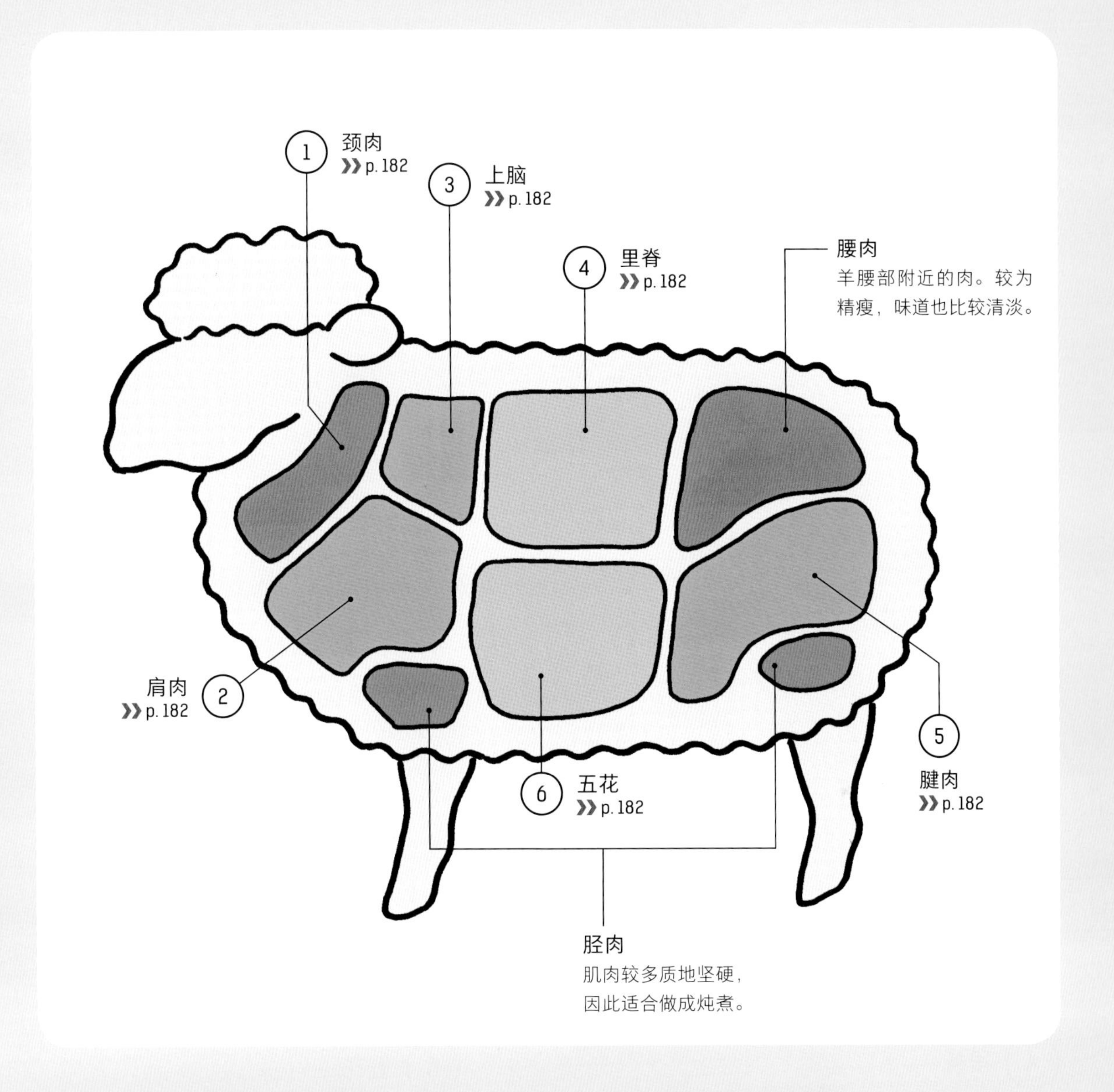

羊肉也可以挑选部位，从味道、口感、气味等多角度感受各部位的不同

一般来说，在成吉思汗烤羊肉店里，顾客经常是没法挑选部位的。而在盛产羊肉的北海道，有的餐馆就可以分里脊、菲力、五花等各部位提供点单，可选的内脏也相当丰富。提供这种服务的餐馆已经开始在日本各地出店，可以预见，今后在点单时能指名部位的情况也会多起来。

羊肉各部位的区别不仅仅在于肉质肌理柔软程度或脂肪交杂程度，还有一大特点就是羊膻味的轻重。从营养学角度来说，羊肉还含有丰富的左旋肉碱（L-carnitine），可以帮助将脂肪转化为能量。另外，除了与各种营养素代谢相关的维生素 B 族，它所含的铁和锌也十分丰富。羊肉也被称为有益美容与身体健康的食用肉之一。

① 颈肉

环绕头颈一圈的肉，质地柔软

脂肪较少而质地柔软。有的地方也将它与肩肉放在一起出售。

memo 因为价格比较实惠，在欧美，人们经常将其切片用来炖汤。

② 肩肉

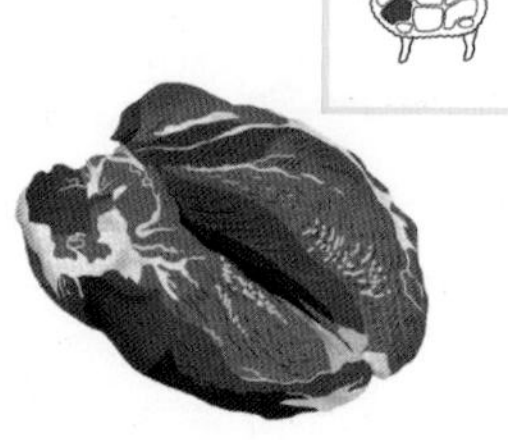

位于前肢小腿上方，常在成吉思汗烤肉里见到

肥瘦交杂较为平衡。质地偏硬，纤维较多。有羊肉特有的腥膻味。

memo 肩肉能品尝到羊肉最直接的味道，因此是成吉思汗烤羊里用到最多的部位。也很适合做炖煮。

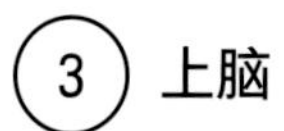

③ 上脑

肩颈后方的里脊肉，鲜味很强

有适度的霜降花纹，质地柔软。鲜味很强，膻味不重，较易入口。

memo 很适合做成吉思汗烤肉不说，做成厚切羊排或者炉架烤肉也是再好不过了。

④ 里脊

质优的羊后背肉

质地十分柔软的瘦肉，在羊肉当中是最为优质的部位。一般将背部和胸肋部的带骨里脊肉称为“腰脊肉”。

memo 适合做成羊排或烤羊肉。

⑤ 腱肉

位于后肢小腿上方的部位

与其他部位相比，是脂肪最少的瘦肉，口感清爽。以烤羊腿为首，其烹饪方法非常之广。

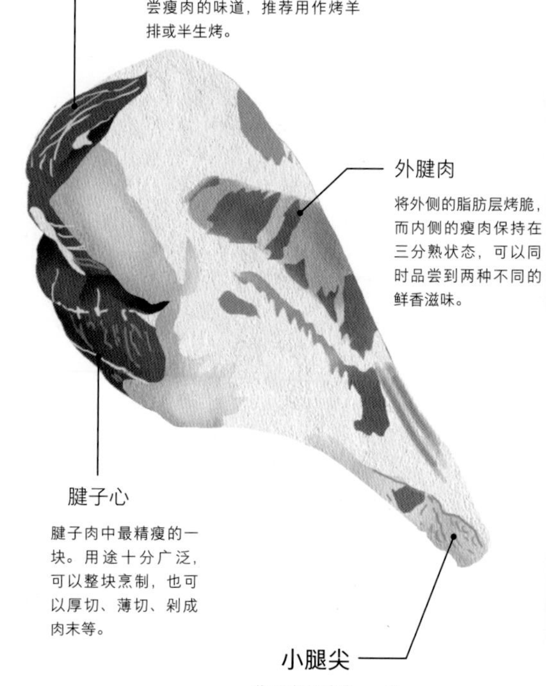

⑥ 五花

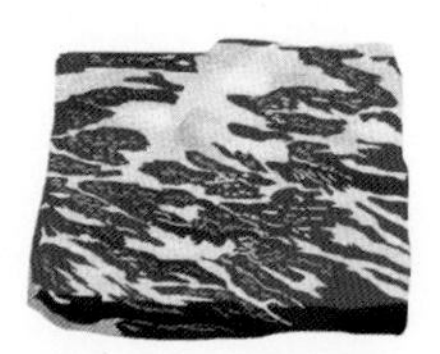

胸腹侧的肉

胸部的胸肉和腹部的侧腹肉合在一起就是羊的五花肉。脂肪带甜味，骨头旁边的肉有鲜味。上市虽然不多，却获得了羊肉爱好者很高的支持呼声。

memo 一般用来做炖煮。

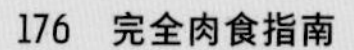

羊肉的部位图鉴（副产物）

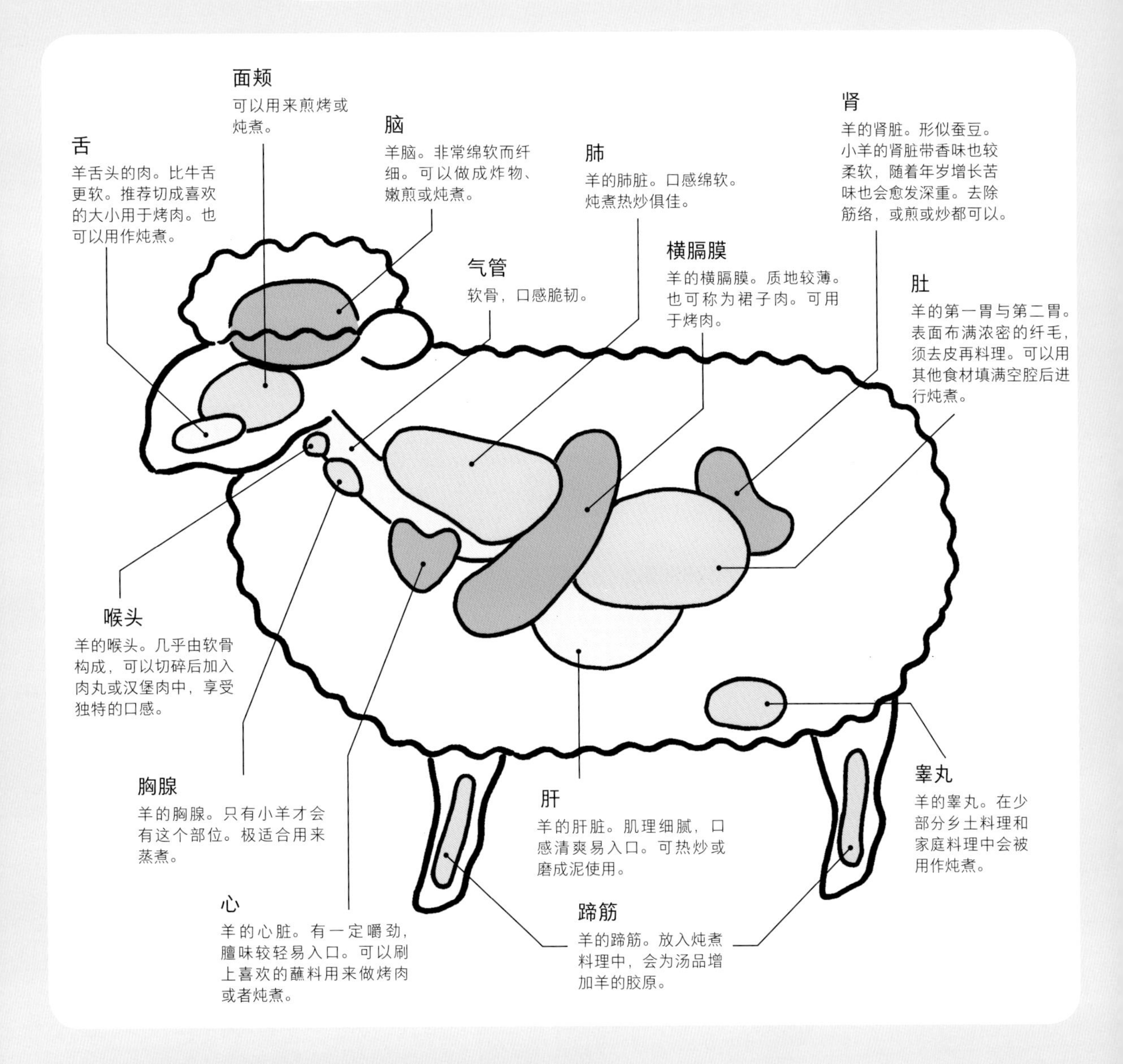

还想在成吉思汗烤羊肉店里尝试珍奇的羊肉副产物！

羊肉副产物有肝脏、胸腺、心脏、舌头、胃袋等，种类丰富。这些部位基本上都腥臭味较少而肌理细腻，一般来说，比牛和猪的副产物要更易入口。做成吉思汗烤羊肉的店里，有一些也会提供澳大利亚或日本国产的内脏料理，它们今后说不准会人气高涨。你还可以自己从网上购买冷冻品进行料理。

话说回来，羊在世界各地都是自古以来就在为人食用的家畜之一。在中国北方的草原地带，它是不可或缺的食材，人们也考虑到了肝脏的补血功效。在苏格兰，也有一道名叫哈吉斯（Haggis）的人气料理，它的做法是将羊肚或其他内脏填满后进行水煮。

Fujiya 亲授

羔羊肉的解剖&切分方法

说到羊肉，不得不提成吉思汗烤羊！切分一整块肉要从哪里入手呢？

羔羊肩肉块总重超过 2kg。肩肉部位脂肪与肌肉纤维众多，要想做出美味料理，最大的诀窍就是要把预处理做得面面俱到。我们请教了位于东京中目黑的人气名店——“成吉思汗 fujiya”的店长东藤先生，请他分享了如何用完美刀技分解羊肉，你可以在学习后进行实际操作。近来，不只是在商用店铺里，你还可以在一些会员制的大型超市等处买到合适的工具。肌肉纤维等坚硬组织要小心清理，沿着较粗大的筋络或纤维进行切分，就能将各个部位分得明明白白。

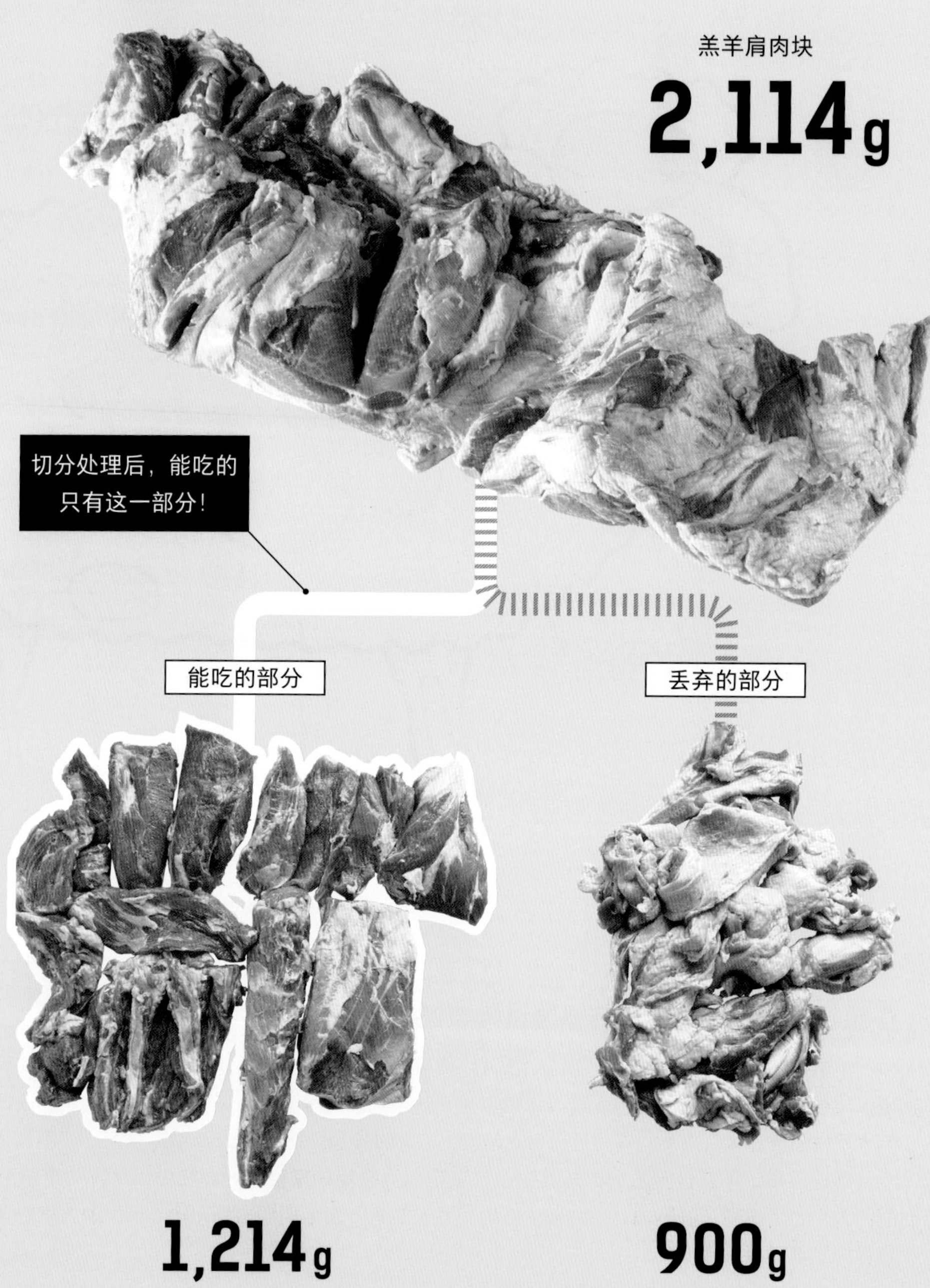

HOW TO 切分羔羊肩肉块

1 将整块肉平铺展开，沿着纤维方向切成三等份。这个部位是成吉思汗里最常见的。

2 刀尖伸入肩里脊一侧，边切边用剥除的手法分开两块。

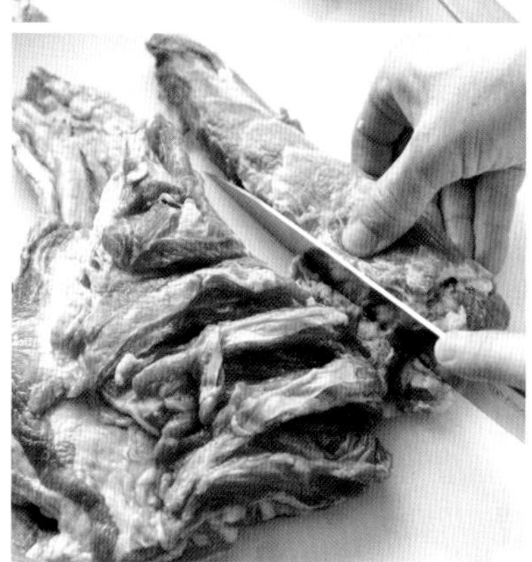

3 分到一定程度时，切断肩里脊的纤维相连部分。

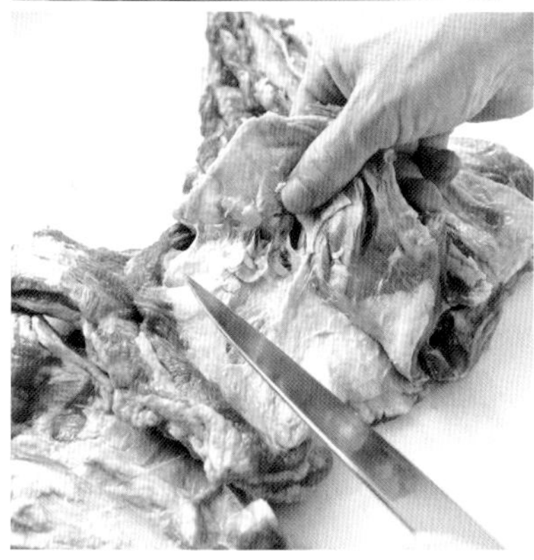

4 一边切开平摊的羊排肉上面的纤维，一边辅助用手剥除上面的五花肉。

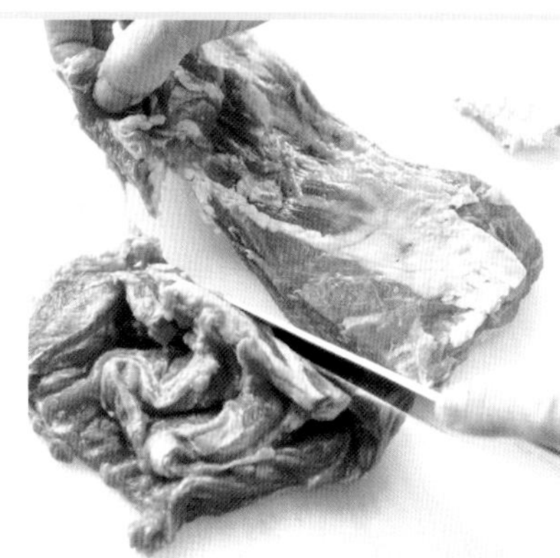

5 分到一定程度时，切断五花的纤维相连部分。

6 将多余的脂肪与筋膜等清理干净。通过仔细完成这个步骤，羊肉的膻味也能得到有效缓解。

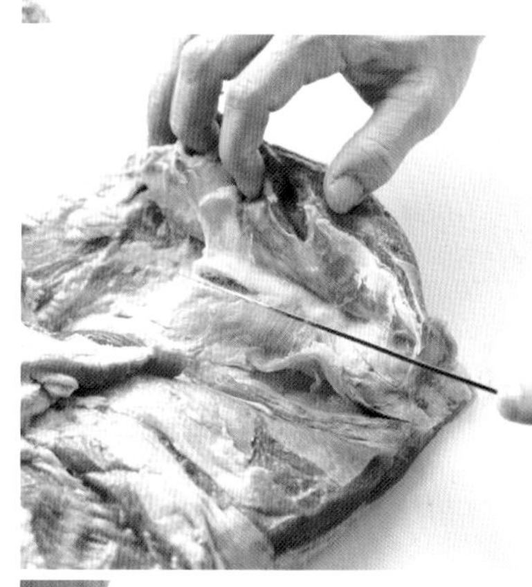

7 按照同样的方法将刀伸入羊瘦肉等其他部分的纤维处，切分不同部位。

8 切分全部结束后，将带纤维的部分用刀削除。

要想做得好吃，这里的秘诀是充分去净水分！

方盘底部铺上厨房纸，将切分好的羔羊肉块平铺在一起，注意不要重叠。

用厨房纸包好肉块，放入冰箱冷藏，这样做能有效去除水分。

右边是刚切好的肉，左边是充分去水后的肉。左边的肉鲜味更强，味道更美。

做出柔软羔羊肉的基本刀法

羔羊里脊肉

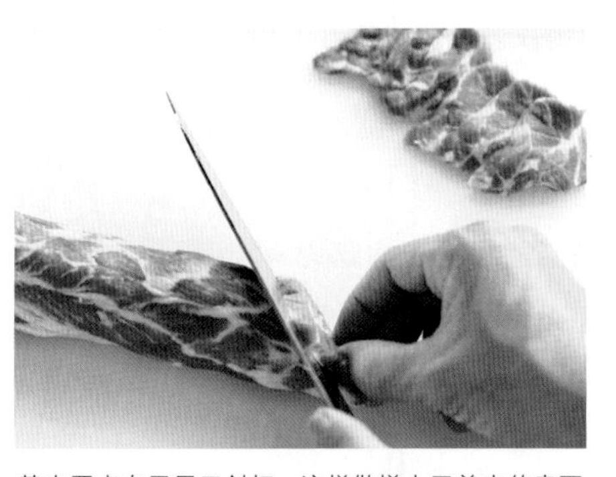

基本要点在于用刀斜切。这样做增大了羊肉的表面积，口感也会变得更柔软。

羔羊肩瘦肉

MEMO

斜切能让口感变得更软

下刀方向与肉的纤维方向垂直，切断纤维，肉的口感就会变得柔软。而在此基础之上采用斜切的方式，肉的表面积增大，烹煮后会变得更加柔软。

根据部位特点调整切法，让羊肉口感更佳！

肩里脊与瘦肉纤维不多，可以直接斜切。而肉质比较紧实、脂肪和纤维都很多的羊排肉和五花肉，在处理时就要多下一番功夫了。羊排肉如不经处理直接下锅，很容易就会煎老了，所以我们可以用一种叫作松肉器（meat tenderizer）的厨房工具事先拍松肉的纤维，再进行斜切。五花肉也可以先切到便于入口的大小后，再用花刀切断纤维。羊舌比较柔软难切，最好冻硬后再下刀。

各部位的切分方法

羔羊羊排肉

1 因纤维较多，可以先用松肉器（将肉拍松的器具）敲压肉表面，达到松动纤维的目的。

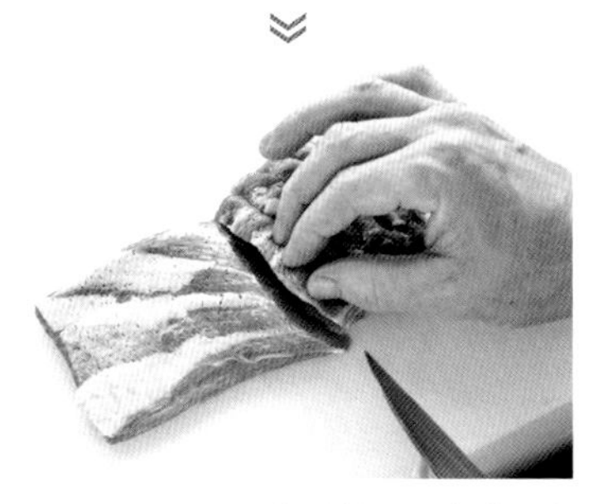

2 拍过两面后进行斜切。这样做，肉的口感就会变得很柔软。

羔羊五花肉

1 五花先沿纤维方向切成适合成吉思汗的适当大小。

2 花刀切断纤维。这样做，肉的口感就会变得很柔软。

羔羊舌

将处于冷冻状态的羊舌从一端开始薄切成片。冷冻状态下更加好切。

MEMO

秘诀就是在冷冻状态下切片

像羊舌这种质地较软的肉很难直接下刀，我们可以把它放在冰箱里冷冻一下。这样，不仅方便调整切片厚度，断面也会很整齐。尤其是在需要切薄片的情况下，冷冻后再切是最合适的。

品味成吉思汗

说到羊肉料理，先想到的当属北海道的灵魂食物——成吉思汗烤羊肉了。本地人在平常的饭桌上就对它很熟悉，而在BBQ烤肉菜单上它也是不可或缺的经典料理。我们向成吉思汗名店Fujiya的东藤店长请教了美味成吉思汗的享用方法。

我们请教的是……

成吉思汗 Fujiya
东藤正宪 先生

主厨是土生土长的北海道人，对成吉思汗烤羊肉怀抱远胜他物的爱意。在他的店里，你能品尝到主厨融合了完美刀法献上的、符合成年人口味的成吉思汗。

从肉材的准备到煎烤方法，就连蔬菜和酱汁都要逐一确认

羊肉独有的腥膻味来自其多余的脂肪。要做出适口的羊肉，“鲜度”和“预处理”这两项至关重要。煎制羊肉时，最大的要点在于成品维持半生。以猪油提鲜，将表面煎到焦脆，再翻面，煎个几秒钟就可以了。中间的肉呈浅粉色时，肉的状态是最佳的。如果煎制过头，则肉容易过老，因此只须稍煎一下然后趁热品尝。对配菜选择处理下一番功夫的话，还能让味道再上一个台阶。

另外，酱汁也是一个要注意的点。市售的现成酱汁已经足够美味了，但如味道过浓，就容易减损羊肉的风味。我们推荐你另外制作酱油酱汁、准备橙醋等，体会更多不同的味觉。

Fujiya 亲授
入口即化的成吉思汗羊肉

用料（1 人份）

羔羊肉（偏好的部位）：100～150g
洋葱：1 个
豆芽：1 袋
豆苗：1 袋
猪油：10g
偏好的酱汁：适量

关于蔬菜

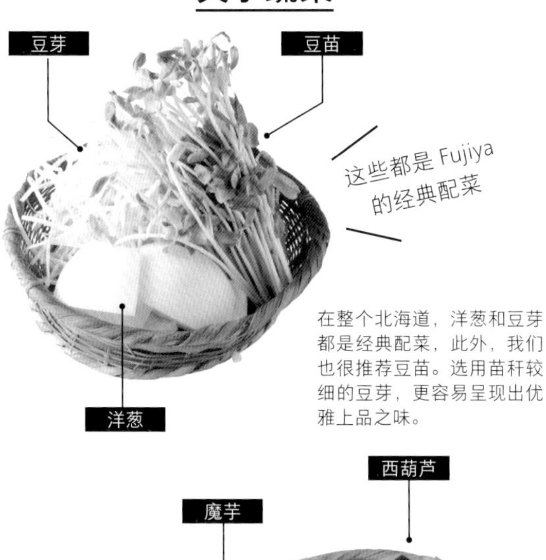

在整个北海道，洋葱和豆芽都是经典配菜，此外，我们也很推荐豆苗。选用苗杆较细的豆芽，更容易呈现出优雅上品之味。

准备个让人眼前一亮的菌菇拼盘也不错。魔芋在北海道也很受欢迎。

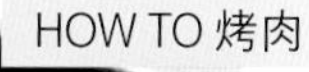

1 中火烧热成吉思汗专用锅（或铁板），中间放一块猪油。用牛油亦可。动物油脂的芳香浓醇能为烤肉更添一层美味。

2 洋葱切成八等份，如图铺在成吉思汗锅的外围，注意间隔平均些。

3 将豆芽密铺在内圈，整体呈环形。再将豆苗切成合适大小铺在豆芽上方，同样铺成环形。

4 将羔羊肉摆到锅中间凸起处。尽量摆满些不露出锅底，不致烤焦。

5 羊肉侧面烤到变色发白、反面呈现焦色时进行翻面。接下来只须注意不要烤得太老，稍稍加热一下即可。

6 肉和蔬菜一起蘸取酱料食用。酱料选用自己喜欢的就好，无论是清爽的橙醋还是味道浓郁的酱料都可以。

羔羊肉的不同部位都是什么味道？

羔羊瘦肉

一言以蔽之，清淡又柔软。没有什么异味。

羔羊五花肉

肥肉较多，较为浓郁。纤维较多，因此须在切法上下功夫。

羔羊肩里脊

肉质最软而味道浓郁的部位。在成吉思汗烤羊中很常见。

羔羊舌

与牛舌不同，形状偏小，属于稀有部位。口感富嚼劲，鲜味突出而浓郁。

烤肉方法中的秘诀！

锅的外圈用蔬菜严密地铺满

成吉思汗锅的特点是中部微凸呈矮山形，锅底有一条条沟槽，这些设计能从下方循环火力与热量，均匀烤制羊肉的同时不使肉汁聚积在锅底。将锅的外圈用蔬菜严密地铺满，可以使肉汁下流时渗进蔬菜。

多汁的煎羔羊排

用料（1 人份）

羔羊排：2 根
香草面包粉：适量
盐、粗黑胡椒粒：各少许
* 香草面包粉（便于料理的分量）
面包粉：200g
罗勒：30g
干香菜：10g
蒜泥：1 勺
橄榄油：60ml
盐：40g
黑胡椒：20g
芝士粉：20g

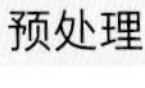
预处理

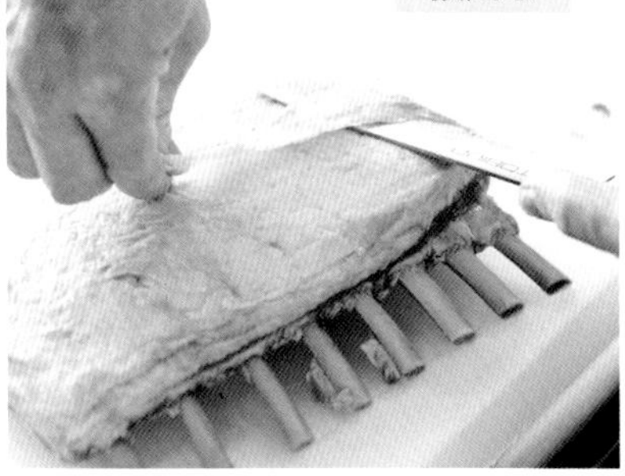

1 羔羊排由腰脊上切下。将最上方的坚硬脂肪层，用刀小心地削切下来。

2 将 1 脂肪层朝下放好，刀尖从肋排骨之间空隙处伸入切分。这样切比较省力。

3 如果将 2 中的脂肪层与纤维等直接上锅煎烤，则容易收缩发硬，因此，先用刀尖切断纤维。

4 在 3 表面均匀撒上盐和黑胡椒进行预调味。从稍高的位置进行抛撒，则调味料更容易均匀完整地沾到肉上。

5 将制作香草面包粉的材料用食物料理机打碎，均匀地裹在 4 的肉表面。

正式烹制

6 烤盘上方架设烤架，将 5 放到烤架上，在预热到 215℃ 的烤箱中煎烤 9 分钟～12 分钟。

马肉的基本知识

马肉正因马肉刺身、樱花锅[1]等料理收获空前的人气。详细了解关于不同品种的肉质差异等，在品尝马肉时也能享受到更多乐趣。

马肉的分类

马肉主要来自两个品种的马
它们是带雪花的重型马和瘦肉多的轻型马

肉用马大致可根据体格差异分为重型马和轻型马。重型马体重大约在800kg～1t，主要产自熊本；轻型马体重在500kg左右，主要产自福岛和长野等地。它们的肉质各有特点，不同部位也有差异，大致上重型马肉质多雪花，而轻型马瘦肉更多也更柔软。最近专售马肉的邮购服务也增加了，可以选择重型马和轻型马不说，还可以轻松买到进口马肉、按部位选择等，你也可以上网找找有没有自己喜欢的肉。

可食用马肉大致分为2种

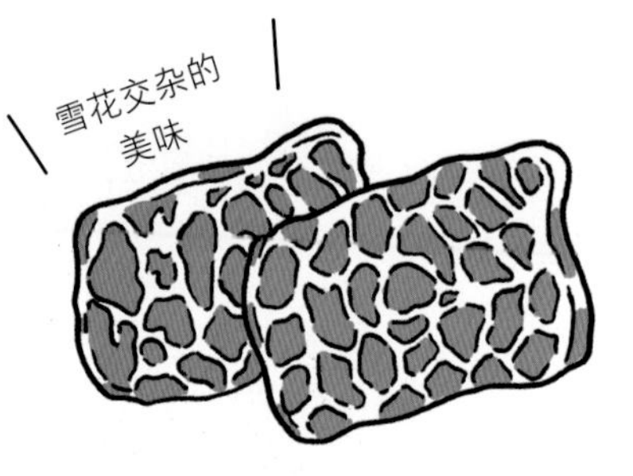

重型马

重型马之所以有力气能抗寒
正是因为身体里储存了丰富的脂肪

重型马的特点是身材粗壮、体型高大、力道强，肉是雪花肉。日本饲育着布列塔尼马（Breton）、佩尔什马（Percheron）、比利时马（Belgian）等品种。最初是作军用或农耕用的马种，而在北海道的挽曳赛马中牵引沉重雪橇的主要也是重型马之流。

肉质主要是瘦肉，鲜味丰富
质地柔软的一种马肉

有纯种马（Thoroughbred）、阿拉伯马（Arab）等品种，肌肉体质且喜好运动，因此身体瘦肉比例较高。一般用作马肉刺身和樱花锅的马肉，都是来自牧场里作为肉用马饲育的马匹。有时赛马马匹也会被食用，不过一般是用作加工食品比较多。

轻型马

马肉生食易入口的原因众多

与牛和猪不同，马肉就是生食也较易入口，原因在于马并非反刍动物，身体又很少会残留杂菌，且较难引起过敏症状，有寄生虫之虞也只要在零下20℃的环境里存放48小时以上就能杀灭等。

1. 即马肉火锅，因马肉切片后颜色形状令人联想到樱花的花瓣，故而得名。

关于马肉的产地和进口地

各都道府县马匹数和枝肉生产量 best 5（2015 年）

	都道府县	匹数 / 枝肉生产量 t
1	熊本县	5,642/2,316
2	福岛县	2,701/1,107
3	青森县	1,290/529
4	福冈县	940/385
5	山梨县	640/263
	全国合计	12,466/5,113

根据日本农林水产省“马相关资料”绘制

马肉进口量 bset 5（2017 年）

	进口地	进口量 t
1	加拿大	2,841
2	阿根廷	905
3	波兰	666
4	墨西哥	598
5	巴西	180

根据日本财务省“贸易统计”绘制

最近，将外国产的小马投放到日本饲育而生产的日本国产马肉也在增加

日本能吃到的马肉约有 40% 是国产的，60% 是进口的。国产马肉的生产量中，熊本县排到第一位，其次是福岛县，熊本主要生产重型马，而福岛主要生产轻型马。进口马肉中，加拿大产的数量占了绝对优势。

日本国产马肉，包括在日本出生和育肥的纯国产马肉，以及在国外出生而在日本育肥的马肉。随着人气的高涨，马肉开始持续供不应求的状态，所以，目前由加拿大引进幼马到日本进行育肥的情况也逐渐增加了。根据 JAS 法对于马肉的规定，马肉“视饲养期间最长的地点为原产地进行标示”，因此，你可能会见到“原产地 / 加拿大，育肥地 / 熊本县”这样的产品说明。

马肉的品种

肉用马基本品种有 5 种

据资料显示，世界上存在超过 100 个品种的马。这些品种当中，作为食材的主要有轻型马中的纯种马和阿拉伯马，以及重型马中的布列塔尼马、佩尔什马和比利时马。以这五种为亲马的杂交马也有饲育。马的食料从原则上来说就是干草和稻草，而对于肉用马，食料也会根据重型马和轻型马的各自特点，配合以谷物饲料大麦、麦麸、玉米、大豆、黑麦、啤酒粕和苜蓿等。

\ 体重可能达到近 1 吨！ /

重型马的品种有？

布列塔尼马

曾活跃于农耕和马车场景的重型马

原产自法国西北部布列塔尼，身高约 150cm～160cm，体重约 700kg～1t。分为波斯提埃（Postler Breton）和特雷（Trait Breton）两种。波斯提埃为布列塔尼马与诺福克快步马（Norfolk Trotter）的杂交，特雷则是其与阿登纳马（Ardenne）杂交而诞生的。特雷的体型更大些。

佩尔什马

身高 2m、体重 1t 的超大型种

原产自法国诺曼底地区，在美澳等国也有饲育。身高约 160cm～170cm，大的还有超过 2m 的，体重约 1t。据说是世界上最大的马的始祖。身形特点是腿短而躯体肥硕。性格沉稳，力道非常大，历史上还曾作为拉战车的战马出现。北海道的挽曳赛马场上也有它活跃的身影。

比利时马

用于农耕和搬运的强壮马匹

原产自比利时的布拉班特地区，因此也被称为“布拉班特马”（Brabant）。身高在160cm～170cm，体重约900kg，大型个体也有身高高达2m、体重超过1t的。比利时亲马与佩尔什、布列塔尼交配后生产的马种叫佩尔比利时种，作为肉用马十分优越，肉有雪花且质地柔软，适合做马肉刺身。

MEMO 马肉的品种与肥瘦肉

我们知道，想要品尝到入口即化的马肉就选重型，而想要更清淡的口感就选轻型。为此，产地成了决定性因素。一般来说，熊本产的是重型马，会津产的是轻型马；加拿大产与熊本产相近，而荷兰产、阿根廷产的马与会津产相近。

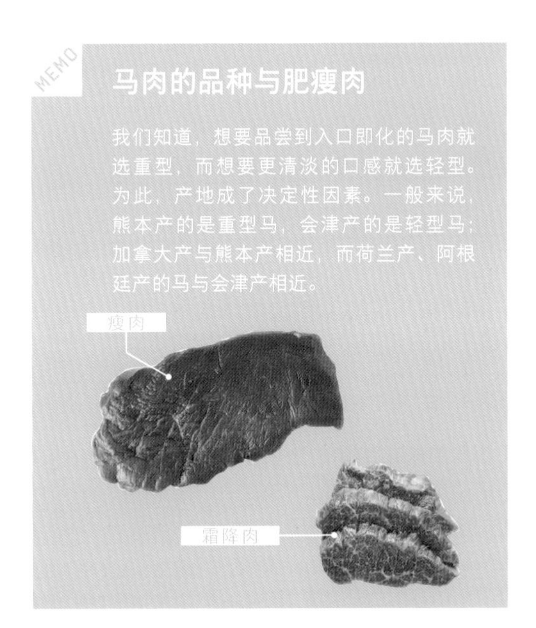

紧致优雅的苗条身躯

轻型马的品种有？

纯种马

经改良，多用于赛马、骑乘马

身高约160cm～170cm，体重450kg～500kg。原本就是为了提升步速进行改良而来的，因此头小腿长，胸部与臀部的肌肉发达，适合做赛马马匹。成为肉用马的，除了福岛县会津等地最初就为此而饲育的马，还有一些无望成为赛马的马匹会被当作肉用马继续饲育。

阿拉伯马

比纯种马更小只也更结实

马如其名，这是源自阿拉伯半岛的品种，据说是经由游牧民族的手改良而来的。身高约140cm～150cm，体重约400kg，体型比纯种马要小，速度也快不过纯种马，不过具有耐力，也擅长应对气候变化。在日本，被称为阿拉伯马的都是其与纯种马的杂交种——盎格鲁-阿拉伯马（Anglo-Arab）。有一定的跳跃能力，也作为障碍赛马的马匹为人熟知。

了解马肉的部位

马是体型较大的家畜，因此，马肉的特点也是不同部位的口感差异较大。在选择适合火锅、烤肉、刺身等料理的部位时，马肉也逐渐展现出它多彩的魅力。可生食的副产物也是食用马肉的亮点之一。

这块肉来自哪个部位？有着怎样的口感？味道如何？

西冷

位于腰附近的肉

瘦肉比例大，也含有一定脂肪，肌理细腻。最适合做成肉排。

下前肋肉

位于五花肉的最外层，口感独特

瘦肉包裹在肥肉中，形成堆叠三层状的稀有部位。富有嚼劲。适合做成马肉刺身或生拌肉脍。

肩五花

近肩部肋骨四周的肉

脂肪较多，很容易形成雪花的部位。除了用作马肉刺身，火炙烤出多汁口感也不错。

鬃底脂肪

马所特有的部位

马鬃底的皮下脂肪，口感弹牙。适合做成薄切刺身，或与瘦肉一同食用。

马肉的部位图鉴（肉）

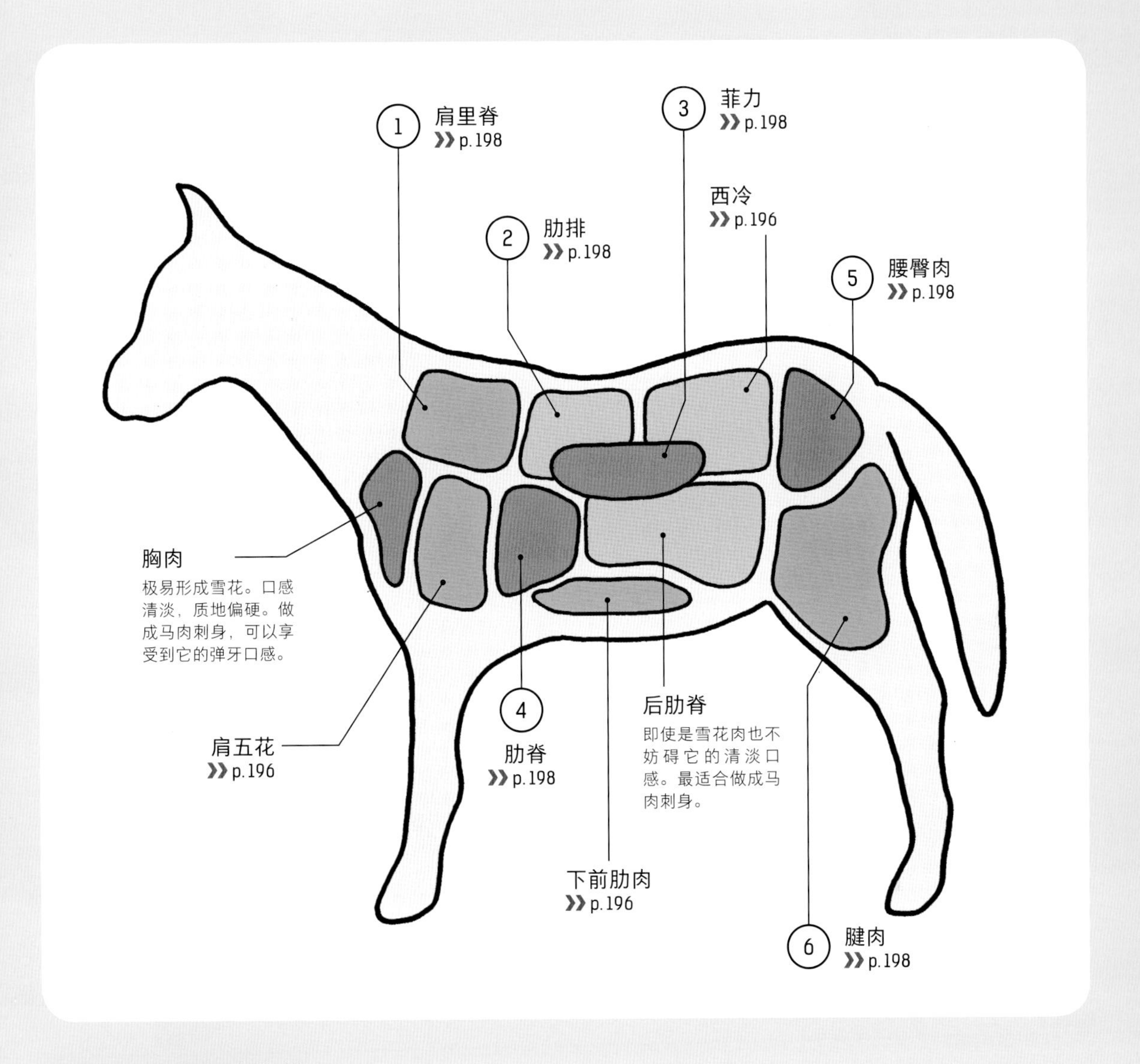

味道与口感都极富个性
还有马肉特有的部位

马肉，在日本又被称为樱花肉或蹴飞肉[1]。信州、九州等地古来就食马肉，而如今，马肉的健康清淡也帮助它获得了全日本的人气。比起其他肉，马肉的蛋白质含量高而脂肪较少，整体口感比较清爽。马肉还有一个特点，即是含大量糖原，能帮助在体内蓄积能量。

马肉的部位有很多和牛相似，比如里脊和腱肉等，也有一些马肉特有的部位，比如下前肋和鬃底脂肪，这也是马肉的吸引人之处。在马肉的专门店里，你就能享受到由这些部位做成的火锅和刺身等贴合它们各自特点的料理。另外，霜降马肉是经过相应的程序管理，通过谷物育肥马匹后生产出来的。

1. 意为踢开。来自马遇敌时有用蹄踢击的习惯。

① 肩里脊

靠近前肢的背肉，极适合做成刺身

含适度的脂肪，肥瘦肉平衡佳，口感清爽。肩里脊中有一部分被称为“鞍下”。

memo
大多做成马肉刺身。也会用作涮锅。

④ 肋脊

位于腹部前方的肉，脂肪较多

脂肪多到可以称作肋脂。其中还有一块叫作“三角五花”的部分，被视作马肉的最高级部位。

memo
可以做成刺身、烤肉、寿喜锅等，品尝脂肪的味道。

② 肋排

位于后背正中的高级部位

精肉，比起其他部位肌理更细也更柔软，是高级部位。

memo
切分前，位于肉块一头的“外脊肉筋”是烤肉、肉排、涮涮锅的常用食材。

⑤ 腰臀肉

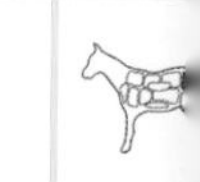

从腰部向臀部过渡的一块软肉

脂肪较少而瘦肉较多。有一定纤维，不过质地柔软，肉质紧实。

memo
经常被用作刺身。也适合做炖煮。

③ 菲力

脊骨内侧的肉

与牛肉和猪肉相似，这个部位脂肪较少，质地柔软滑嫩。味道优雅上品。

memo
十分适合做成厚切刺身。

⑥ 腱肉

后腿大腿部分，口感清淡

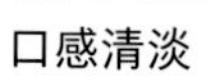

这一部分由于经常运动，故而脂肪较少。质软，口感清淡而不失风味，可以做成刺身或半生烤等。

内腱
与外腱相比，质地更软些。

腱子心
腱肉中最软的一部分。

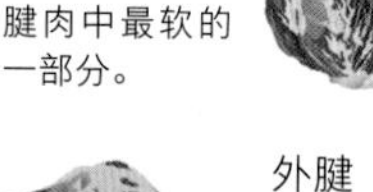

外腱
腱肉中最大的一块可以充分品尝到瘦肉的味道。

里脊带

位于肋骨之间的肉，越嚼越香

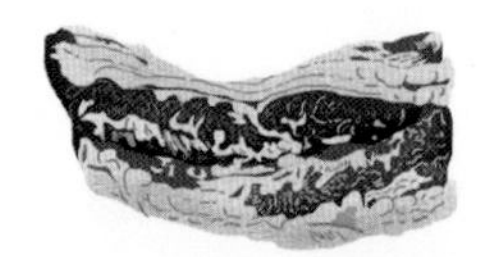

口感独特，越是咀嚼越能品尝到马肉的甘甜与鲜香。与马肉刺身和烤肉的口感都有所不同。

后腹五花

在后腰腹肉中脂肪较多的部分

脂肪尤其充足，因此不仅适用于马肉刺身，煎烤煮等也不在话下。

马肉的部位图鉴（副产物）

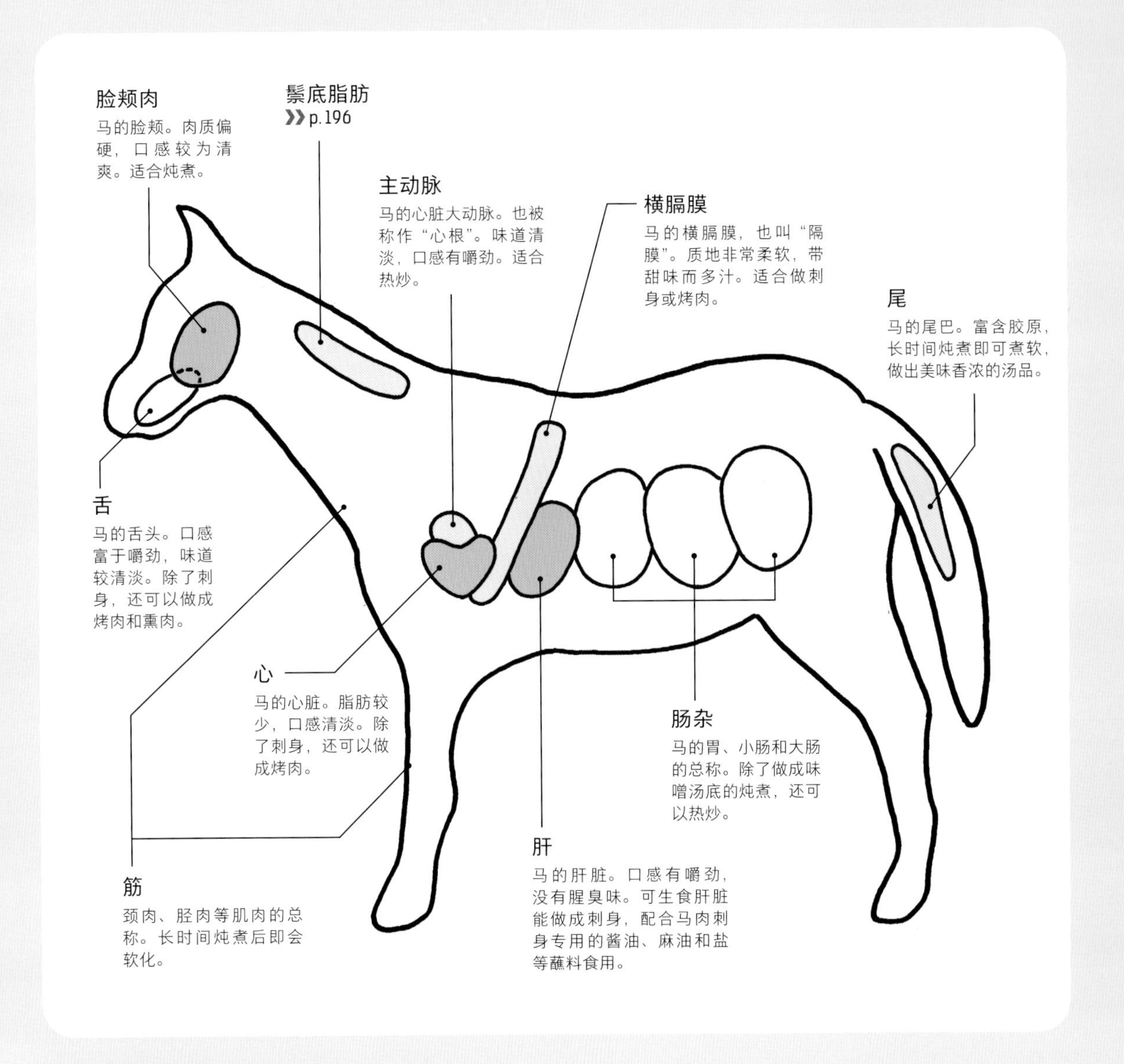

做成刺身也 OK！
了解马肉的各种副产物更能体会到其中魅力

马的副产物有肝、心、舌头等与牛和猪类似的部位，也有鬃底脂、主动脉（心根）等珍奇部位可供食用。马和牛一样，都是体型非常大的家畜，因此部位也会比较复杂，产物种类繁多。有许多部位都能用来做刺身也是马肉很大一个特点。而且，与牛和猪一样，马的胃肠也可食用，作为马杂而为人知晓。马杂十分适合用来做下水火锅、炖煮和热炒等。

已经满足了人类食用条件的马肉副产物，作为狗粮也受到关注。生肉剁碎拌匀，经冷冻加工后可作为生食出售，据说比起一般的干性狗粮，这种狗粮可以更好地让狗的毛发和肌肉焕发健康。

鹿肉

因野味的流行和健康的口感，鹿肉的人气上升不少。其瘦肉又被称为『红叶』，具有与马肉相近的美味。

都有哪些品种?

虾夷鹿

栖居在北海道的大型种。随着个体年龄的增加，瘦肉中所含的铁分也会增加，鹿肉的独特风味会变强。

本州鹿

栖居在本州。比虾夷鹿体型要小。鹿肉的独特风味较弱，肉质肌理细腻而柔软。

西方狍

栖居在欧洲和东亚等地，体重约 25kg 的小型种。肉质良好，在鹿肉当中也是肉质较柔软的品种。

赤鹿

栖居在欧洲、北非、中亚等地的大型种。进口到日本的鹿肉基本都来自这个品种。

日本国产的野生鹿肉味道清爽。此外还有一些风味较强的进口鹿肉

鹿肉多瘦肉，蛋白质丰富而脂肪较少，作为健康肉类受到人们的关注。母鹿比公鹿肉质柔软、脂肪多，此外，据说两岁左右的鹿是最美味的。最近，在法式料理店等处，鹿肉作为野味也获得了高涨的人气。

日本的鹿肉有在国内狩猎获得的野生肉，也有从新西兰和法国等地进口的人工饲育家畜鹿。在日本的狩猎和害鸟害兽驱除活动会捕获大量的鹿只，这些鹿中的一部分被送到食用肉处理人员那里进行屠宰和处理，并作为食用肉在市场上流通。日本国产野生鹿肉异味较小，较易入口，而在海外饲养长大的鹿会有一股来自饲料的独特味道。

了解鹿肉的部位

鹿肉整体脂肪较少，因此在开始储存脂肪的初秋是最美味的。其瘦肉中的铁分含量在食用肉当中也是十分优秀的。

鹿肉的部位图鉴（肉）

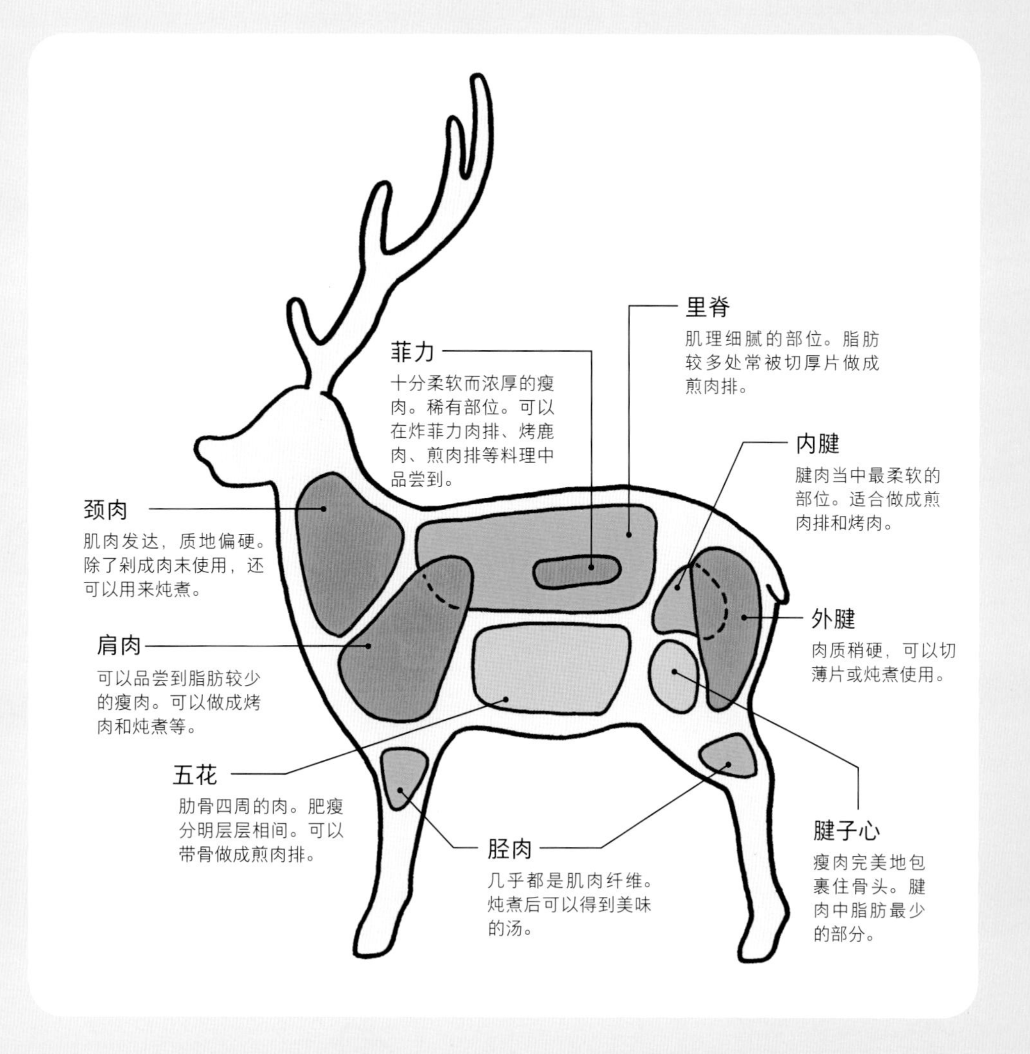

专栏

鹿肉非常适合有贫血症状的女性吗?

鹿肉的颜色比鲜红色的牛肉深。有一部分原因是肉切片后与空气接触颜色会加深，不过主要还是因为肉中含有丰富的铁元素，碰到氧气，氧化后变成了更为鲜艳的颜色。

鹿肉含有丰富的铁、叶酸，以及维生素 B_{12} 等人体造血机能不可或缺的成分。维生素 C 能帮助铁的吸收，因此，鹿肉很适合与彩椒或花椰菜等搭配起来吃。此外需要注意一点，切好的肉片如放在空气中时间过长，则颜色容易继续加深直至发黑。

还没结束哟！
食用肉的百科全书②

兔肉

兔肉很吸引人，它的味道类似鸡肉，但层次感更强。目前兔肉的主流是家兔肉，野生兔肉即使是在餐馆里也很难吃到。

家兔肉比较方便买到，可以做成炖煮料理等品尝

日本自古就有吃兔肉的习惯，据说在禁止食用兽肉的年代里，人们想出了把兔肉当作鸟类而不是兽类、用“1 羽”“2 羽”这样的鸟类用量词来计量的方法，然后照吃不误。即使是现在，日本的山村里还有一些地方将兔肉当作日常食物的。

在法国，人们把野兔称作 lièvr，把家兔称作 lapin，它们是很受欢迎的家庭料理食材。兔肉的味道和肉质个体差异很大，故而野兔肉在整个野味界都属于适合高水平食客的进阶食材。

兔肉适合与番茄水煮或者做咖喱等。我们也很推荐用香草等事先腌制兔肉。另外，你也可以活用兔肉黏性较高的特点，将它做成法式肉冻（Terrine）等。

家兔

祖先是欧洲野兔，经驯化成为家畜后足迹散布到了全世界。肉色偏白。

野兔

脂肪较少，风味独特。肉色偏红。

了解兔肉的部位

家兔可以用和鸡肉同样的方式进行料理，如果异味较重，则可以寻找使用香草的菜谱，品尝兔肉的美味。

兔肉的部位图鉴（肉）

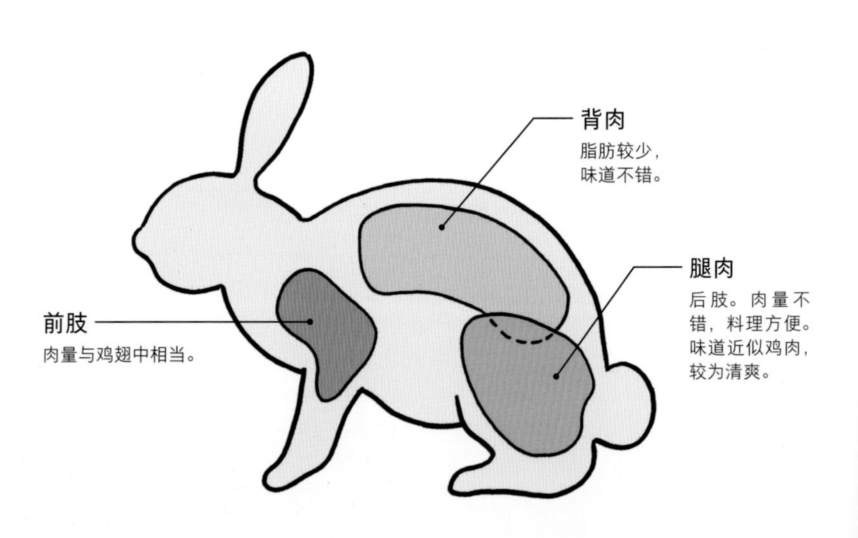

还没结束哟！
食用肉的百科全书③

野鸭肉

野鸭在南蛮料理[1]和火锅中多有登场。可以品尝到与鸡肉迥异的风味。

搞清楚方便入手的杂交鸭与高级食材绿头鸭的区别，你也能成为美食家！

超市等处能轻易买到的野鸭肉几乎都是来自杂交鸭。杂交鸭是由绿头鸭与家鸭杂交后，经改良后便于食用的家禽品种。再细分下去，有体型大肉质软、又被称作法国野鸭的巴巴里品种（Barbarie），以及比起巴巴里种体型更小，但味道浓郁脂肪甘香的樱桃谷鸭（Cherry Valley）等。日本产量较大的是后者。杂交用的家鸭，以多用于北京烤鸭的北京种最为有名，其特点是脂肪饱满而肉质薄透。

与之相对，绿头鸭有自己过冬的野生品种，和在养鸭场人工饲育的品种。野生绿头鸭可用猎枪或捕网这两种方式进行猎取，而捕网猎取的鸭子因为身体没有伤口，成为了绿头鸭中的高级品。

了解野鸭肉的部位

野鸭肉的脂肪熔点低于人类的体温，因此味道更为醇厚绵软。野鸭本是候鸟，因此翅膀至胸脯一块的肉质较为发达。

野鸭肉的部位图鉴（肉）

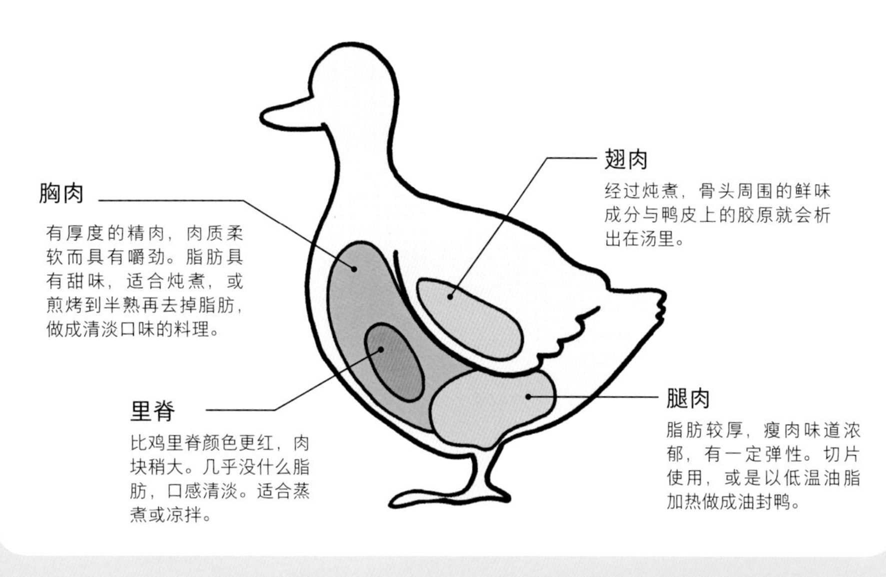

1. 日本人将西方传入日本的食物的称呼。

肉类用语词汇及释文

肌动蛋白
蛋白质的一种，是构成动植物细胞的主要要素。在帮助组织构造成形的同时承担辅助肌肉收缩等大任，在肌原纤维蛋白中也多有存在。从烹饪层面上，它可以左右肉类的保水性和结着性。如加热过头，肉会因肌动蛋白的作用而收缩，致使肉汁漏出。

淋油法
肉类煎烤手法之一。用平底锅或烤箱等煎烤肉类时，将饱含肉类鲜味成分的慕斯状气泡浇淋到肉的表面。油分包裹肉类形成油膜，防止肉中水分蒸发，为肉增香添色，并提升肉汁风味。

肌苷酸
主要存在于鱼类和肉类中的有机化合物，是木鱼花和牛肉等肉类中所含鲜味的来源。与昆布中所含的谷氨酸和干香菇等所含的鸟苷酸合称为三大鲜味成分。

枝肉
对作为食用肉的家畜进行处理，去除皮、毛、头部、四肢尖端、尾部、内脏等后剩下的肉。

弹性蛋白
与胶原蛋白一起构成了结缔组织的蛋白质。同时作为预防肌肤皱纹和下垂的营养素受到人们的关注。从烹饪层面上，相比胶原蛋白受热软化，弹性蛋白受热后不会胶化。弹性蛋白含量较高的肉质地也较硬。

家禽
指人工饲育的鸟类，代表物种有鸡、家鸭、火鸡等。肉、蛋、羽毛等可使用。与家禽相对，野生鸟类被称为野禽。

去皮
为猪肉整形方法之一，用特殊器械为猪肉去皮，使皮肉分离。也叫剥皮。与之相对，留皮而用蒸气等接触猪肉进行脱毛的方法叫作热水脱毛（湯はぎ）。

糖原
多个葡萄糖分子结合而成的物质，属于多糖。我们从饮食中摄取的糖类会在肝脏中转化为糖原，并被身体储存。此外，它也是输送到肌肉的能量的来源。主要在肌肉收缩时被分解，形成名为 ATP（腺嘌呤核苷三磷酸）的能量物质和乳酸。

谷氨酸
谷氨酸是三大鲜味成分之一，是组成蛋白质的 20 种氨基酸之一，存在于各种食品之中。有随时间增加的特性，因此尤其是在昆布、酱油、奶酪等发酵食品中大量存在。

结着性
肉与肉接触时会相互贴在一起。制作汉堡肉时需要充分揉搓肉馅，排出空气，提升结着性。如肉馅结着性不足，一入锅即有可能崩散，导致肉汁流出。用鸡蛋辅助增加黏性，不仅能提升风味，还承担了提升结着性的任务。亦称黏着性。

杂交种
牛的乳用种和食用种交配后得到的就是杂交种。牛的杂交基本是由乳用母牛与和牛公牛进行交配，子代继承了乳用种优秀的抗病能力和成长能力，以及和牛容易形成雪花的肉质特点，以价格实惠、综合能力强为优势。

胶原蛋白
为蛋白质的一种，在帮助肌肉纤维聚束、肌肉与骨头相连的结缔组织中多有存在。另外，它也是肌内膜和内肌束膜的组成成分。富有弹性，质地强韧，不过在炖煮料理等须长时间加热的条件下会胶化变软。

本地品种
产地自古就存在的品种。就牛而言，在日本早已肩负了农耕责任的牛直到明治时期才开始为人食用，本地品种与外国品种交配产生了和牛的 4 个品种。日本的本地牛有鹿儿岛县的口之岛牛、山口县的见岛牛等。

纯种
在描述猪肉品种时提出的说法。日本的食用猪肉大多是来自多品种的杂交，而不经杂交诞生的就是纯种。

切筋刀
西式厨刀的一种，用于切分较大肉块时处理纤维。要想切分有一定厚度的肉块，以刃长在 24cm～33cm 的刀为宜。另外，切肉时流线运刀很重要，为使运刀流畅，切筋刀还有一个特点是刃宽刃厚都比较小。

背脂肪
猪肉的枝肉（或半扇肉）背部（脊骨一侧肩部至腰部范围）的脂肪。猪肉的分级与背脂肪的厚度也相关。

肉质等级
牛肉分级系统中的两个等级标准之一，是用于判断肉质优劣的标准。分为脂肪交杂度、肌肉色泽、肉质紧致度与肌理、脂肪色泽与质量等 4 项指标，每项各分为五等，评分为 1～5（数字越小越好）。4 个指标中获得最低评分的指标决定了最终的肉质等级。

反刍动物
指牛、羊、鹿等会反刍的动物，反刍指的是进食后将食物再次返回口腔进行咀嚼。反刍动物有 4 个胃，第一胃中栖息着许多微生物，它们帮助消化草料并释放能量。

半扇肉
家畜去除皮、毛、头部、四肢尖端、尾部、内脏等剩下枝肉，再从脊骨处一分为二得到的半边躯体。又叫二分体。在食用肉市场里，屠宰后的枝肉以半扇肉的状态竞标，由猪肉中介判断肉的状态后叫价决定价格。

葡萄糖
代表性的糖类，与果糖和半乳糖一样是单糖。进食摄取的碳水化合物被消化，形成葡萄糖在血液中运输，成为身体的能量来源。食用肉中，也有少量以糖原形式存在的多个结合起来的葡萄糖分子。

不饱和脂肪酸
构成脂肪的脂肪酸可以根据分子结合形式大致分为饱和脂肪酸和不饱和脂肪酸。饱和脂肪酸主要存在于肉类脂肪，而不饱和脂肪酸主要存在于鱼类脂肪和植物油中。食用肉中含有油酸等一价不饱和脂肪酸。此外，Omega-3 系、Omega-6 系这些因具有降低血液黏稠度功效而受到关注的脂肪酸，也属于不饱和脂肪酸。

pH 值
表示水溶液酸碱度的数值。pH 值低为酸性，pH 值高为碱性。在肉的烹调中，通过添加柠檬汁或醋等降低 pH 值（酸化），肉的保水性能得到提升，且蛋白质分解酶能得到活化，从而软化肉质。

肽
与蛋白质类似，可从肉类的食用中摄取。具有调整血压和血中胆固醇含量、燃脂、提升精神状态等功效，因有益健康而备受关注。

保水性
指保存水分的能力。肉类具有保水性，而经过烹饪，保水性越高则肉质越多汁且柔软。决定肉类保水性的即是肌原纤维蛋白中的肌动蛋白和肌球蛋白，以及结缔组织蛋白中的胶原蛋白等。在烹饪中需要注意肉的切法和加热温度。另外，加热前撒盐也是提升保水性的方法之一。

肌红蛋白
存在于动物体内的蛋白质之一，作用为从血中的血红蛋白处接受氧气并储存到肌肉中。其特点是因含血清铁而呈红色，瘦肉呈现出红色也是因为含有大量的肌红蛋白。

肌球蛋白
占到肌肉约 50% 的组成成分，是肌原纤维蛋白的一种。与肌动蛋白一样承担着帮助肌肉收缩等重要责任。在烹饪过程中，与肉类的保水性和黏着性等息息相关。在肉末中加盐会使肌球蛋白溶出，继续搅拌则会增加保水性和黏着性。

美拉德反应
指氨基酸与糖发生化学反应，形成褐色物质和香味物质等。煎烤肉类或蛋糕胚等时，会煎出焦色并发出焦香，这些都是美拉德反应引起的现象。

※ 此用语词汇及释文由原书编辑部编写而成。

参考文献

涩川祥子、杉山久仁子著,《烹饪科学——其中的理论与实践(最新修订版)》,同文书院,2005 年

哈罗德·马基著,香西绿监制、北山薰译、北山雅彦译《马基的厨房科学——从食材到餐桌》,共立出版,2008 年

杰夫·波特著,水原文译,《极客趣谈第 2 版——料理科学与实践菜谱》,奥赖利日本,2016 年

的场辉佳、西川清博、木村万纪子著《西洋料理的秘诀》,角川索菲亚文库,2017 年

山本谦治编,《完全理解:熟成肉圣经》,柴田书店,2017 年

佐藤成美著,《“美味”的科学:原料的秘密,产生味道的技术》,讲谈社 BlueBacks,2018 年

斯图尔特·法瑞蒙著,辻静雄料理教育研究所日语版监制,熊谷玲美译,渥美兴子译,《料理科学大图鉴》,河出书房新社,2018 年

野崎洋光、松本仲子著,《野崎洋光的美味秘密:了解料理人的手腕和烹饪学的理论》,女子营养大学出版部,2007 年

冲谷明纮编,《肉的科学》,朝仓书店,1996 年

下村道子、桥本庆子编,《烹饪科学讲座 5:动物性食品》,朝仓书店,1993 年

松石昌典、西邑隆德、山本克博编,《肉的机能与科学》,朝仓书店,2015 年

《别卷:肉、蛋图鉴》,讲谈社,2005 年

肉食研究会著,成濑宇平监制《美味肉类科学》,SB Creative,2012 年

《dancyu 2018 年 6 月号〈羊肉之爱〉》,President 社

《知道后更美味:肉之事典》实业之日本社,2011 年

日本马肉协会监制,《马肉新书:基本知识与技术、保存版菜谱集》,旭屋出版,2013 年

《野味料理大全——一本掌握野生鸟兽的特性与烹饪秘诀》,旭屋出版 2006 年

监修

Part 1

École 辻 东京

永井利幸 秋元真一郎 平形清人 迫井千晶 井原启子

株式会社 辻料理教育研究所

正户亚由美

Part 3

株式会社 辻料理教育研究所

东浦宏俊 进藤贞俊 荻原雄太 正户亚由美

采访合作店铺（按出场顺序）

- Sa 之万（【さの萬】さのまん）：静冈县富士宫室宫町 14-19
- Mardi Gras（マルディグラ）：东京都中央区银座 8-6-19 野田屋大楼 B1F
- Le Mange-Tout（ル・マンジュ・トゥー）：东京都新宿区纳户町 22
- trattoria29（トラットリア・ヴェンティノーヴェ）：东京都杉并区西荻北 2-2-17A 单元
- 野本家（【のもと家】のもとや）：东京都港区芝公园 2-3-7 玉川大楼 2F
- 肉山（にくやま）吉祥寺店：东京都武藏野市吉祥寺北町 1-1-20 藤野大楼 2F
- 成吉思汗 Fujiya（じんぐすかんふじや）：东京都目黑区中目黑 1-10-23 河滨露台 1F

STAFF

料理	上岛亚纪（Part1&P104 ~ P131）
摄影	松岛 均
设计	吉村 亮 大桥千惠 真柄花穗（Yoshi-des.）
编辑、制作	丸山美纪（SORA 企划）
合作编辑	Kim Ayan/ 圆冈志麻
编辑助理	柿本千寻 岛田稚可（SORA 企划）/ 大森奈津
插图	上坂元 均 / 山田博之 /
铃木爱未（朝日新闻媒体制作）	
合作（牛、猪副产物）	社团法人 日本畜产副产物协会
合作（野猪肉）	福冈大平（南加贺野味财团）
总企划、编辑	森 香织（朝日新闻出版 生活 · 文化编辑部）

图书在版编目（CIP）数据

完全肉食指南 / 日本朝日新闻出版编；王厚钦译
. -- 北京：九州出版社, 2022.11
ISBN 978-7-5225-1301-0

Ⅰ. ①完… Ⅱ. ①日… ②王… Ⅲ. ①肉类—菜谱
Ⅳ. ①TS972.125

中国版本图书馆CIP数据核字(2022)第203773号

著作权合同登记号：图字01-2022-6662

完全肉食指南

作　　者　日本朝日新闻出版　编　王厚钦　译
责任编辑　陈丹青
封面设计　陈威伸
出版发行　九州出版社
地　　址　北京市西城区阜外大街甲35号（100037）
发行电话　（010）68992190/3/5/6
网　　址　www.jiuzhoupress.com
电子信箱　jiuzhou@jiuzhoupress.com
印　　刷　天津联城印刷有限公司
开　　本　787 毫米 × 1092 毫米　16 开
印　　张　13
字　　数　302 千字
版　　次　2022 年 11 月第 1 版
印　　次　2022 年 12 月第 1 次印刷
书　　号　ISBN 978-7-5225-1301-0
定　　价　88.00元